衢州文库 区域文化集成

衢州紙韵

楮墨芸香

刘国庆 著

图书在版编目(CIP)数据

楮墨芸香：衢州纸韵／刘国庆著．—北京：商务印书馆，2017

（衢州文库）

ISBN 978-7-100-12983-1

Ⅰ．①楮…　Ⅱ．①刘…　Ⅲ．①造纸工业－技术史－衢州　Ⅳ．①TS7-092

中国版本图书馆CIP数据核字（2017）第038307号

楮 墨 芸 香

——衢州纸韵

刘国庆　著

商　务　印　书　馆　出　版

（北京王府井大街36号　邮政编码100710）

商　务　印　书　馆　发　行

山东鸿君杰文化发展有限公司印刷

ISBN 978-7-100-12983-1

2017年1月第1版　　开本710×1000　1/16

2017年1月第1次印刷　　印张　19

定价：70.00元

《衢州文库》总序

陈　新

衢州地处钱塘江源头，浙闽赣皖四省交界之处，是一座生态环境一流、文化底蕴深厚的国家历史文化名城。生态和文化是衢州的两张“金名片”，让250多万衢州人为之自豪，给众多外来游客留下了美好的印象。

文化是一个地方的独特标识，是一座城市的根和魂。衢州素有“东南阙里、南孔圣地”之美誉，来到孔氏南宗家庙，浩荡儒风迎面而来，向我们讲述着孔子第48代裔孙南迁至衢衍圣弘道的历史。衢州是中国围棋文化发源地，烂柯山上的天生石梁状若虹桥，向人们诉说着王质遇仙“山中方一日、世上已千年”的传说。衢州也是伟人毛泽东的祖居地，翻开清漾村那泛黄的族谱，一部源远流长的毛氏家族史渐渐清晰……这些在长期传承积淀中逐渐形成的文化因子，承载着衢州的历史，体现了衢州的品格，成为衢州人心中独有的那份乡愁。

丰富的历史文化遗产是衢州国家历史文化名城的根本，是以生态文明建设力促城市转型的基础。失去了这个根基，历史文化名城就会明珠蒙尘、魅力不再，城市转型也就无从谈起。我们要像爱惜自己的生命一样保护历史文化遗产，并把这些重要文脉融入城市建设管理之中，融入经济社会发展之中，赋予新的内涵，增添新的光彩。

尊重和延续历史文化脉络，就是对历史负责，对人民负责，对子孙后代负责。对此，我们义不容辞、责无旁贷。近年来，我们坚持在保护中发展、在发展中保护，对水亭门、北门街等历史文化街区进行保护利用，复建了天王塔、文昌阁，创建了国家级儒学文化产业试验园区，儒学文化、古城文化呈现出勃勃生机。我们还注重加强历史文化村落保护，建设了一批农村文化礼堂，挖掘整理了一批非物质文化遗产，留住了老百姓记忆中的乡愁。尤为可喜的是，在优秀传统文化的涤荡和影响下，衢州凡人善举层出不穷，助人为乐蔚然成风，“最美衢州、仁爱之城”已成品牌、渐渐打响。

《衢州文库》对衢州悠久的历史文化进行了收集和汇编，旨在让大家更加全面地了解衢州的历史，更好地认识衢州文化的独特魅力。翻开《衢州文库》，你可以查看到载有衢州经济、政治、文化、社会等沿革的珍贵史料文献，追溯衢州文化的本源。你可以了解到各具特色的区域文化，感悟衢州文化的开放、包容、多元、和谐。你可以与圣哲先贤、仁人志士进行跨越时空的对话，领略他们的崇高品质和人格魅力。它既为人们了解和传承衢州文化打开了一扇窗户，又能激发起衢州人民热爱家乡、建设家乡的无限热情。

传承历史文化，为的是以史鉴今、面向未来。我们要始终坚持继承和创新、传统与现代、文化与经济的有机融合，从优秀传统文化中汲取更多营养，更好地了解衢州的昨天，把握衢州的今天，创造衢州更加美好的明天。

文化传承的历史担当（代序）

由衢州市文化广电新闻出版局组织编撰的《衢州区域文化集成》与《衢州名人集成》出版发行了，这两套集成内容广泛，门类齐全，特色鲜明，涉及衢州的历史文化、民情风俗、文学艺术、乡贤名人等方方面面，是一项浩大的文化工程，是一桩当今的文化盛事，也是近年来一项重要的文化成果。古人说：盛世修志，盛世修书。这两套集成的应运而出，再次见证了今天衢州文化的繁荣和兴旺。

衢州是国家历史文化名城，地处浙、闽、赣、皖四省交界，是多元文化交汇融合的独特地域，承载着九千多年的文明，可谓历史悠久，人文璀璨，有着丰富多样又特色鲜明的地方文化。一方水土养一方人，一方人又创造一方文化，因此，就衢州的文化而言，无论是以儒家文化为核心的主流文化，还是质朴自然的民俗文化，都打上了鲜明的地域印记，有着别具一格的风采和神韵，这就是我们昨天的一道永不凋谢的风景！是衢州人的精神因子与文化内核，是衢州人文精神的源头。

一个地方的文化传统、文化内涵、文化底蕴、文化品位如何，靠的不是笔墨和口水，而是靠我们拥有的那份文化遗存，靠固有的文化资源和独特的人脉传承，靠历史留下的那份无需争辩的文化财富。这两套集成就是要对衢州优秀的文化传统与当代文化进行全面的整理，并进行深入研究，分类撰写，汇编成册，把那些丰富的文化内涵充分地展示出来，让那些久远的同时又是优秀的历史文化走出尘封，让那些就在身边的优秀当代文化更清晰，让它们变得可以亲近，可以阅读，可以欣赏，可以触摸，可以感受，让优秀的地方文化焕发光彩！

优秀的地方文化是我们与前人共同创造的宝贵精神财富，是我们共同的精神家园，是我们共同的文化之根，是我们世代传承的精神血脉。传承优秀文化，是我们今天应有的历史担当，也是当下经济发展社会进步的客观需要。习近平总书记在纪念孔子诞辰2565周年国际学术研讨会暨国际儒学联合会第五届会员大会开幕式上的讲话中指出："科学对待文化传统。不忘历史才能开辟未来，善于继承才能善于创新。优秀传统文化是一个国家、一个民族传承和发展的根本，如果丢掉了，就割断了精神命脉。我们要善于把弘扬优秀传统文化和发展现实文化有机统一起来，紧密结合起来，在继承中发展，在发展中继承。"我们出这两套集成的最根本目的就是要继承优秀的传统文化，又在继承中发展当下的文化，推进我们的文化强市建设，丰富城市的文化内涵，提升城市的知名度和美誉度，助推衢州经济社会的发展繁荣。

在今天新的历史时期，全市人民正团结一心，意气风发，开拓创新，为实现美丽的中国梦、美丽的衢州梦而奋发努力。在这种时代背景下，更需要有优秀的人文精神来凝聚人心，焕发激情，启迪心智，加油鼓劲！《衢州区域文化集成》与《衢州名人集成》的出版，就是顺应这一需要，通过接地气，通文脉，鉴古今，让昨天的文化经典成为我们今天追梦路上新的历史借鉴和新的精神动力！

衢州区域文化集成
衢州名人集成　编委会

2015年12月

目 录

序　一

陈定謇

上帝创造了万物，而人类创造了文字，故有“昔者苍颉作书，而天雨粟、鬼夜哭”之说。人类社会大致上可分为：以口语为主要交流传承的原始文明，以文字为核心借助纸和印刷传播贮存信息的古代、近代和现代文明，及基于电子网络技术的当代图文综合文明。文字的出现具有分水岭的意义，人类作为一种本质上的学习型动物，文字于学习和人类进步的意义，需要更现代化的理解。动物只能从个体经验学习，而只有人类可以借助文字学习积累的文化并互相沟通。正是有了文字，人类语言符号才真正获得了独立。而这一文明在相当长的历史时期，是以纸为媒介，以印刷为手段，日升月恒，大兴于世，恰恰这两者也是中国对世界的巨大贡献。由于纸和印刷的发明普及，刺激了著述、藏书、教育诸事业繁荣发达，这就打破了个体智慧的阈限，超越年寿有时而尽，经验止乎其身，信息可以凝定为极便流通保存的文本，在更大族群中、更广天地里传播复制，成为一种经国之大业不朽之盛事。

笔者曾长期从事教育、新闻工作，主要的事务就是照本宣科，或者把文字编辑后印刷成试卷、报纸、杂志、书籍，接触的就是蜡刻、机打、铅排、激光照排等印刷方式变迁，享受把书籍中的知识灌注入学子大脑或书写变成铅字之乐。但生性不敏，整日忙忙碌碌几乎没深究过身边这座城市的造纸、印刷乃至著述、藏书诸般演变，更不知其背后的历史风云时代荣衰。好友刘君国庆，好古敏求，素来敬惜字纸，有所谓“片纸不出门”之说。其为学也，颇有见微知萌、见端知末之长，积数十年搜寻及功力，通过勾稽造纸、刻书、著述、庋藏之一斑，力图复原衢州千百年来文化之全豹，遂有《楮墨芸香——衢州纸韵》之佳作。

翻读是书，方知衢州古代造纸业、刻书业均较发达，著书、藏书也代有传人。衢州造纸，历史悠久，山区纸槽林立，业者甚众。常山球川素有“纸都”之美誉，在球川溪畔，曾经晾满了做工精细的白纸，如覆地白雪，形成一道独特的风景，旧称“球川晾雪”。衢州所产之纸名品也多，其中最负盛名的当推康乾时期的“开化纸”，纸质细腻，洁白光滑，受墨乌亮，柔软可爱。内府和武英殿以及扬州诗局等所刻印的图书，多用“开化纸”；近代大藏书家周叔弢先生认为乾隆朝的“开化纸”达到古代造纸之顶峰。经过深入研究，作者认为“开化纸”是以纸品命名，而非仅以产地命名，这就廓清了过去的“开化纸”仅指产于开化县的说法。自晋室遭永嘉之乱，五马渡江，中国学术文化重心开始向南转移。至江景房沉籍减赋，江西学术崛起，衢州著述也近水楼台辉映两浙逐渐兴盛。两宋以来英彦辈出，各领风骚，如毛滂《东堂词》、程俱《麟台故事》、江少虞《事实类苑》、袁采《世范》等，芸韵楮墨，一直飞红传馨。至于藏书亦素有佳闻，大藏家尤袤在衢做通判，与江山人毛幵互序文章；学者吴师道游祖籍地衢州，为郡长薛昂夫作《书垒记》。至于历代公私贮藏、传世珍本，乃至今日藏家书目，琳琅杂陈，美不胜收，而《楮墨芸香——衢州纸韵》一书中巨细不遗，均有提纲挈领的介绍。

真实的历史斯夫如流逝而不返，我们所知道的过往大多是有心人用文字等媒介，在纸上著述，经印刷后才广为人知。从这个意义上可以说，唯有文化人才是历史的缔造者，只有拜他们所赐，我们才知道曾经发生的翻天覆地、沧海桑田。感谢刘君殚精竭虑，把衢州历史上的这段旖旎多姿的华章呈贡于世，使我们又打开了认知文化名城的一扇窗口。与国庆兄把盏临风，每觉壮怀顿生逸兴遄飞，同怀兴灭之蓄念，常发思古之幽情。刘君于佳构出版之际，不弃我之简陋，因之乐而为序，聊表同好之赏。

丙申猴年菊月于大洋此岸

序　二

魏俊杰

科学技术是第一生产力，或人皆知之。诚然，近代以来社会日新月异，多半归功于科技。然社会进步，恐不能仅以科技进步、物质富裕来体现。试问今日知识精英，仅有科学知识和专业技能，人格能否健全，是否不惑且无忧无惧？当不可断然曰能曰是。当下科学技术不断进步，物质财富也急速增长，而人们的物欲也日益膨胀。试问物欲的膨胀，科学能否解决？科学向外探求，恐难解救人欲。物欲膨胀用何救治？或许还要找回人文。

科学常识、专业技能最好人人应有，人文知识、人文情怀则需人人必备。近代以前，中国传统社会以伦理为本位，重人文，轻技艺，固然有其不足。自西学东渐，经欧风美雨洗礼，科学技术日盛，人文素养日衰，其弊在当下可见。然中国人文传统并没消亡，仍存之书册典籍，见之于故纸陈墨。阅览旧籍故纸，取精用弘，再现人文，或可节制世人物欲追求，或可提高世人精神境界。

纸于汉代已经出现，但普遍使用至少要到晋代。随着纸的广泛使用，知识文化逐渐由社会上层而深入至各阶层，学术文化逐渐由中心区扩展至周边各地。而中国传统学术文化的中心区，有自北向南转进的过程。自晋室遭永嘉之乱，五马渡江，中国学术文化重心开始向南转移。至宋室罹靖康之难，宋鼎南迁，中国学术文化重心遂立足南方。衢州学术文化随着纸的普及而发展，也随着中国文化重心转移而逐渐走向兴盛。

两汉之际，有隐士龙丘苌名留青史，衢州人物由此兴起。南齐时，有徐伯珍《周易问答》问世，衢州学术文化由此勃兴。然宋代以前，衢州人物、著述，能见载于史册者屈指可数。随着宋以来刻书业发展，知识文化渐得普及，加之中国学术文化重心南移，衢州学术文化至宋代走向兴盛。两宋以来，衢州人才辈出，代不乏人；文献相望，书香不绝；纸韵文化，日渐精彩。

传承文化，需有师长言传身教，也离不开著书、刻书、藏书。师长言传身教一般仅惠及弟子，而言行著于纸墨，刻于印版，藏于书阁，可普及众人，泽被后世。衢州学人不少能著书立说，其内容丰赡，形式多样，遍及经史子集各部类。其享誉至今者，如毛滂《东堂词》、程俱《麟台故事》、江少虞《事实类苑》、袁采《世范》等。今重读诸作，可受其益，可弘人文。衢州学人重视学术文化传承，故刻书业较盛，此由衢本《郡斋读书志》可见一斑。衢州典籍不仅藏于州学、县学、书院等处，私家藏书亦不乏珍本精品，此可见证于衢州文献馆。

衢州学术文化绝不是边缘文化，始终融汇于中华主流学术文化之中。如南宋时，朱熹、吕祖谦等理学大师来衢讲学，衢州邹补之、刘克分别师从晦庵、东莱，促使理学在衢地传播。在明代，周积、祝鸣谦、栾惠等皆继承王阳明衣钵，在衢州传播王门心学。另有众多学人虽师无名家，但涵泳于中华主流学术，皆能传承人文精神。衢地学人虽经近代以来科学化的洗礼，然幸有刘国庆诸先生从事文史之学，使衢州人文传统不至于坠地。

我来衢州之后，遂着手编修《衢州文献集成》，撰写《衢州古代著述考》。在此过程中，有幸结识衢州文献馆刘先生，与先生交往，常叹服其博学多才，让我受益匪浅。先生谙熟衢州文献，故能为丛书编撰提出颇多建议，诸如陈鹏年《浮石集》、释月海《仿梅集》是在先生建议下增入的，又如柴望等《四隐集》、张德容《二铭草堂近科墨选》是用衢州文献馆所藏版本。《衢州文献集成》能够修成，刘先生功不可没。今读《楮墨芸香——衢州纸韵》，可使人们对衢州文献认识更为深入。衢州不仅有著述文献传世，在刻书业方面也有不少精品惠及后人，衢州文献馆藏书也更能使本地文史爱好者醉心于此。传承衢州文化，重拾人文传统，在衢州有赖刘先生诸君。

第一章 造 纸

第一节 纸的起源

造纸术，与指南针、火药、印刷术并称中国古代“四大发明”。

东汉永元十二年（公元100年），经学家、文字学家许慎完成了《说文解字》，这是世界上最早的字典之一。书中对纸的解释为：“纸，絮一也，从系氏声。”清代经学家、训诂学家段玉裁注释说：“造纸昉于漂絮。其初丝絮为之。以笘荐而成之。今用竹质木皮为纸。亦有致密竹帘荐之是也。”

段玉裁认为，造纸技术由于漂洗丝絮而发现，最初的纸是用丝絮制成。古代在漂洗丝絮时，放在席子上浸入水中，然后以木棒击之，这样在丝絮洗毕后，便有一层细纤维沾留在席子上，成为一层薄膜，后来被发现可用来书写。

据《汉书·外戚传》记载，早在西汉时便有人在纸上书写，当时称纸为“赫蹏”。《赵皇后传》里有这样一段记载：“舜择弃为乳母，时儿生八九日。后三日，客复持诏记，封如前予武，中有封小绿箧，记曰：‘告武以箧中物书予狱中妇人，武自临饮之。’武发箧中有裹药二枚，赫蹏书，曰：‘告伟能：努力饮此药，不可复入。女自知之！’伟能即宫。”

我国近世以来的考古发现，为西汉就已经发明植物纤维纸提供了有力的证据。

1933年，中国考古学家黄文弼在新疆罗布淖尔西汉古烽燧亭遗址中发现

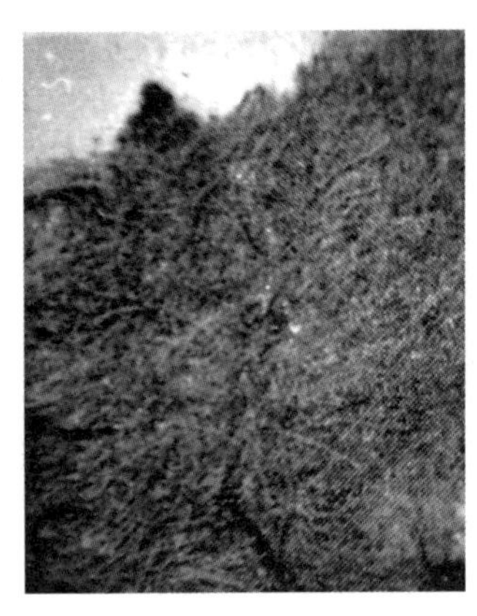
陕西灞桥出土西汉麻纸

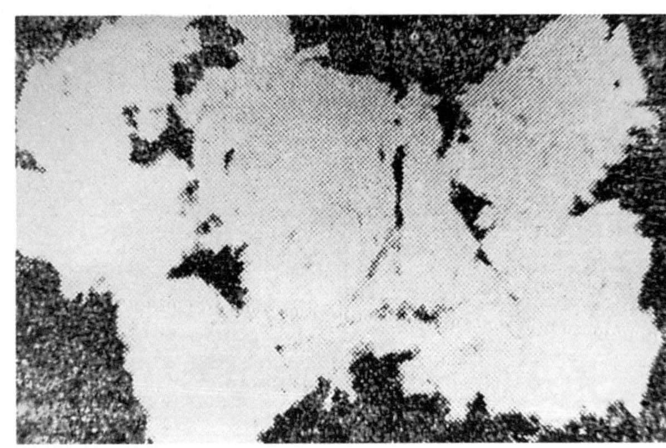
甘肃金关出土西汉麻纸

了一片西汉黄龙元年（公元前49年）古纸，人们称之为“罗布淖尔纸”，属西汉中后期产。据黄文弼《罗布淖尔考古记》载：“麻质，白色，作方块薄片。四周不完整。长约40厘米，宽约100厘米。质甚粗糙，不匀净，纸面尚存麻筋。盖为初造纸时所作，故不精细也。按此纸出罗布淖尔古烽燧亭中，同时出土者有黄龙元年之木简，为汉宣帝年号，则此纸亦当为西汉古物也。”不幸的是，此纸毁于日本军国主义的战火，而未能进行科学分析。

1942年，考古学者在西北额济纳河岸清理发掘过的遗址时，“掘出了一张汉代的纸，这张纸已经揉成纸团，藏在未掘过的土里面。审定认为系植物的纤维所作”。

1957年，西安灞桥出土西汉初期麻纸，是世界上现存最早的植物纤维纸，这表明中国是最早发明植物纤维纸的国家。

1974年，甘肃居廷金关汉代亭燧故址出土了古纸，人称“金关纸”，属西汉晚期，该纸内尚存麻筋及线头、麻布的残留物。

1978年，陕西扶风中颜村西汉窖藏出土古纸，称“中颜村纸”，属西汉中期产，纸内含较多的麻类纤维束及未打散的麻绳头。

1979年，甘肃敦煌马圈湾汉代亭燧出土古纸，称“马圈湾纸”，属西汉中后

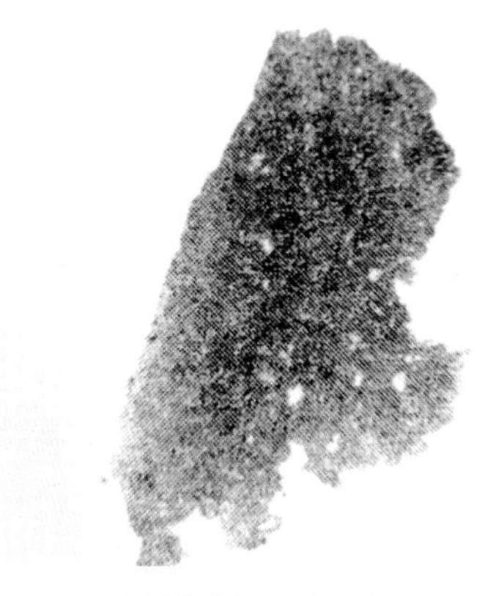

甘肃旱滩坡出土东汉麻纸

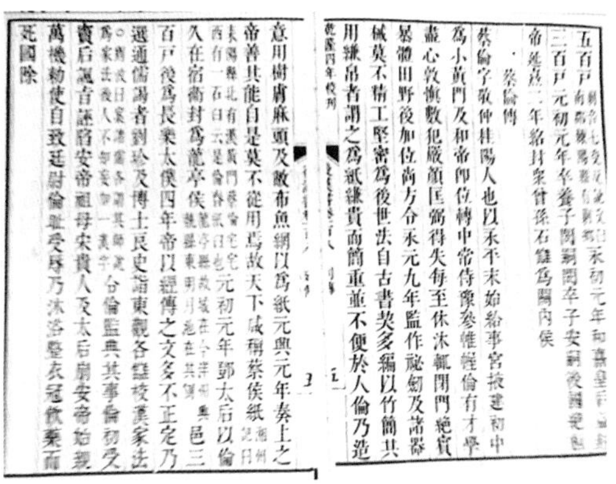

《后汉书·蔡伦传》

期,纸面麻类纤维分布不匀。

1986年,甘肃天水放马滩西汉早期墓出土古纸,称“放马滩纸”,造纸原料亦为麻类,该纸残片纸面平整光滑,纸上有用细墨线勾画的山川道路图形,是目前世界上所发现的最早的一张纸制地图。

按照中国传统的说法,造纸始于东汉的蔡伦。据《后汉书》记载,汉和帝元兴元年(105年),蔡伦“乃造意用书肤、麻头及蔽布、鱼网以为纸。元兴元年奏上之,帝善其能,自是莫不从用焉。故天下咸称蔡侯纸”。这是史籍关于发明造纸术的最早记载,也是历来认定纸在东汉时由蔡伦发明的唯一文献记载。

蔡伦(?—121年),字敬仲,东汉桂阳郡人。汉明帝永平末年入宫给事。章和二年(88年),蔡伦因有功于太后而升为中常侍,后又以位尊九卿之身兼任尚方令。蔡伦在总结以往人们的造纸经验,革新造纸工艺的过程中,终于制成了“蔡侯纸”。汉和帝刘肇下令推广他的造纸法。蔡伦的造纸术对人类文化的传播和世界文明的进步作出了杰出的贡献,千百年来备受人们尊崇,被纸工奉为造纸鼻祖、“纸神”。美国麦克·哈特的《影响人类历史进程的100名人排行榜》中,蔡伦排在第七位。美国《时代》周刊公布的“有史以来的最佳发明家”中,蔡伦上榜。

汉代造纸图

上述这些出土的西汉纸都比蔡伦所造之纸早300—100年。总的看来，这些纸的质地还较粗糙，结构也较为松散，制造技术明显处于初级阶段。由此可以推断，同中国古代的其他发明创造一样，造纸术并非蔡伦个人发明，而是人民群众在劳动实践中不断总结、不断发展的智慧与结晶。西汉植物纤维纸的制作与使用，为后来蔡伦改良造纸术打下了基础。

东汉蔡伦对造纸术进行了总结和改进，不仅扩大了造纸原料，更重要的是，他对纸之推广普及，使纸张用于书写成为可能。蔡伦是造纸发展史上一位不可磨灭的人物，他对人类社会的发展作出了重大的贡献。

第二节　浙 江 造 纸

浙江地处中国东南，自古以来为中国产纸之盛地。据文献记载，浙江造纸起源于公元265年左右的西晋会稽郡，至今已有1 700多年的历史。

浙江最早的记载是西晋张华著《博物志》："剡溪古藤甚多，可造纸，古即名剡藤。"

到东晋时，会稽造纸已有一定规模。《东坡语林》记载："王右军为会稽令，谢公就乞笺纸，检校库中有书万番，悉以为谢公。"

宋代赵希鹄在《洞天清录》中载："北纸用横帘造纸，纹必横。又其质松而厚，谓之侧理纸，桓温向王右军求侧理纸是也。南纸用竖帘，纹必竖，若二王真迹，多是会稽竖纹竹纸，盖东晋南渡后，难得北纸，又右军父子多在会稽故也。其纸止高一尺许而长尺有半，盖晋人所用大率如此，验之兰亭押缝可见。”

“二王”者，指的是东晋时期的书法家王羲之（321—378年）与他的儿子王献之（344—388年）。会稽，是浙江的古地名，今绍兴的别称。根据宋人赵希鹄的说法，可以确信，早在东晋时代（317—420年），浙江就已经有竹纸的生产。

东晋时期，浙江还有藤角纸。经学家范宁（339—401年）曾云：“土纸不可作文书，皆令用藤角纸。”（虞世南《北堂书钞》卷一〇四）据专家考证，范宁所说的“藤角纸”，应当产于浙江一带。其理由：第一，东晋曾建都于江南金陵之地，封建统治所需大量好纸，自然会带动当地造纸业的发展；第二，范宁是个喜欢笔墨的人，又曾在浙江为官（任余杭县令），他日常生活中所接触到的纸应当产于浙江境内。

晋代江南尚产茧纸。对于晋代茧纸，唐人何延年曾提到王羲之写《兰亭集序》时“用蚕茧纸、鼠须笔，遒媚劲健，绝代更无”。宋代米芾在《宝章待访录》中记载，传王羲之《笔阵图》前有自画像，其用纸“紧薄如金叶，索索有声”。虽未明说这种纸张的材料，但其质地紧密、厚度较薄、坚韧挺括的特征，描述得十分清晰。

2016年6月28日，上海朵云轩拍卖民国龚心钊所藏晋唐古纸样本，其中就有三张保存完好的“晋人茧纸”，总面积达6.7平方尺之大。

民国鉴藏家龚心钊认为，米芾所说的应该就是蚕茧纸。他以此描述对比自己所藏的蚕茧纸，在1936年的一段札记中写道：“此纸……盖系蚕茧所制，磨擦亦不起毛，非藤、楮、竹、棉所能及也。原幅未经翦背，触之即折损。余得于津沽某蓄古家，不得已因截为三幅背之。此可决为晋代纸也。”

1940年他又在札记中强调：“此真蚕茧丝所制，揉擦之亦不毛损，《兰亭》

茧纸度亦不胜于此。余见隋人诸写经卷，色类此而质乃楮类，晋以后殆无茧制者矣。”

值得一提的是，这段札记纸上还贴有一小片蚕茧纸，或许是为了便于人们了解实物的全貌，粘住的仅仅是纸片两端，这样，人们便可透过没有粘住的部分直接获得对纸质的感受，匠心如此，实在难得。时隔多年，中国丝绸博物馆对实物进行检测显示，这三张纸恰如龚心钊以目测所判断的：材质确属蚕丝，年份也与晋代相近。

古代手工造纸作坊多靠山临水。一则可以用水力舂碓漂洗纸料；二则可利用山区提供的原料和燃料。中国南方多靠山临水的地区，所以自唐以来，南方地区就有多处纸坊，逐渐形成了浙江、福建、安徽、四川等几个大的造纸中心。潘吉星在《中国造纸史》一书中将这一时期浙江主要造纸地区圈定为杭州、越州、婺州（金华）、衢州、剡县（嵊州）、睦州、温州等地。

唐朝时期（618—907年），浙江产藤纸达到鼎盛。唐《元和郡县图志》："余杭县由拳村出好藤纸。"《太平寰宇记》："由拳黄藤纸者，产于余杭之由拳村，自唐开元时充贡品后，遂负盛名。"欧阳修《新唐书·地理志》记载，在唐代各地贡纸者有常州、杭州、越州、婺州、衢州、歙州、池州等州邑。

唐宋时，越中多以古藤制纸，故名"藤纸"，亦称"剡藤""剡纸""溪藤"。明万历进士孙能传《剡溪漫笔小叙》："剡，故嵊地，奉化与嵊接壤亦有剡溪，为余家上游。其地多古藤，土人取以作纸，所谓剡溪藤是也。"

据唐李肇《国史补》记载："纸之妙者，则越之剡藤、苔笺。"这里所说的"越"是浙江的地名，剡藤因剡溪而得名，剡溪即曹娥江，现名为剡江。"苔笺"，又名侧里纸，同属唐代名纸。大文豪苏轼《和人求笔迹》有诗句："从此剡藤真可吊。"

唐元和进士、婺州东阳人舒元舆曾在《悲剡溪古藤文》中感叹："遂问溪上人，有道者云，溪中多纸工，持刀斩罚（伐）无时，擘剥皮机（肌），以给其业。

噫！藤虽植物者，温而荣，寒而枯，养而生，残而死……自然残藤命易甚……”

元至正进士许汝霖撰《嵊志》：“剡藤纸名擅天下。式凡五，藤用木椎椎治，坚滑光白者曰‘硾笺’，莹润如玉者曰‘玉版笺’，用南唐澄心堂纸样者曰‘澄心堂笺’，用蜀人鱼子笺法者曰‘粉云罗笺’，造用冬水佳，敲冰为之曰‘敲冰纸’，今莫有传其术者。”

宋代乐史撰《太平寰宇记》载，“温州产蠲纸”。宋人周辉撰《清波别志》：“唐有蠲府纸，凡造此纸户，与免本身力役，故以蠲名。今出于永嘉，士大夫喜其发越翰墨，争捐善价取之，殆与南澄心堂等。”澄心堂纸是五代十国南唐后主李煜所作成的纸。因其卓越的品质，被誉为中国历史上最好的纸，堪比黄金贵。温州蠲纸亦堪比澄心堂纸。

唐末，崔龟图在《北户录》注中曾谈到浙江睦州（今淳安）地区出产竹纸。

北宋时，南方已经是造纸业的中心。建炎宋室南渡后，随着政治、文化重心的南移，南方地区的印刷业愈益发展，造纸业也随之更为兴盛。北宋时，曾出现过“纸衣”“纸袄”“纸帐”，南宋时，又出现了“纸被”，这反映出当时纸的用途更广泛，造纸工艺亦更为精湛。宋人周密《武林旧事》就曾记载临安奸商“以伪易真，至以纸为衣”来冒充布帛，欺骗顾客的情形。

古代造纸

南宋时，浙江名纸有剡溪出产的剡藤、剡硾、玉版纸、澄心堂纸、敲冰纸、罗笺等，还有杭州余杭由拳村藤纸、富阳小井纸、赤亭山赤亭纸等。

宋代以降，继藤纸之后，竹纸异军突起，屡见于文献史籍。如宋苏易简撰《文房四谱》中有“今浙江间有以嫩竹为纸”的记载；宋顾文荐撰《负暄杂录》也举出“越中竹纸”。宋施宿等撰《嘉泰会稽志》：“剡之藤纸得名最久，其次苔笺。今独竹子名天下，遂掩藤纸。竹纸上品有三，曰姚黄；曰学士；曰邵公。工书者喜之滑，一也；发墨色，二也；宜笔锋，三也；卷舒虽久，墨络不渝，四也；性不蠹，五也。”

宋代书法家米芾《书史》记载：“余尝硾越州竹，光透如金板，在油茧上，矩截作轴，入笈，番覆数十张，学书……”米芾曾作《硾越州竹学书诗寄薛绍彭、刘泾》诗云：“越筠万杵如金板，每用杭油与池茧。高压巴郡乌丝栏，平欺泽国清华练。老无他物适心目，天使残年同笔研。图书满室翰墨香，刘薛何时眼中见。”北宋薛绍彭也作《和米芾越州竹纸诗》：“书便莹滑如碑版，古来精纸惟闻茧。杵成剡竹光凌乱，何用区区书素练。细分浓淡可评墨，副以溪岩难试研。世传此语谁复知，千里同风未相见。”足见宋时文人对会稽竹纸的青睐与赞赏。

元代《至正四明续志》则有“皮纸出鄞县，章溪竹纸出奉化，棠溪亦有皮纸”的记载。

明清以降，浙江同全国其他地方一样，商品经济已经发达，手工纸场林立，造纸情况则更多地记录于正史、方志、谱牒、笔记等文献之中。

民国时期，浙江省造纸依然居全国前茅。1924年5月，彭望恕在《农商公报》发表《全国纸业调查记》中称：“浙省制纸工业亦殊不弱，虽不能与闽省并驾齐驱，然岁产亦有三四百万两。产地最盛之处，向以严州、衢州、金华三县为巨擘，惜近年洋纸充斥，销路日狭，与该省之制糖业，陷于同一之命运。”

1935年，《浙赣铁路杭玉段沿线工商业鸟瞰》中记载：“（浙赣铁路沿线）莫不有纸之出产，盖因地多山林，竹木丰富，涧水争流，最适于纸之制造，山居农民，咸以造纸为副业，俗称槽户。沿线统计，共有槽户二万余户，纸槽二万余具，工人十二万余人，年产纸总值五百七十余万元。所造之纸，浙江以供迷信燃烧用之黄烧纸为大宗，江西则以供书写用之连史毛鹿为大宗，质料精良，销路畅旺，是为江西纸业之特色。黄烧纸销华北各省，连史纸销杭(州)、申(上海)、津(天津)、平(北京)各处。”

根据《中国近代手工业史资料》统计，纸类进口激增。1903年时，中国纸类进口217 726担；1910年为549 030担；1920年为1 026 511担；1930年为1 992 093担；1932年至最高峰为2 075 283担，比1903年高出近十倍。

1933年全国手工造纸业概况

省 份	槽 户	造纸槽数	产量(市担)	产值(千元)
浙江	24 437	126 852	—	20 851
福建	9 958	52 910	739 320	6 191
江西	—	—	—	5 610
湖南	6 516	34 102	944 487	5 015
四川	4 065	—	436 000	8 720
广西	1 979	8 310	115 469	1 235
广东	222	1 330	40 582	1 440
山西	1 038	—	424 511	1 140
河北	1 169	3 356	—	981
安徽	—	—	—	700
东北	—	—	—	650
山东	574	9 800	—	639
湖北	2 764	—	—	551

续表

省　份	槽　户	造纸槽数	产量(市担)	产值(千元)
河南	—	5 851	—	470
贵州	—	—	—	418
云南	—	—	—	400
陕西	65	—	—	386
江苏	83	888	—	119
绥远	42	179	—	51
甘肃	—	—	—	24
宁夏	37	103	—	19
其他	—	—	—	190
总计	52 994	244 391	2 700 369	55 800

(资料来源:1933年巫宝三等《中国国民所得》)

浙江省早期文化用纸主要靠手工纸来供给。但由于帝国主义列强的廉价商品倾销争衡下,大量外纸输入和手工纸不能适应现代印刷术的需要,手工造纸在文化用纸市场上逐渐被排挤出来。

手工纸一般分为文化用纸、实用纸(包括卫生用纸)和祭祀用纸。从事手工造纸的槽户,不得不改变手工纸的类别。从过去主要生产文化用纸逐渐转变为以生产实用纸、祭祀用纸为主。1930年时,全国实用纸产值占总手工纸产值47.71%;祭祀用纸占29.39%;文化用纸占23.2%。至抗日战争前夕,祭祀用纸所占比重已经上升到40%左右。

民国时期,浙江省各地生产的主要手工纸品有:

1930年以前浙江手工纸品名　皮纸、元书纸、黄纸、南屏纸、竹烧纸、粗高纸、谢公纸、茶白纸、秋皮纸、方稿纸、油拳纸、长钱纸、桑皮纸、花笺纸、棉纸、徐青纸、藤纸、塘纸、银花纸、银皮纸、稻秆纸、草纸、表芯纸、连五纸、毛边纸、小井纸、皮抄纸、蛋生纸、梅里纸、八百张、黄白纸、纸被、油纸、鹿鸣纸、桃花纸、连七纸、竹纸、赤亭纸、黄烧纸、竹帖纸、京边纸、纸帐、盐抄纸、楮纸、侧里纸、白纸、黄皮纸、大笺纸、玉版纸、敲冰纸、苔纸、小竹纸、小帘纸、冰纸、黄公纸、黄檀纸、大淡纸、漆纸、榜纸、鱼卵纸、柬纸、楮皮纸、黄表纸、毛头纸、绵白纸、白蜡纸、大贡纸、山里纸、大帘纸、黄历日纸、白历日纸、长联、竹纸、短联竹纸、粉云罗笺、墨煤草纸、包抄毛边纸、月面松纹纸。

1930年浙江手工纸品名 皮纸、元书纸、黄纸、南屏纸、粗高纸、厚斗、长边、厂黄、大连、方高纸、京边纸、折边、大斗、大昌山、块头纸、大黄笺、京放、徐青纸、棉纸、花笺纸、桑皮纸、草纸、表芯纸、连五纸、毛边纸、段放、昌山、红表、雨伞纸、毛角连、油纸、鹿鸣纸、桃花纸、连七纸、坑边、海放、黄烧纸、黄元、屏纸、蚕种纸、板笺、红笺、真皮、白笺、羊皮纸、中青、谱纸、金屏、红顶、横大、毛长、茶厢纸、板折、信纸、连史、溪屏、坊纸、中方、六印参、昌斗、七印参、真料、黄京放、大草纸、溪源纸、小坊、烧纸、细粗纸、名槽、交白、二细毛、马青、大京放、黄长边、千张、长连、皮白纸、粗纸、六局纸、三顶、大参皮、毛草纸、小细蓬、笋壳纸、押头纸、四号薄、松纸、小白纸、五千元书、六千元书、大帘粗纸、小帘粗纸、阔参皮纸、二号屏纸、三连、毛纸、小连黄烧纸。

中华人民共和国成立后，在党和人民政府的重视下，浙江省的手工造纸仍呈上升趋势：

中华人民共和国成立初期浙江省手工纸历年产量增长情况

年　份	产量（吨）	增长率（%）
1950年	25 000	100
1951年	—	—

续表

年　份	产量(吨)	增长率(%)
1952年	55 787	223
1953年	61 620	246
1954年	71 415	286
1955年	66 758	267
1956年	72 000	288

(资料来源:袁代绪《浙江省手工造纸业》)

浙江省各类手工纸所占比重

年　份	合　计	实　用	祭祀用纸	文化用纸
1930	%	48	29	23
1937	%	—	40	—
1945	%	—	50	—
1952	%	57	22	21
1954	%	52	17	31
1957	%	71	19	10

(资料来源:袁代绪《浙江省手工造纸业》)

1956年浙江手工纸品名

一、文化用纸

(一)竹纸类　元书纸、五千元书、六千元书、京放、大京放、白京放、白大京放、土报、白报、折边、毛边、粗甲纸、代白纸、花占纸。

(二)皮纸类　皮纸、棉纸、白棉纸、蜡纸坯。

二、祭祀用纸

竹纸类　黄大京放、桨黄京放、四才黄、六九寸、九寸纸、大九寸、九寸尖、八一尖、九一尖、六九屏、南屏、本屏、屏纸、中元屏、小元屏、龙屏、海放、大海放、大海放黄、近身纸、近生纸、远身纸、远生纸、小连纸、大连纸、大帘纸、鹿鸣纸、黄鹿鸣、料海、迷信长边、京边、京表、折表、黄表、红表黄、大红表、表芯纸、表黄、小表黄、中表黄、厂黄、太平厂、大本、迷信黄元、方稿纸、方高纸、高把纸、粗高纸、小五千黄、大五千黄、对龙、正龙、烧纸、黄烧纸、熟大斗、熟小斗、特大斗、生切、大团花、小团花、大城折、启元纸、专帘纸、小白尖、荷花佛图。

三、实用纸

（一）竹纸类 次大京放、本报、绿报、红报、黑报、海方、小连坯、料边、斗放、长边、草边、红表、小红表、红表正、厂红、大厂红、黄元、昌山、大昌山、小昌山、纽扣纸、纽扣长边、三项、角连纸、厚斗、包装纸、青槽纸、土方塘、黄方塘、交白纸、粉房、折角、纸筋、大蒙纸、烟纸、红绿对表、红顶纸。

（二）皮纸类 羊皮纸、桑皮纸、皮纸、大皮纸、真皮、包皮纸、加重桑皮纸、大阔棉纸、黄绿棉纸、加阔好料棉纸、加阔棉纸、全料、边纸、棉纸、灯光纸、砲心纸、花华纸、雨伞纸、白方连、双帘纸、料皮。

（三）稻草类 中青、中方、青草纸、青草黄、大毛纸。

四、卫生用纸

（一）竹纸类 小刀儿、圆刀儿、折刀儿、四六屏、碎边、双连卫生纸。

（二）稻草类 坑边、小坑、中坑、破坑边、粗草纸、千六、千张、名槽、周方纸。

第三节 古代衢州造纸

一、唐宋时期

唐宋时期的浙江，是全国最早出现的雕版印刷地区之一，而衢州则又是浙江造纸和印刷术的翘楚。

衢州，秦属会稽郡太末县。三国吴时，改属东阳郡。唐武德四年（621年）置衢州，不久废。武则天时，复置衢州。宋为衢州郡，元为衢州路，明清均为衢州府。下辖西安、龙游、江山、常山、开化诸县。

衢州自然地理环境十分优越。东南仙霞岭山脉逶迤，西北千里岗山脉绵延。域内大部河流属钱塘江水系，小部河流属鄱阳湖水系，衢江、常山港、江山港等呈叶脉状分布。气候温和，雨量丰沛。境内植物区兼有南北相乘之特征，毛竹资源丰尤其富。

古代手工纸的生产规律，一般分布在平原与丘陵地带。只要附近有常年生的造纸原料、有石灰出产、有溪水，那里就有造纸槽户。衢州手工抄纸所用原料，多为就地取材。常山、衢北上方等地盛产石灰，古时还出现运输石灰的专门埠头。这些都为造纸提供了极其有利的条件。

宋代祝穆编《方舆胜览》，衢州乌巨山“竹木荟蔚”。康熙《衢州府志》记载，衢州竹类有慈竹、紫竹、苦竹、斑竹、筋竹、水竹、金竹、箬竹、筀竹、石竹、雷

衢州竹林

竹、方竹、天竹、棕竹、猫竹、实竹、凤尾竹、合尕竹、黄莺竹、黄竹、孝顺竹、江南竹、公孙竹等品种。1989年，衢县毛竹种植面积达37.49万亩，居全省第二位；龙游24.53亩，也是浙江省主要产竹县。

衢州利用毛竹历史久远。唐长庆年间（821—824年），衢州使君徐员外就将用竹子编成的书箱赠送给唐代著名诗人、检校礼部尚书刘禹锡，被其视为珍贵之物。刘禹锡赋诗《衢州徐员外使君遗以缟纻兼竹书箱，因成一篇用答佳贶》：

烂柯山下旧仙郎，列宿来添婺女光。
远放歌声分白纻，知传家学与青箱。
水朝沧海何时去，兰在幽林亦自芳。
闻说天台有遗爱，人将琪树比甘棠。

唐代杜佑在他编纂的《唐六典》卷二十中记载了当时朝贡的主要纸品："益州（今成都）之大小黄白麻纸，杭、婺、衢、越等州之上细黄白状纸，均州（今湖北均县）之大模纸，宣（今安徽宣城县）、衢等州之案纸、次纸，蒲州（今山西永济县）之百日油细薄白纸。"从这些进贡朝廷的名纸贡品来看，仅衢州一地出产的就有"细黄白状纸""案纸"和"次纸"。地方文献中也有唐时"衢州岁贡绵白片纸六千张"的记载。

龙游溪口竹区，从唐代就开始制造竹纸，称为"元书纸"，并曾一度列为贡品。元书纸纸质柔软、光滑，韧性好，利于书写，且书写时吸水好，久存不易虫蛀，色泽本色。若用元书纸包装茶叶，不易变质并能保持香味。

如今，我们所能见到的唐代传世纸品，主要是佛教写经用纸和刷印经用纸两类，被称为"藏经纸"。而衢州出产的"细黄状纸"，当时正是多用来印刷或抄写佛经的纸张。它以桑麻、藤皮等植物纤维为原料，质地坚牢硬密。由于用黄檗树汁处理过，色泽美观，防蛀抗水。纸寿千年，至今观之，仍然犹如新作。

唐、五代时，佛教兴盛。驻锡衢州天宁禅寺的永明延寿禅师（904—975年），曾于此撰写了《宗镜录》等佛学名著。永明延寿曾为钱俶主持刊刻《宝箧印心咒经》《宝箧印陀罗尼经》《宝箧印经》等大量佛教经文、佛图等，并亲手刊印《弥陀塔图》十四万本。

案纸是一种在唐朝专供朝廷和西北官府使用的质量较好的白麻纸。当时，河西一带，纸张属于稀缺紧俏的物资，申请领用者还需经西州都督府（658年始设，702年废止）批准。据《敦煌吐鲁番社会经济资料》记载，有一次“兵曹”请纸，被批准，而另一次为了“市马”（买马），需用纸多，却未获批准。日本学者曾对存世的唐元和六年（811年）的案纸进行过研究。

宋代衢州造纸作坊多，盛产麻纸和竹纸。宋《元丰九域志·两浙路》记载，北宋衢州与婺州都土贡藤纸五百张。《宋史》亦载录衢州贡纸的情况。

二、明清时期

明代衢州地区造纸尤为发达，出版也依然兴盛。《中国实业志·浙江》（1932年浙江省国际贸易局出版）称：“我国自汉代蔡伦发明造纸后，各省莫不有纸之出产。就中以江西、福建、浙江、安徽为最著。浙江之纸，宋代已负盛名，当时最著者为会稽之竹纸。明清时浙江纸业极为兴盛，其中如常山、仙居所出之奏本纸，余杭、龙游所出之竹烧纸，温州之蠲纸，鄞县、奉化、安吉之皮纸，桐庐、常山之历日纸，均著闻于时。”

《天工开物》造纸工艺

明弘治《衢州府志》记载：“藤纸、绵纸、竹纸三种并皆细品。"《衢州府志》卷三《土产》:"藤纸,开化、常山出。"而龙游则生产竹制的烧纸,万历《龙游县志》卷四《物产》:"货品中惟多烧纸,胜于别县。"天启《衢州府志》卷八《国计志·物产》载有藤纸、黄白纸、帐纸等。康熙《衢州府志》亦有"产棉纸",即皮纸的记载。

衢州明代出产特称"棉纸",嘉靖以前多黄绵纸,嘉靖以后至万历则多为白棉纸。其因纸的纤维结构呈棉絮状而得名。它的原材料为楮树皮、桑麻皮等木质植物的皮纤维,故也被称为"皮纸"。

明代产纸最有名的是供官府使用的各种公文纸,即所谓的"榜纸"。明方以智《物理小识》记载:"榜纸出浙之常山,庐之英山。"衢州榜纸在明代的生产规模与产量颇大。

明代陆容(1436—1497年),字文量,号式斋,是位非常喜欢聚书和藏书的政治官员。其才高多识、雅德硕学,购书多异本。钱谦益称他"好学,居官手不释卷,家藏数万卷,皆手自雠勘"。陆容著有《式斋藏书目录》。他在浙江为政任浙江右参政时,所至有绩。他曾到衢州常山、开化一带实地考察,《开化县志》录其《宿玉霄宫》诗:

假息黄冠榻,山窗月已斜。
香分熏被火,花落护灯纱。
雾草翻巢鹤,风枝惊宿鸦。
济人吾有术,无暇问丹砂。

陆容在所撰十五卷的《菽园杂记》中说:"浙之衢州,民以抄纸为业。"书中还详细记叙了当时衢州常山、开化一带榜纸的生产工序:

衢之常山、开化等县人以造纸为业。其造法采楮皮蒸过,擘去粗质,糁

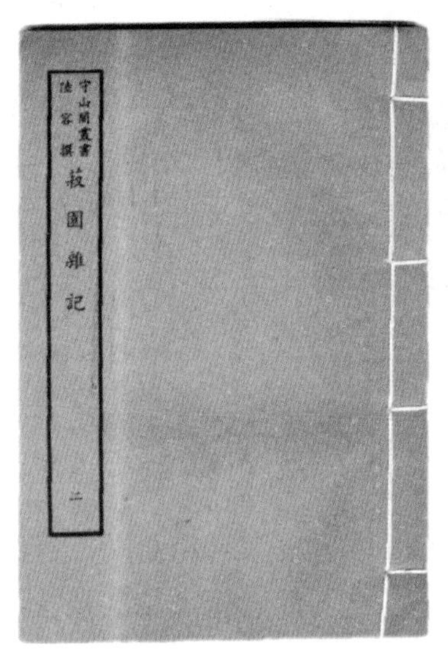

陂中爲六橋又濬城中六井與民興利除害郡人德之林
處士則以其風節之重耳考之郡志郡故斥鹵唐興元間
鄴侯李泌守杭鑿六井引西湖水入城民受其惠則杭之
水利興自鄴侯而白蘇二公之所修濬者其遺蹟也知有
白蘇而忘鄴侯可乎竊謂三賢祠當祠李白蘇三公以遺
愛和靖則别祠於其舊隱巢居閣或四照堂以表風節斯
於事體爲得宜也
衢之常山開化等縣人以造紙爲業其造法採楮皮蒸過擘
去粗質糝石灰浸漬三宿蹂之使熟去灰又浸水七日復
蒸之濯去泥沙曝曬經旬舂爛水漂入胡桃藤等藥以竹
絲簾承之俟其凝結掀置白上以火乾之白者以磚板制

菽園雜記卷十三

《菽园杂记》书影

石灰，浸渍三宿，蹂之使熟，去灰。又浸水七日，复蒸之。濯去泥沙。曝晒经旬，舂烂，水漂，入胡桃藤等药。以竹丝帘承之。俟其凝结，掀置白上，以火干之。白者以砖板制为案卓状，圬以石灰而厝火其下也。

这段记载对于我们了解明代衢州造纸的过程，原料、配料以及制作工艺，有很高的经济史料价值。其生产工序颇为复杂，几乎可以如法炮制。

明代衢州官纸之贡始于洪武朝，而内府之贡则在万历年间，皆为官买官解，照科纳税。衢州府志及县志等多有记载。如明弘治《衢州府志・贡赋》中有衢州“书籍纸三千五百张”，江山“书籍纸五百九十四张”。西安县、龙游县、常山县、开化县也均有书籍纸上贡的记载。

嘉靖《衢州府志・食货》记载：“额办御览历日黄榜纸二百五张，每张价银二分。书籍纸四百九十九张，每张价银一分。白榜纸三千二百二十五张，每张价银一分一厘，共银四十四两五钱六分五厘。有闰年分外加派。白榜纸九十八张，该银一两八分三厘五毫（坐该开化县）。”“额办工部书籍纸三千五百张……

书籍纸七百七十三张……书籍纸八百九十张……书籍纸五百九十五张……书籍纸四百九十二张……书籍纸七百五十张。”

另有“坐办南京历日纸料银四十二两四钱七分六厘二毫五丝四忽(坐该西安县)”。摊派“使司历日纸料银一百七十七两一钱七分,梨板(按:用于刻书)三十片”。其中,“历日纸料银五十九两七钱三分;江山四十六两一钱五分;常山二十二两七钱三分,开化三十八两五钱六分。梨板西安七片;龙游八片;江山六片,常山四片,开化五片”。

天启《衢州府志·国计》:(额征)“书籍纸三千五百张……历日黄榜纸二百五张,每张价银二分。白榜纸三千二百二十五张,每张价银一分一厘。书籍纸四百九十九张,每张价银一分……遇闰加白榜纸九十八张,该银一两八分三厘五毫,开化县征办本色槽户,解府覆验印钤,照例支给本府军徭。”“历日纸料银一百一十五两九钱一厘五丝四忽,内南京历日纸料银四十二两四钱七分六厘二毫五丝四忽,布政司纸料银七十三两四钱二分四厘八毫五丝四忽。”

明崇祯《开化县志》在“条鞭”里也有记载:“松香光叶书籍纸等料银九量三钱三分五厘七毫”,“北京历日黄榜纸二百五十张每张价银二分”。“书籍纸四百九十九张每张价银一分。”“白榜纸三千二百二十五张每张价银一分一厘。”“共银四十四两五钱六分五厘,外用木柜竹夹棕罩锁索扛价银五两,通共银四十九两五钱六分五厘,遇闰加白榜纸九十八张半,该银一两八分三厘五毫解府转解。”

明代为里甲制,万历大规模清丈后在全国推行“一条鞭法”,废除里甲,摊丁入亩,总括一县之赋役并为一条。清朝沿用明制,《清史稿》载顺治元年十月诏告天下曰:“地亩钱粮,悉照前明会计录,自顺治元年五月朔起,如额征解。”其中载录“榜纸、松香、光叶书籍纸”等项。

《浙江通志》载顺治四年二月十二日钦奉恩诏:“松香光叶书籍纸桐木黄白

榜纸等项，自顺治四年正月初一日以前已征在官者起解充饷拖欠在民者悉行蠲免。”

顺治《开化县志》在“条鞭”项亦记载：“国朝科纳仍用旧法”，“胖袄裤鞋、槐花松香、光叶书籍纸等”项，折银征收。唯有四千零二十五张半开化榜纸等依旧上交实货，与崇祯《开化县志》记载不同的是，上交的地址从原先的“北京”变改为“盛京”。

由此可见，至少自万历十一年起，开化本邑每年要向北京、盛京进贡开化纸系四千零二十五张半。这些纸均为官买官解，照科纳税。

明代中期以来市场需求提升，生产过度，加之官府、内府对所供榜纸极度浪费，造成资源巨大枯竭。陆容就在《菽园杂记》中记载：

> 浙之衢州民以抄纸为业。每岁官纸之供，公私糜费无算，而内府贵臣视之初不以为意也。天顺间，有老内官自江西回，见内府以官纸糊壁，面之饮泣，盖知其成之不易，而惜其暴殄之甚也。

《菽园杂记》还揭露了官府将官纸随意用来起稿、包裹的情形，用榜纸肆意充当鳌山烟火、流星爆仗之费，在在皆是。

清代文事发达，出版活跃。衢州虽然经历了清初的“耿精忠之乱”，饱受战争的创伤，但是造纸工艺仍承明制，纸张生产也更进一步。

明清时期，衢州造纸工艺最好的数常山之球川，也是明清时期造纸业极其鼎盛的重镇之一，素有“纸都”之美誉。

明天启《衢州府志·物产》就赞美了球川的造纸：“吾衢殊无异产，资充日用，不缺常需。惟是矿洞多金，绝胜昆山之玉；球川造纸，不数薛涛之笺；杉木可作栋梁，如擎石柱；柏子堪为烛照，似缀桑珠。”

清光绪《常山县志》载:“(纸)大小厚薄,名色甚众。惟球川人善为之,工经七十二到。”光绪《常山县志》卷二十八《物产》引万历《常山县志》称:“若纸者,土不产楮,而球川人善为之。……每岁大造官纸,发价数千万量。”

在球川古镇街头,有一条婉约的球川溪,这是常山唯一的东水西流注入鄱阳湖而流入长江流域的溪。十里长堤的溪滩上,古时曾经晾满了做工精细的白纸,如覆地白雪,形成一道独特亮丽的风景,引人入胜,故称“球川晾雪”,亦称“球川堆雪”。清代诗人徐鲲就有《球川晾雪》诗赞之:

球川方絮莹而洁,名重三都天下绝。
截取陆海苍龙孙,削以金刀搥以铁。
漂去时惊茧色新,练来应辨布头裂。
日高昼永晒盈江,云膜堆堆浑似雪。

球川因产纸而胜过桃花源:“……公家不催赋役钱,村中鸡犬尽安然,瘠土胜似桃林边。”

清代康熙年间,衢州遭遇了“耿精忠之乱”,旷日持久的战争长达八年。衢民流离失所,再加上常山、开化生产榜纸的原材料非尽本地所产,因此榜纸的生产逐渐减少。光绪《常山县志》卷二《风俗》记载:“常地向出球川纸,擅利一方,后渐废之。”而雍正《开化县志》卷三《赋役》也记载:“盖一应纸张,皆非开产。前朝盛时,纸价尚平,民力亦裕。……大清革命以来,频经兵燹,纸槽荒圮,工匠流亡,近虽稍稍复来,而纸价数倍。”

明末清初以来,尤其是福建“耿精忠之乱”平息之后,衢州地区人口损失甚巨,于是福建、江西流民蜂拥而入,在浙江衢州、金华一带开垦山地,种植靛青、桑麻,烧炭、造纸。他们成群结队,蓬罗而居,因此被称“棚民”,或“棚户”。造纸者大多自闽西汀州（今福建长汀）等地迁徙而来。衢南乌溪江、大洲，衢北上方、灰坪、杜泽一带山中，龙游溪口，以及江山、常山、开化山中皆有分布。主要有傅、翁、廖、赖、林、邱、袁诸姓。

康熙《衢州府志》卷首衢州知府金玉衡序云："山源深窅，林菁险密，有靛、麻、纸、铁之利，为江、闽流户蓬罗踞者，在在而满。或蜂飞而集，兽骇而散，丛奸府患，不可爬梳。此隐忧在上者，而西安、龙游为急。"这些棚民经常与土著居民发生冲突，甚至聚众危害地方社会治安。如康熙四十八年（1709年）十二月十九日，浙江提督王世臣《奏报龙游县有伙众防火反抗折》称："衢州府属之龙游县，界联处州，其地山多田少，向有外省之民，附居山中，仲麻种靛，本年十一月二十六日忽据衢协副将李乾龙禀报，龙游县属庙下地方有匪类一伙放火扰民等情。"

又如雍正五年（1727年）四月十一日，浙江观风整俗使王国栋连同浙江巡抚李卫奏称："稽察常山县种麻棚民一事，查棚民多系福建、江西之人，在各处山乡租地搭棚居住垦作者，皆以种麻、种菁、栽烟、烧炭、造纸张、作香菇等务为业，江、闽两省及浙之宁、台、温、处、金、衢、严所属共二十七县皆有之，不独常山一县也。"当时常山县人对棚民深为担忧："甲寅闽变后，人尽流亡，山川涤涤。时则有某人者招引江、闽流民，开种麻山，不数年间，几遍四境。"（光绪《常山县志》卷三十九《查寮杜匪檄文》）因此，清代开化等县的人口统计，包括土著、客民、棚民，虽然没有具体的数字，但这种分类的人口统计，仍能反映出土著居民与移民之间的差异和冲突。

《清实录·高宗纯皇帝实录》还记载了一条乾隆十六年（1751年）六月江山棚民导致米价剧增的奏折：

闽浙总督喀尔吉善等奏："浦城、江山二县，为闽浙连界要地。江邑棚民，常年口食，取给附近各村。本月初间，据枫林、浦城二处文武汇报，渔梁九牧，通衢村落，日有江邑棚民，向富户勒买米谷，兼索酒食挑运而去。臣等查衢郡米贵已甚，江山县地当孔道，往来商贾，需食殷繁，以致各山场棚民，无米可买，远赴浦邑纷纷购籴。衢郡虽拨有省米一万石，仅可在城市分厂接济。廿八都一带，离县窎远，并无水路可通，若不设法调剂，恐异籍穷民，因而滋事。”

这件奏折反映出，当时江山大量棚民的存在，使得当地的粮食产量无法满足需求，棚民们为此不得不前往浦城采购。出现这种局面，会使土著多了本无必要的支出，产生经济上的损失。若遇到灾荒年月，粮食短缺情况则会更加严重，容易引发百姓流离失所的恶果。康熙《江山县志》记载，早在崇祯十年（1637年），江山“廿七都闽人种靛者揭竿而起，屠戮张村、石门、清湖等处”。

清政府在棚民问题的治理上，反映在《大清律例·兵律·关律·盘诘奸细》的附例之中：

浙江、江西、福建等省棚民，在山种麻、种靛、开炉、煽铁、造纸、做菰等项，责成山地主并保甲长出具保结，造册送该州县官，照保甲之例每年按户编查，并酌拨官弁防守。

清中期以降，衢州造纸以竹纸生产为多。嘉庆《西安县志》卷二十一《物产·纸》：“以草杂竹丝为之，色黄粗糙，止供丧事、楮币及包裹之用，不中书也。出南北山上方、上输源诸处。”

清代衢北上方镇为衢州造纸重镇。衢北造纸史可追溯到唐宋时期，其地灰坪、太真、庙前、仙洞、玳堰、李泽、双桥等地山民以造纸为业。上方集镇则以商贸、贩纸、运输为主，形成了一条生产、交易、运输完整有序的经济纽带。

衢北造纸以生产土纸为主，俗称草纸、火纸，广泛用于祭祀、引火，也可用

纸槽

作书写、生活用纸等。其生产流程是在每年五月份砍下当年嫩竹破成一米五见长的条块。下腌塘以生石灰腌制三个月左右，然后捞出洗净，上面覆盖稻草等物待其发酵成熟。此后便可用石碾子水碓将其制成纸浆，下纸槽用水搅拌，待其完全细腻，与水融合。然后便可用纸帘捞出成纸，通过压水，分纸，上焙笼烘干，包装便可出售。

据家谱资料记载，上方镇繁荣在明清时期，而鼎盛于清中期。其中与福建纸商和棚民的迁入有重要的关系。元明时期，衢北造纸规模较小，基本以自产自销的方式经营，没有固定的销售渠道。一般其纸张制作好后要挑到衢城销售，没有相应的市场。

进入清朝，因清初福建耿精忠之乱，大批福建山民涌入衢北大山之中，给当地造纸业带来了很大的推进和发展。有条件的福建大族则购置山林，开创纸坊。以邱家、袁家等为代表福建大族，在当地购置了大量山林开创纸坊，还在上方集镇开设纸号。又以刘家、傅家、黄家为代表的福建贫民，他们基本以帮佣、砍伐焙笼柴为业，俗称“棚民”。

福建山民经过几代的发展，又与当地山民交融，到了清中期达到了衢北造纸的鼎盛时期，涌现出众多纸坊、纸商，往往一个家族就有纸坊数十座。至清末民国时期，江西民众因当地战乱频繁，又一次大量涌入衢北大山。他们基本以住槽、挑夫为业，形成了以江西人为代表的槽工，对当地纸业生产量的大大提高起到了重要的作用。

衢北经营纸业的商贸历史最早始于明朝中期。他们主要以徽商为代表，广泛集中在上方集镇。

当时徽商的经营模式是以物换纸的方式来经营，徽商们主要从杭州等地运来丝绸布匹、油盐等生活用品；在当地开设商号，纸农以纸换取自己所需的各种商品，通过赊账每年结算一次；徽商们又把换取来的纸张贩运到杭州、苏州等地。这种经营模式一直延续到了民国时期。

清初，因福建人迁入并很快占领了大量市场份额，形成了徽商、闽商、土著商三商鼎立的时代。

闽商的经营者主要以福建人为主，当时称“福建帮”。经过三百多年的繁荣，中华人民共和国成立前，上方集镇商埠林立，有安徽会馆、福建会馆等，可见当时之繁荣。

灰坪徐氏为衢北“造纸世家”。据灰坪《南州徐氏宗谱》记载及传说，徐家在南宋末年便开始以造纸为业。《南州徐氏宗谱》“阳基图”中描绘出的纸槽作坊就有二十余座。

谱牒中记载的该族代表性造纸人物有：

徐达英，乾隆时人。谱载其“弃儒就贾，尝往来于吴越之间，宏振丕基，远近莫不称羡焉”。“翁所居之地，有崇岗峻岭，茂林修竹，开蒋生之三径，萃花于

《南州徐氏宗谱》中的纸槽

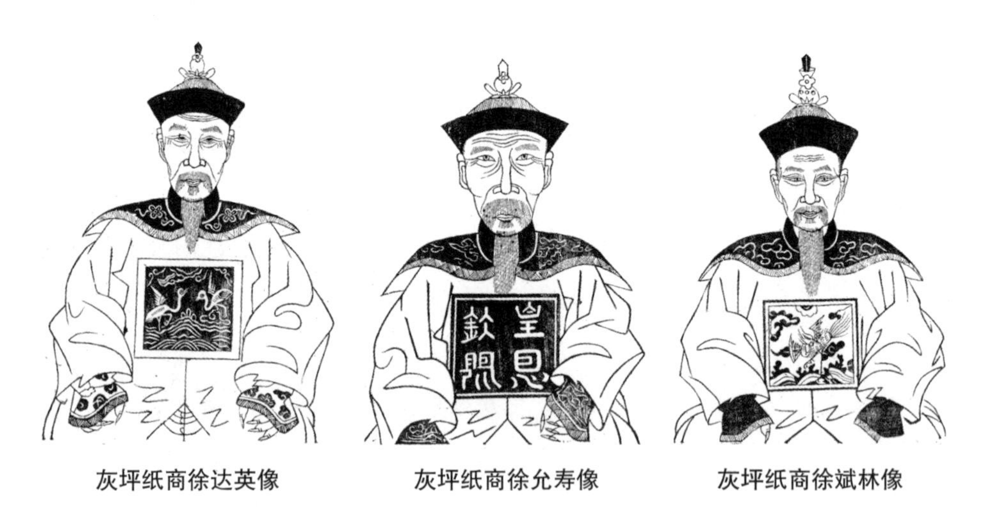

灰坪纸商徐达英像　　灰坪纸商徐允寿像　　灰坪纸商徐斌林像

一堂，古人所谓，宁可食无肉，不可居无竹，翁即籍竹以为业焉。”

徐允寿（1745—1818年），谱载其拥有竹山数百亩，有纸槽作坊三家。

徐斌林（1759—1824年），拥有纸槽作坊数家，在上方镇开设纸号，经营纸张生意。“以贸竹木，善居积，故经营致富，广置田园，构华屋，克光烈焕如也。”

灰坪纸商徐贞南像

徐贞南（1828—1896年），谱载：“为少颖悟，入塾辄成句读，及长即能文章，无何尔时，家务缠绵，遂辍业而贸竹木生涯。彼时克勤克谨。甚洽父母之心。尤可异者。性温和。事父母有蓼莪风。处兄弟有棣萼风。待子侄有蔼藟风。接朋友有伐木风。修宗祠建庙宇。则疏捐增盛。有大度风。扶夫危。济夫急。兵灾后乡村困甚怜。而施粥者数千余人群。咸感为仁人之君子也。”

灰坪纸商徐贞海像

徐贞海（1844—1924年），谱载：“公生而聪慧，幼时进祠塾，读书即能明其理，尝得先生赞扬，奈家务繁，未及冠而弃儒就贾，尝往来于衢遂徽三州之间。以纸木而富其家，十余年广置田产于西（安）、寿（昌）两县，实为当地殷实之门也。公富而乐善，光绪间祸遭兵灾，瘟疫横行，白骨遍野，乞者满街，好不哀哉，公以一家之力，葬无名白骨数百家，广布粥棚，施乞者以千记，公倾其家而积善，尝曰千金得于民，则施于民，光绪辛巳年，出家。”

龙游造纸历史悠久。据史料记载，龙游溪口从唐代就开始作竹浆用于造纸。人们利用竹浆生产元书纸、黄笺纸、南屏纸（又名“烧纸”），质量上乘，远销山东、河南。清代龙游全县山村纸槽林立，共有纸槽三百多条，年产“黄笺纸”（亦称“黄尖”）、“白笺纸”（亦称“花尖”）、“南屏”共约六十万件。

溪口为造纸重镇。最早生产“元书纸”，即“龙屏”的前身，是文化用纸，适宜毛笔书写，曾一度列为向朝廷进贡的贡品。龙游旧有俗语“灵山豆腐庙下酒，铜钿银子出溪口”，指的就是溪口那些以造纸获利而致富者。

“元书纸”主要产区是龙游溪口、沐尘、横源、直源、梧村、潼溪、三元戴、方坦、社阳、罗家、桃源等。龙游生产纸货，大多经灵山江运至城北衢江边上的官驿前，行销各地。

清代溪口纸商众多。殆至民国，尚有纸业行号邱公栈、蔡恒源、裕民、文华、实用、正泰、元大等著名纸号。老板分别来自上海、杭州、宁波、常州等地，生意十分兴隆，纸货交易“繁盛乃倍于城市焉”。有宁波籍邱姓纸号，曾精选上等“申庄”和“杭庄”南屏试销东南亚及琉球群岛，后因日本侵华战争影响，销路中断。

龙游一带还流传祭拜毛竹山神的习俗。旧俗认为，竹山有“山神”，凡初次上山者，要焚香、烧纸、作揖；砍毛竹前要在神龛前插上一根竹枝，以告知“山神”。自小满开始至芒种，在剖竹丝前，要选择“猴日”，行“开山”礼。是日，山主黎明即起，不让家中的女人、孩子看到，独自携带鸡、肉、香纸，拜祭“山神”。然后，再砍倒一根嫩竹，缚以香纸、“大锭”和鸡血纸，放在神龛前。以后即可随时上山剖竹丝。开始剖竹丝落首个腌塘时，山主要请“开山酒”，结束时须请“谢山酒”。开槽造纸，一般槽内也设有神龛，供奉“蔡伦造纸先祖”和“福兴土地神”，神龛前日夜点着油灯。开工时，槽主要请“开槽酒”，结束时须请“谢槽酒”。喝酒前，要先祭拜“福兴土地神”。

第四节　绝代风华“开化纸”

衢州造纸发展至明清时期，“衢属土产以纸货为大宗”（光绪《衢州奉宪勒石碑》）。境内纸槽林立，从业者甚众。明清衢州所产之纸，名品甚多，其中最负盛名的当推康熙、乾隆时期的“开化纸”。

开化纸，原系明代纸名，又称“开花纸”“桃花笺”。一说它以楮皮、桑皮和山桠皮为混合原料，经漂白后抄造而成；一说它以立夏嫩竹为原料，工经七十二道抄造而成，与“太史连纸”并称“一金一玉”。开化纸的纸质细腻，洁白光滑，帘纹不明显，纸虽薄而韧性好，受墨乌亮，柔软可爱。一般人甚至将它误以为是宣纸。

国家图书馆收藏明崇祯刻初印本《十竹斋书画谱》(原为郑振铎先生旧藏)，就用开化纸印刷而成。明末毛氏汲古阁印本中也曾有用开化纸印刷。

清代康熙、乾隆年间内府和武英殿以及扬州诗局等所刻印的图书，多用开化纸。尤其是乾隆盛世时期的开化纸，品质极优。民国大藏书家周叔弢先生在全面收藏整理清代开化纸印本的基础上，认为乾隆朝的开化纸是“顶峰”。

康熙《御制避暑山庄诗》《御纂周易折中》《周易本义》《御古文渊鉴》《康熙字典》、玉渊堂《韦苏州集》、秀野草堂《昌黎先生诗集注》等；雍正《古今图书集成》《冬心先生集》《西湖志》《陆宣公集》等；乾隆《四库全书》《文献通考》《冰玉山庄诗集》《三妇人集》等；扬州诗局《全唐诗》《芥子园画传》等；嘉庆《隶韵》等；道光《字鉴》等，都用开化纸刊刻。由于使用开化纸印出的书籍高雅大方，非常美观，所以历来受到藏书家的追捧，价格也极其昂贵。

近代著名藏书家陶湘就最喜欢收藏殿版开化纸印本，被当时人誉称“陶开化”，并传为美谈。

陶湘(1871—1940年)，江苏武进人，字兰泉，号涉园。清末官至道员。后进入实业界、金融界。民国十八年(1929年)，陶湘应聘故宫博物院专门委员，晚年寓居上海。他三十岁前开始收书，数十年得书达三十万卷。他藏书不专重宋元古本，而以明本及清初精刊为搜求之目标，尤嗜开化纸本。凡遇开化纸印本，不问何类，一概收之，一时有“陶开化”之誉称。他讲究书籍形式及外表装潢，每得书，遇残本则整修之，遇珍本则函以红木匣。晚年，他的藏书渐渐散出，开化纸本多售于北京文来、直隶两书店。陶湘平生著有《清代殿版书目》

《武英殿聚珍版书目》《故宫殿本书库现存目》等，其中多涉及开化纸印本。

1932年，瑞典亲王访华参观北平（京）故宫时，见到乾隆时期用开化纸印刷的"殿版书"，十分惊讶。他发表感想时说："瑞典现代造纸业颇为发达，纸质虽优，但工料之细，尚不及中国的开化纸。瑞典纸在欧洲为第一，能印五色套版，欧洲人士谓中国纸不能印五色彩画，只能用颜色绘画。其实不然，本人在北平（京）故宫博物院所见之殿版书，系用开化纸所印。其彩色图画也完全用最白之开化纸印成，数百年不褪色，且鲜明如新。"

但是，长期以来，由于史料记载的匮乏，关于"开化纸"的由来及其产地，学术界众说纷纭，莫衷一是。1982年，九十二岁高龄的著名藏书家周叔弢在他的《温飞卿诗集笺注》跋中称："开化纸之名始于明代。明初江西曾设官局造上等纸供御用，其中有小开化较薄，白榜纸较厚等名目。陆容《菽园杂记》称衢之常山开化人以造纸为业，开化纸或以产地得名，他省沿用之。清初内府刻书多用开化纸模印，雍正、乾隆两朝尤精美，纸薄而坚，色莹白，细腻腴润，有抚不留手之感，民间精本亦时用之。嘉道以后质渐差，流通渐稀，至于绝迹。"著名藏书家黄裳称此跋为："可看作最简净的开化纸源流考。"近年，黄永年先生有《古籍版本学》问世，书中所记明刊本一节中"汲古阁本印书"所用纸张时曾提道："极少数初印的汲古阁本中有用开花纸印的。这是一种洁白细腻的高质量纸张，明末开始出现，也有人把它写成开花纸、桃花纸，不知究竟哪种写法正确。"

当代中国殿版古籍研究大家、故宫博物院图书馆善本组组长翁连溪在《清代内府刻书概述》中称："武英殿刻书所用材质上乘，是一般官刻、坊刻、私刻所不能比拟的。顺治朝刻书多采用开化榜纸和白棉纸；康雍乾三朝用纸多为近人所称的'开化纸'。""康熙一朝档案中未见记载有用开化纸印书，据档案与现存书籍相比较，当时的'连四纸'应为近人所称的'开化纸'。有的学者甚至认为'开化纸'并非产于开化。"

而反观开化本邑，历代县志中也确无出品“开化纸”的记载。近年有关机构在全县民间艺术普查中，普查人员在村头、芳林、华埠、林山等乡镇寻觅造纸遗存时，发现的纸张质地与开化纸也相去甚远，且据当地老人回忆，所造之纸为“宫廷御用”之说也闻所未闻。但光绪《开化县志》有“藤纸，开化出者良，载《省志》”的记载。且清康熙十七年（1678年）山阴举人姚夔在开化县任教谕时，曾写下《藤纸》诗：“蔓衍空山与葛邻，相逢蔡仲发精神。金溪一夜捣成雪，玉版新添席上珍。”从这些一鳞半爪的史料中，我们可以捕捉到开化历史上曾以藤造纸的相关信息。

其实，翁连溪先生“未见康熙朝有‘开化纸’记载”之说并非尽然。民国著名造纸专家张天荣的《造纸史料丛钞》手稿中引用康熙史料记载，常山县“纸之大小厚薄，名色甚众。曰‘麻白纸’‘赃罚纸’‘科举纸’‘册纸’‘三色纸’‘大纱窗’‘大白榜’‘大中夹’。又曰‘十九色纸’‘白榜’‘白中夹’‘大开化’‘小开化’‘白绵连’‘三结实白连’‘七白绵’‘四结实连’‘四竹连’‘七竹奏本’‘白楮皮’‘小绵纸’‘毛边中夹白呈化青’。”

史料还记载，常山出产的用于奏本的白玉版纸，“帘大料细，尤难抄造”。当时，商贾云集常山，“凡江南、河南等处，湖广、福建大派官纸均来常山买纳”。当时常山还曾专门设置“贩卖处”，来管理纸张的销售，足见当时常山纸品种类繁多，销售渠道畅通。

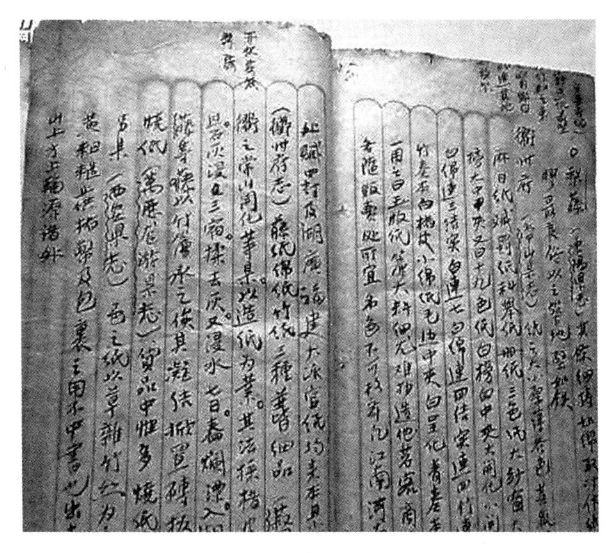

张天荣遗墨

尤为值得关注的是，在这段史料中提到“大开化”和“小开化”两种纸品，至少证实了清代常山也出产“开化纸”。笔者由此推断：“开化纸”以纸品命名，而非仅以产地命名。这就廓清了过去的“开化纸”仅指产于开化县的说法。“开化纸”是在众多的纸品中，用于清代宫廷内府印书的上乘纸品之一。这对于我们考证扑朔迷离的“开化纸”源流有极其重要的研究参考价值。

除开化纸外，清代衢州还曾出产过开化罗纹纸和开化榜纸。刊印于康熙年间的《新编南词定律》，虽今仅存一册，但其所用纸张为罕见的开化罗纹纸。开化纸与罗纹纸有共通之处，均颜色洁白，质地细薄柔实。但又各有鲜明的特性，开化纸的自然氧化斑点，罗纹纸显著的帘纹是其他纸张所不具备的。此书用纸不仅纤维细腻，质地柔软，而且帘纹清晰，氧化斑点明显，应为我国古代造纸术的一个奇特品种，为学者研究古代造纸工艺提供了重要标本。

开化榜纸，质地细腻，极洁白，柔软性强，比开化纸略厚，帘纹较宽。主要生产于嘉庆、道光年间，如《御制全韵诗》等武英殿刻本，就是用开化榜纸所印。

时至今日，“开化纸”的制造工艺已基本濒临失传。究其原因，也莫衷一是、扑朔迷离。笔者为此曾经做过一些社会调查，但已很难再寻觅到它的传人。用开化纸印刷的清代善本，也越来越少，许多藏家秘不示人，我们只能在古籍拍卖场上一睹其芳容。而它的拍卖价格，却是每年节节攀升。

一代名品“开化纸”，虽曾荣膺清代造纸史上的“顶峰”之誉，但却又成为衢州乃至中国造纸史上的绝唱！

第五节　民国衢州造纸

民国时期，衢州造纸依然方兴未艾，所辖衢县、龙游、江山、常山皆手工产纸，唯开化一邑缺载。

衢县　民国《衢县志》记载：“今衢地所造之纸纯系竹料为多，每年不下三十万金，为出口第一大宗。”

衢县所属南、北山区拥有竹林面积达50多万亩，以竹浆为原料的造纸业具有相当规模。既就地消化大量的毛竹资源，又为山区带来可观的经济收入，更为当地农民及外来游民提供了就业机会。据统计，1934年全县有纸槽256条，工人7 047人，产值达银洋1 043 700元，土纸年产量在20万担以上。

衢县生产的土纸南山以四六屏为主（南屏纸），北山则以花笺为主（衢南山区的渔仓、深凹源也生产花笺）。衢产土纸畅销京、沪、杭及苏北或更远地区。北山“王立大”、南山“傅立宗”，均为驰名品牌，“王立大”还以太极图在中央政府相关机构注册。

《分省地志·浙江》称：“（衢州）北乡的杜泽及上方，纸槽林立，商业也盛。”民国《浙江经济年鉴》记载：“杜泽、上方，纸槽林立，衢县出产以纸货为大宗。”

龙游　民国初，龙游产纸30万担200万元。民国二年（1913年），浙江省实业厅在龙游溪口镇设立“省立改良造纸传习工场”，改良手工造纸。用水碓作

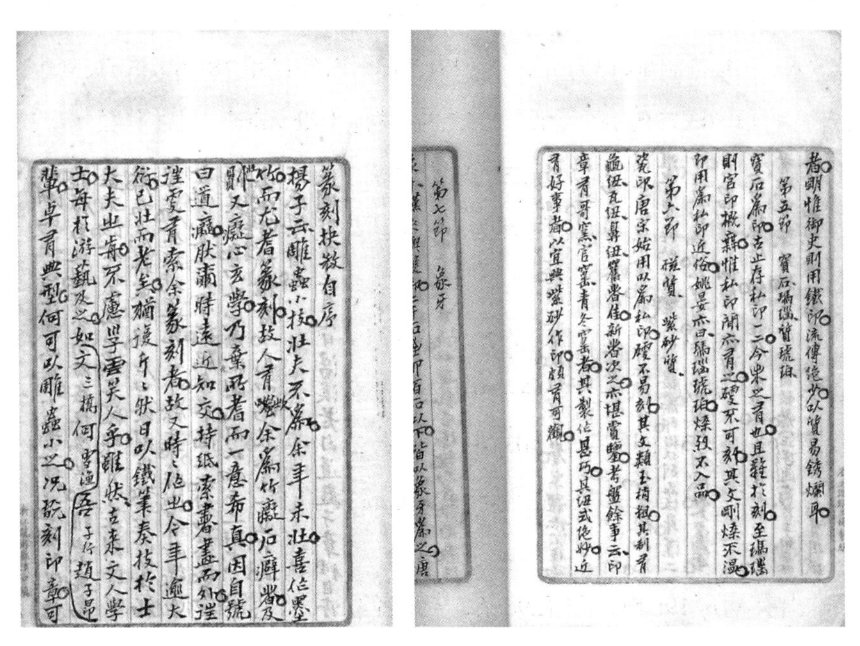

龙游溪口镇“省立造纸工场”制纸

动力拖动打浆机打浆，生产手工竹浆纸，开手工造纸改良之先河。

1929年，龙游县手工纸产量达2 695吨，产值45.14万元，居全省第七位。1930年以前，龙游生产皮纸、元书纸、黄纸、南屏纸、竹烧纸、黄表纸等几十种。1934年《浙江建设月刊》载，龙游南屏纸输出17万件，出口达14万件，总值90万元，是龙游县主要的外销产品。抗战前，龙游造纸为最盛时期。全县有纸槽350条，槽工达5 500人，年产量50万件以上。

民国《浙江年鉴・工业》统计，1939年，龙游产南屏纸20万担，花笺1.5万担，手工新闻纸5 000令，值102.7万元，占龙游输出产品总值一半多。

常山 球川曾有“纸都”之称，造纸最盛时，有500家纸槽作坊，2 000多从业人员。

江山 “江山方高（纸）称冠一时，亦十万担。”（《浙江之造纸》）

造纸业的发达，已经成为当时衢州区域经济的支柱性产业。

民国二十一年（1932年），衢州全区共有槽户976户，纸槽2 277条，从业者15 715人，资本总额80.13万元，产值251.78万元，年产纸18 169.45吨，其中南屏纸、方高纸14 803.75吨，花笺纸3 275.7吨，其他土纸90吨。具体分县情况：

衢县有槽户505户，纸槽1 256条，从业者7 047人，资本额26.68万元，产值103.47万元，产纸2 317.20吨，主要品种有南屏、花笺纸等。1947年，尚有198条纸槽，3 749名工人。

龙游有槽户121户，纸槽317条，从业者1 802人，资本额9万元，产值45.49万元，产纸6 509.20吨，主要品种有南屏、大小黄笺、元书纸等。

江山有槽户154户，纸槽408条，从业者2 490人，资本额16.81万元，产值75.33万元，产纸7 627.20吨，主要产品为方高、花笺纸，其中以方高纸为冠，产量约5 000吨。

常山有槽户196户，纸槽296条，从业者4 376人，资本额27.64万元，产值27.48万元，产纸1 716吨，品种有花蕊、绵纸等。

1932年衢州各县纸之槽户槽数资本工人及产值情况

县 名	槽户数	槽 数	资本(元)	工 人	产 值(元)
衢县	505	1 256	266 817	7 047	1 034 782
龙游	121	317	89 966	1 802	454 910
江山	154	408	168 067	2 490	753 336
常山	296	296	276 400	4 376	274 800
开化	—	—	—	—	—
合计	976	2 277			

(资料来源:《中国实业志》)

衢州产纸名称:衢县南屏、花笺;龙游大小黄笺、南屏、元书;江山花笺、方高;常山花笺、棉纸。

资本额:衢县、常山在20万元以上;江山在15万元以上;龙游在5万元以上。

纸槽工人数:竹造纸槽,每槽纸工四至六人。衢县居全省第三位(第一位富阳、第二位余杭),凡7 047人,占全省6%。

产值:衢县年值103.48万元,占全省5%,居全省第三;江山年值在70万元以上;龙游年值在40万元以上;常山年值在20万元以上。

全面抗日战争爆发后,各地交通中断,纸业销路呆滞,造纸业跌入低谷。民国二十七年(1938年),衢州地区产纸仅2.25万吨,产值182.5万元。产品除南屏、花笺、方高纸外,尚有三号南屏、三号晒屏、八一焙尖、八一晒尖、九一黄尖、丁棉、三号衢屏、二号高把屏、晒纸、毛鹿纸等。其中衢县产纸10 740吨,产值120万元,产值与产量分别占衢州全地区65%和48%。

民国二十七年(1938年),陈葆馥、陈葆笙兄弟在上海合股创办的我国最早生产蜡纸的厂家——勤业文具股份有限公司迁入衢县官碓,后迁至乌溪江江心洲。主要生产“风筝牌”铁笔蜡纸。该品牌蜡纸分别于1923年在新加坡举行的马婆联合展览会及1929年在杭州举行的西湖国际博览会，荣获国际级荣誉奖。产品畅销全国，并远销东南亚的马来西亚、印度尼西亚、菲律宾、新加坡、文莱等国家和地区。

1943年，勤业蜡纸厂年产铁笔蜡纸8 500筒。勤业蜡纸厂用水轮带动打浆机打浆，用高压锅蒸煮，手摇单张拖蜡机拖蜡，为本行业最早使用机械的厂家。

抗战胜利后，据1948年《浙江经济年鉴》记载：“浙江产纸之区，几遍全省。”“衢属毗连赣边，除开化而外，有衢县、江山、常山、龙游诸县，实足与绍属相抗衡。一则居纸业之中心，各有其特殊地位。”

1948年，衢州地区手工造纸产量减至21万件。其产地及品种情况如下：

衢县：南屏纸、花笺纸、书写用纸、迷信用纸、包装用纸；

龙游：大小黄笺纸、南屏纸、元书纸、黄白纸、书写用纸、迷信用纸、杂用纸；

江山：方高纸、花笺纸、元书纸、南屏纸、书写用纸、迷信用纸；

常山：花笺纸、绵纸、皮纸、黄白纸、元书纸、书写用纸、杂用纸。

1949年，衢州全地区造纸业有槽户200余户，从业者2 500人，年产花笺纸3万件、南屏纸3万担。南屏纸以销往苏北、华北、皖南为多；花笺纸以销往无锡、南通、青岛、蚌埠为多。

一、造纸原料

浙江各县所出之纸，大致分为竹造纸、皮造纸、草造纸。

竹造纸之主要原料为竹，浙省产纸之地皆有，尤以富阳、萧山、诸暨、余杭、临安及旧温属、处属、衢属、台属各县为最。

皮造纸之原料为桑皮、楮皮、山麻皮、笋壳、稻草等，产地有余杭、临安、常山等地。

衢州竹料通常分青烤、白料、黄料三种。

青烤：每年自小满节前至端午节前所砍之竹，其竹甚嫩，称青烤。用以制造元书、京放等纸。

白料：自芒种至夏至间所砍之竹，发育正盛，肉色发白，称白料。用以制造鹿鸣、京高、方高等纸。

黄料：夏至以后至小暑节前后所砍之竹，竹已渐老，皆称黄料，所造之纸为黄元、黄标、黄烧、段放等。

皮料，有桑皮、楮皮、構皮、山桠皮、山麻皮、参树皮、山绵皮等。树皮所制之纸有桑皮纸、桃花纸、棉纸、参皮纸等，其质较竹造纸为韧。

浙江造纸皮料主要有：

桑树皮　桑树，落叶乔木或灌木，高可达15米。树体富含乳浆，树皮呈黄褐色。叶卵形至广卵形，叶端尖，叶基圆形或浅心脏形，边缘有粗锯齿，有时有不规则的分裂。叶面无毛，有光泽，叶背脉上有疏毛。雌雄异株，5月开花，葇荑花序。果熟期6—7月，聚花果卵圆形或圆柱形，黑紫色或白色。喜光，幼时稍耐阴。喜温暖湿润气候，耐寒。耐干旱，耐水湿能力极强。原产中国中部，现南北各地广泛栽培，尤以长江中下游各地为多。枝条可编箩筐，桑皮可作造纸原料，桑椹可供食用、酿酒，叶、果和根皮可入药。

构树皮　构树，落叶乔木，高可达16米；树冠张开，卵形至广卵形；树皮平滑，浅灰色或灰褐色，不易裂，全株含乳汁。强阳性树种，适应性特强，抗逆性强。根系浅，侧根分布很广，生长快，萌芽力和分蘖力强，耐修剪。抗污染性强。构树在中国的温带、热带均有分布，不论平原、丘陵或山地都能生长，该树种具有速生、适应性强、分布广、易繁殖、热量高、轮伐期短的特点。其叶是很好的猪饲料，其树皮是造纸的高级原料材质洁白，其根和种子均可入药，树液可治皮肤病，经济价值很高。

山棉皮　即雁皮，又称地棉皮、山棉皮。生于山坡、山麓比较潮湿的灌木从中。资源分布于安徽、浙江、江西、湖南等地。毛花荛花，落叶灌木，高达一米，根粗壮，淡黄色，内皮白色。茎红褐色，韧皮富纤维，小枝纤细，上贴生白色柔毛，越年生枝黄色，无毛。

梧桐皮 梧桐，别名青桐、桐麻，属于梧桐科。梧桐科梧桐属落叶乔木，高8—20米；树干挺直，树皮绿色，平滑。原产中国，南北各省都有栽培，为普通的行道树及庭园绿化观赏树。梧桐科梧桐属落叶大乔木，高达16米，胸径50厘米；树干挺直，光洁，分枝高；树皮绿色或灰绿色，平滑，常不裂。喜光、耐旱、喜钙，为石灰岩山地常见树种，但酸性土壤也能生长，忌水湿。木材轻软，为制木匣和乐器的良材；树皮纤维可供造纸。

楮树皮 楮树，桑科构属植物的落叶乔木，别名构树、大构、榖树、大谷皮绳、当当树、地沙皮、哥沙、葛树、谷浆树、谷皮、谷桑、合浆树、壳树、毛构树、老鸦皮、鸟子麻、柠木、楮桃树、褚、褚皮柴、野毛桑、野杨梅、奶树、尝尝树、角树子、柯树。生长于山坡，沟壑边，多为野生。构树雌雄异株，雄花为葇荑花序，下垂，长3—8厘米左右。雌花序有梗，有小苞片4枚，棒状，上部膨大圆锥形，先端有毛，花被 管状，花柱侧生，丝状。本植物的嫩根或根皮（楮树根）、树皮（楮树白皮）皆可造纸。

山桠皮 同属植物长梗结香，与结香药效相似，属瑞香科结香属，多年生落叶灌木，花蕾能养阴安神、明目，其皮为造纸高级原料。高达2米；嫩枝有绢状柔毛，枝条粗壮，棕红色，常呈三义状分枝，有皮孔。叶纸质，椭圆状长圆形或椭圆状披针形，长8—16厘米，宽2—4.5厘米，基部楔形、下延，顶端急尖或钝；表面有疏柔毛，背面有长硬毛。花黄色，多数，芳香，集成下垂的头状花序；总苞片披针形，长达3厘米；花萼筒状，外面密生绢状柔毛，花瓣状。核果卵形，通常包于花被基部。花期3—4月，果期8月。

据《中国实业志》称，全浙所产之纸，就其每年产值而论，则竹造纸占多数，在70%以上；草制纸居其次，占26%；皮造纸为最少，仅占2%有余。

1955—1957年浙江省造纸用的树皮产量

项　　目	1955年（担）	1956年产量（担）	1957年产量（担）
桑树皮	174 503	176 295	186 928
构树皮	2 790	2 790	2 647
山棉皮	4 935	4 393	4 752
梧桐皮	3 503	4 189	7 342
楮树皮	9 040	7 242	9 099
山桠皮	4 259	4 593	5 751
合　计	199 130	199 502	216 519

二、造纸工序

1. 腌料

在竹山旁造一座约2米深、3米宽、5米长的料塘，一般在小满前后10天。待竹笋长到4—8对嫩芽时砍青竹，大都今日砍，明天就破，不能隔天。然后每100公斤竹丝用9—10公斤石灰，一层竹丝撒一层石灰，面灰铺3厘米厚，再灌水至竹丝上面18—20厘米深，最后用大石块压实。

古腌料图

腌料塘内的石灰水应是菜油色，从塘角能一眼看到底；黄褐色即为不正常，需增加石灰。要隔几天检查一次，2—3个月时，将全部料上的石灰洗清，仍入塘，盖柴草压实。

今腌竹坑

最后以清水漂1—2个月，即熟烂。

2. 备料

放掉腌料塘清水后，过几天即可剥料。将篾青（料皮）与篾黄（料肉）手工分放，南屏纸一般可冲入10%—20%的料皮，花笺纸光用料肉。然后挑到料碓里舂细，即成纸浆。

3. 抄纸

用松树板制成方形槽桶，将纸浆按一定比例的植物栲胶液（一般采用山胡椒嫩杆叶或猕猴桃藤）冲水打浆到一定浓度，以手工用纸帘入浆液捞

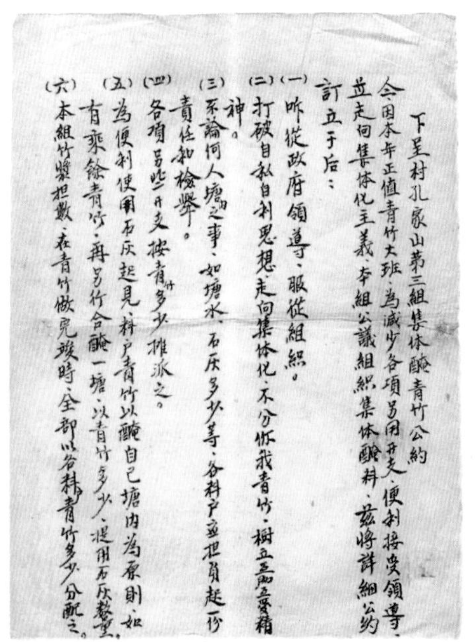

下呈村孔家山第三組集体醃青竹公約

今因本年正值青竹大班，為減少各項另用开支，便利接受領導，並走向集体化主義，本組公議組織集体醃料，茲將詳細公約訂立于后：

（一）听從政府領導，服從組織。

（二）打破自私自利思想，走向集体化，不分你我青竹，樹立互助互愛精神。

（三）不論何人塘之事，如塘水、石灰多少等，各料户並担負起一份責任和檢舉。

（四）各項另些开支按青竹多少排派之。

（五）為便利使用石灰起見，料户青竹以醃自己塘内為原則，如有乘餘青竹，再另行合醃一塘，以青竹多少，提用石灰[illegible]。

（六）本組竹漿担數，在青竹做完竣時，全部以各料户青竹多少分配之。

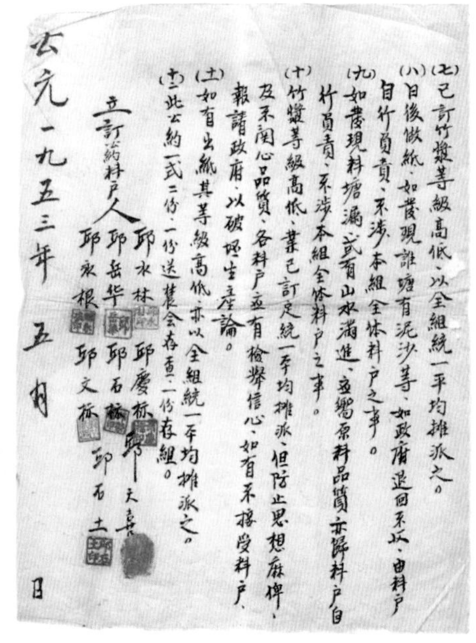

（七）已訂竹漿等級高低，以全組統一平均排派之。

（八）日後做紙，如發現誰塘有泥沙等，如政府退回不收，由料户自竹負責，不涉本組全体料户之事。

（九）如發現料塘漏，或有山水滿進，並影響原料品質，亦歸料户自竹負責，不涉本組全体料户之事。

（十）竹漿等級高低，業已訂定統一平均排派，但防止思想麻痺，及不關心品質，各料户並有檢舉信心，如有不接受料户，報請政府，以破壞生產論。

（十一）如有出紙其等級高低，亦以全組統一平均排派之。

（十二）此公約一式二份，一份送農会存查，一份存組。

立訂公約料户人 邱水林 邱岳华 邱永根 邱慶標 邱石標 邱文標 邱大喜 邱石土

公元一九五三年五月 日

1953年衢县孔家山村腌竹公约

四连碓造纸作坊

荡料入帘

取一层薄而匀的料纤维，一层层摊成一米左右厚的纸坯。

4. 烘焙

由晒纸工将纸坯用平板榨干水分，再送到焙笼中，一张张撕开用刷子糊上焙笼壁烘干；南屏纸一般数张一烘或挂太阳底晒干。

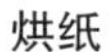

烘纸

揭纸

覆帘压纸

5. 捆磨

将干纸按数成刀，每刀100张，然后一刀刀由磨纸工用纸花篾捆扎成件（50刀或100刀），四面磨光擦粉打印号，即可进库或运销。

三、销售

衢州造纸的山户称“槽户”，运纸的商人称“纸商”，储纸的场所称“纸栈”，批发纸张的商铺称“纸行”，零售或分批纸张的商铺则称“纸号”——因衢州乃至浙省的锡箔业多与纸业相联系，故亦称“纸箔庄”。

民国时期，衢州的纸品多沿水路运往杭州等地销售。衢江流域的樟树潭、章戴埠、盈川埠、安仁埠等皆为纸货运输的重要水埠码头或转运站。民国郑永禧纂《衢县志·食货》记载：

樟潭市：“为东、西溪合流之要冲……上源山货之运往下游者，麇聚于此。木为大宗，若纸若靛，每年出埠亦非少数。”

王家山市：“船多泊于孟家汊内，装运纸货。”

樟德埠市：“杜泽源纸货，多肩运至埠下船装戴，有纸行数家。”

安仁市：“为东南乡总汇之水码头，次于樟潭。圣塘、兴福诸源纸货悉由此出埠。”

全旺市：“与山源贸易，多经营纸业。纸由安仁出埠，或安仁下一里出螺狮形，亦有纸埠。”

盈川市:“为北乡上方源纸货出埠装船之所。有纸行埠头,设堆厂三,存积纸货,以备风雨不时,免遭损坏。”

大洲市:“罗张源出口总汇之区,为小南乡第一市镇……罗张源之纸货,由此出樟潭下河。”

黄坛口市:“出货,纸、柴、炭三项为大宗。”

坑口市:“滨河山源小市场,纸货多于此出埠。”

岭头市:“出产有竹木、纸、靛、柴、炭,向航埠口出乌溪港。”

亭川市:“龚家埠头,名亭川里。西乡纸货均于此出埠下河。”

石梁市:“通寺桥源,纸货往来。”

源口市:“大猴与缪源两源交汇之口。靛、纸山货多至亭川埠出河。”

杜泽市:“为北乡一大市镇……水出章戴港,春水涨时,可一通筏。平时,纸货仍须肩运。”

峡口市:“通上方源总口,出产纸为大宗。”

珗堰市:“出产多纸货,与上方源同出盈川。”

上方市:“山源商业亦云繁盛,出货纸为大宗,业此多宁绍及徽帮人。赀本额巨。水由峡口,绕莲花,出盈川。”

民国上方镇纸张运输主要由陆路和水路运输。

陆路主要有三条。第一条是从上方经峡川过杜泽云溪到衢州,这条古道历史最久,可追溯到唐初。第二条是从上方过畏岭经淳安在通过新安江以水路通往杭州,此古道创于唐末,是通往杭州的官道。到了明朝中期,随着纸业的发展,以徽商为代表的商贩们大多通过此道运输纸张货物。当地商贩往往也选择这条道路贩运纸张竹木到杭州、苏州等地换取更大的利益。第三条是从灰坪翻花树岭过太真、双桥、周家、云溪,到衢城的古道,此古道始于明初,基本由灰坪、太真等地的商贩们开创。陆路运输主要以当地的挑夫为主。

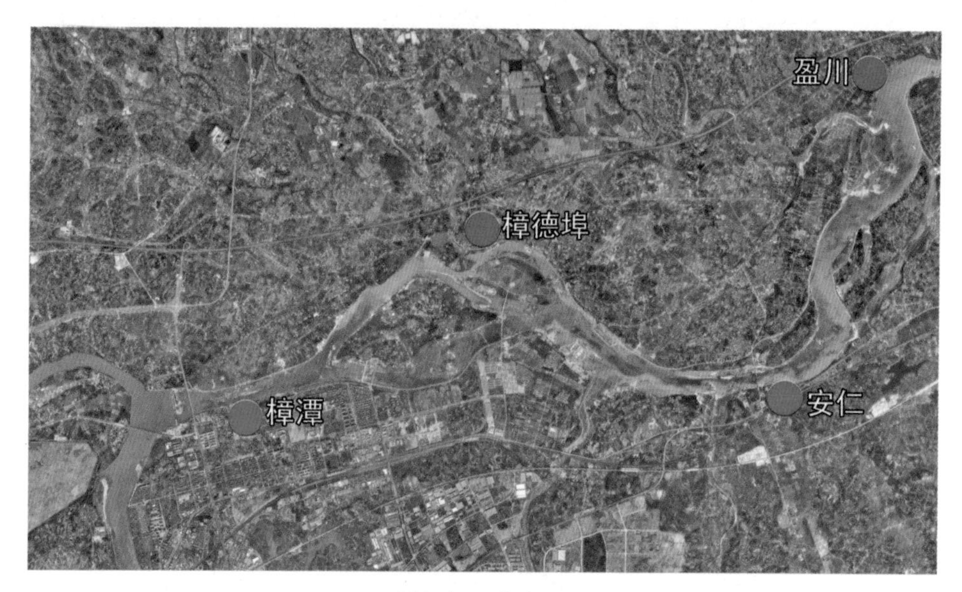

衢江纸运埠头图

水路有一条，以芝溪为主，从上方集镇通往盈川埠。水路始于明初，以运输竹木和纸张为主。他们将以竹木扎成筏，上面放上纸张。因芝溪水量偏小不能通船，则是以拉纤的方式一直拉运到盈川埠，再把筏子拆除。一举两得，既运输了纸张，又运输了竹木。一般为单趟行程。水路运输基本上由芝溪中上游的严家、徐家纤夫们承担。

盈川埠，唐时曾为盈川县邑，位于上方溪入衢江口，由上方溪水路运来的土纸、木材、木炭均以此为终点。其东可直达杭州，西可直通衢城。民国时，该镇有两千多人口，商贸之家就有四十多户。盈川纸商就有“郑承康号”“陈益成号”“徐荣泰号”三家纸栈，他们每家都建有栈房数百平方米，以储存纸张。营业鼎盛时期，储存量高达几万件，每家每天进出纸货在千件以上。每个运输行有总管、督工，还有出纳、开票、记账等若干人，每天在衢江盈川的溪滩边上迎候筏工、挑夫及装运上船。

当时衢北上方、杜泽一带山林辽阔，纸槽林立，有王立大、叶新记、袁正

盈川古码头

记等十多家槽户。纸商将成品纸捆扎后，或由人工肩挑，翻山越岭，时称“上方担”，或靠竹筏，自上方溪沿着芝溪运到盈川，再装上大船水运至杭州等地。

当时，仅在上方溪从事运输的筏工就有数百名。而挑“上方担”者则更为艰辛。他们当天要将自船舱里启出的布匹、盐、糖等货物挑进山行走八十里；次日将纸品挑出山行走四五十里，中途休息一晚；第三天再挑到盈川。每担纸的挑力大约可换购大米四十斤。当时有顺口溜：“上方担卖命钱，翻山越岭多艰险。风霜雨雪路难行，脚泡肩磨鲜血沾。担上方呀真可怜，汗水苦水往肚咽。”这是当年挑“上方担”者的真实写照。虽然很艰辛，但是因生活所迫，挑夫还是很多。

大洲镇，别署沧洲，1930年称“沧西镇”，向为衢南造纸重镇。其扼南山诸源咽喉，幸福源、里舍源、圣塘源、桐子源、罗樟源、小丘源、济源等地所产土纸大部经大洲周转至樟潭、沙埠、安仁等埠入江外销，全年约4万条以上。

安仁古渡

据有关资料记载，大洲一线仅小丘源郑锦洪、罗樟源傅旺根、宋荣根三户年产纸即达14 000担。而樟树潭汪镇海是大同纸业的老板，纸仓库就设在现在的樟潭粮站。据当地村民介绍，樟潭上埠头的周王庙也曾租给纸行老板作过纸仓库。1942年日寇兵犯樟树潭时，一把火烧了周王庙，而堆放在里面的纸却整整烧了一个多月才熄灭。

大洲出产的纸货主要依靠人工搬运。以花笺纸为例，每件约20公斤（新料），从大洲肩挑到樟潭每件发力（搬运费）1角（可买大米3斤）。每逢生产旺季，自破晓至黄昏，民工似蚁群不绝于途，挥汗如雨，皆为生计。民工叹道："两件不够吃（养家糊口），三件压背脊（前轻后重担难挑），四件满路歇（太重，挑一小段路就歇一歇）。"可以想见，搬运工的民生有多艰难！

民国三十年代，大洲郑怀兰、樟树潭汪镇海发起筹建沧樟公路，此议一出，立即得到两地商界及山区槽户的热烈响应，纷纷捐款赞助，其中大洲的童、徐、傅三姓大户及樟树潭王豫泰、程万泰捐助最多。公路施工，两地相向推进，克期竣工。旋由陈怀兰、傅冬苟出面，邱华佬担保，向钱庄贷款银洋六百元，于1932年仲夏从杭州购得二手汽车一辆，运至兰溪过驳船，然后用十舱木帆船（衢江上“巨无霸”）运至樟潭中埠头投入营运。驾驶员为大洲镇村头村人，人称“财依师傅”。南北两站各设仓库五间。从此，土纸源源不断地从大洲运到樟树潭入衢江外运。沧樟公路建成，开创了浙西公路历史的新篇章。沧樟公路造好后，大洲一带的土纸、山货源源不断地从这条路上运到樟树潭。

民国衢州纸槽业，由于雇工经营的作坊规模一般较小，其与商业资本相互联系，在很大程度上受商业资本控制。衢州纸槽业一般分三种形式：

第一种是纸槽业主自行设厂。拥有毛竹山场，置办槽桶设备和工具，雇工生产，然后将产品挑运进城，销售给纸号，有时资金短缺时，也向纸号预售少量期货。至于纸槽业主自行将土纸运至杭州销售的很少。

第二种是小本办纸槽。资金依赖城里纸号预售产品，预支工食，雇工经营。这种纸槽户数量最多，但因资金依赖纸号，经营成本相对较高，有的因此发迹，但亏损的更多。

槽本纸印

第三种是纸号经营槽厂。以商业直接支配

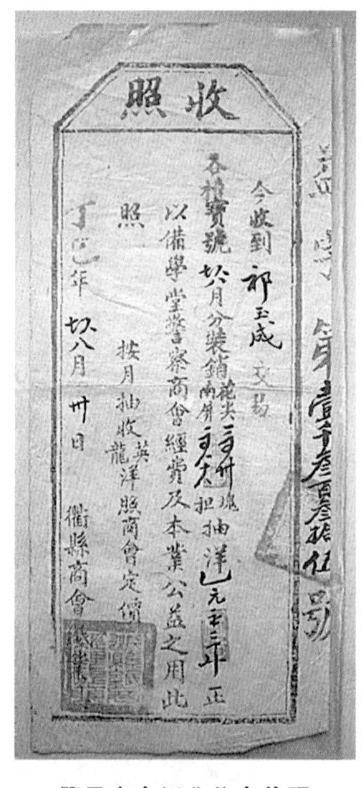
收照

今收到祁玉成交易

各植寶號　月分裝銷　抽洋　正

以備學堂警察商會經費及本業公益之用此

照　按月抽收龍洋照商會定價

年　月　廿日

衢縣商會

衢县商会纸业公会收照

纸槽生产，但一般雇用包头，或间接支配包头，纸槽经营权由包头独立行使，产品交给纸号，生产资金由纸号支付。

这三种经营方式中，纸槽户与纸号相互联系，而盈利最大的是纸号。其中第二和第三种的纸槽户直接或间接地受纸号支配，因此纸槽获利相对较少。

衢州纸货运抵杭州，纸市多集中于湖墅一带。因此，大宗交易活动，亦皆在湖墅区内进行。纸栈商人，亦称“山客”。他们将纸转售于纸行，或由纸行自往产地采办，储存于纸栈，再分批于纸铺。故纸栈商人在产地，与槽户相交易；在销地与纸行、纸号相交易，是槽户于纸行、纸号之间的中介商。

在杭州交易的衢州出产纸货有花笺、方高、南屏等。杭属、严属、福建、江西一带亦出产，行销天津、山东、浦口、青岛、江苏各路。宁波本地虽不产纸，纸行纸之来源亦多自衢县、龙游、江山，福建、江西各县亦有运来，并由此行销河北、山东、牛庄、大连、青岛、江苏等地。

四、纸业巨贾

清末民初，衢州造纸业发达，致使许多纸商经营致富。

林巨伦，字乐庭。先祖汀州人，乾隆年间来龙游县，卜居南乡塴头，以纸槽为业。林巨伦刻意经营，积资累巨万。性好行善，尤喜筑造石桥，规模较大者有石虹、塘寺、马戎、石梁亭、竹溪诸桥，皆其独资建造，所费八千金。又以三千金修葺龙游通驷桥。其他善举也乐意捐输，龙游一县皆称其“善人”。年九十余卒。

傅元龙，字心田，号午楼。先祖汀州人。父亲傅鹏鸣，始以纸商迁居龙游溪口村，遂占籍。傅元龙性颖敏，继承父业。乐于善施，地方事业颇能尽力。修建凤梧书院、修葺通驷桥、建造明伦堂以及鸡鸣塔，皆参与其中。其虽不克专意读书，然未曾废读。所为诗，名《香雪斋稿》。工书翰，宗董其昌。年六十卒。

龙游溪口劳锦荣，“南乡故多竹，其父业纸槽，锦荣自幼矫健，出入修竹篁箐间，督工制纸以为乐”。

衢县大洲郑金荣，经营纸货，往返于衢杭间，致富后于大洲镇上大兴土木，盖房二十六间，至今镇上尚保存“二十六间头”的地名。

徽商叶泰臣（1878—1959年），亦名泰澄，字钦谦。祖籍安徽歙县。其父早年身背包裹，手执雨伞，只身来乌溪江岭头乡的深山老林里创办纸槽。致

叶泰臣修德堂

富后，叶泰臣在衢城的繁华地段购置了一座钞库前，经莫家桥头至十字街头白墙黛瓦，高低起落有致的徽式建筑——“修德堂”，占据了上街（今供销大厦）半条街之长。东西两边有十五米高的风火墙，大门左右有一米左右的正方形旗杆石，肃严坐镇。前厅后楼二进式的庭院，前厅中间有四根一人怀抱的圆柱，后楼宽阔的拱形牛腿雕花浮廊，东西沿街而层店铺及嵌在十一间店铺当中，有十几米长的围墙，足以显示这座建筑的富丽堂皇。花园内花木果蔬，竹林成荫。

民国时期衢州的“纸业巨子”当推仇星农、王立大、叶仕衡、叶静帆等人。

仇星农（1864—1932年），本名仇光照，字星农，号藜仙，安徽徽州歙县霞峰仇家村人。其父仇成坦在衢州以摆纸摊起家，之后在衢城水亭街开设“仇开泰”和“仇德昌”纸庄，拥有资金三十五万银元。

仇星农早年习儒，筑霞峰书舍。为文“钩绾合法，次畅诗匀”；“细腻停匀，

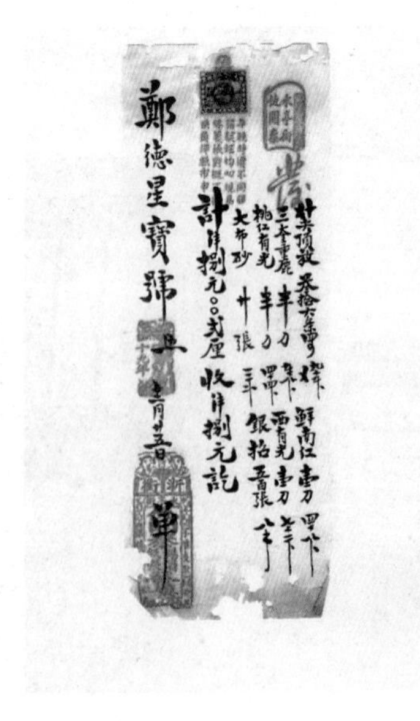

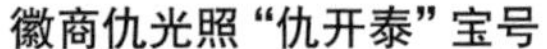
徽商仇光照“仇开泰”宝号

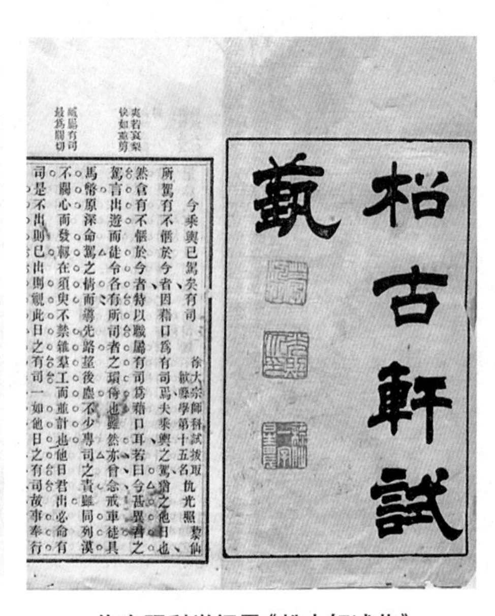

仇光照科举闱墨《松古轩试艺》

清圆湛”。县试名列前茅。光绪甲申(1884年)刊印《松古轩试艺》传世。

仇星农后来弃儒从商,继承父业,处心经商,不断拓展家业。先后在水亭街开设“仇恒顺”棉布、纸庄店,在下街开设“仇恒裕”纸箔店和“仇新记”布店,在县西街开设“仇怡泰”,在水亭街城门口合伙经营“开源”纸箔店,在新桥街合营“信泰”南北货店等。一时店铺林立,生意兴隆,为衢州徽商之翘楚。

仇星农经营的纸张,主要销往江苏南通及长江北岸的一些城市。由于资金实力雄厚,信誉良好,客商定货愿意先付款,甚至多达30万元。仇星农被社会公认为衢州“第一块牌子”。

仇星农热心公益,急公好义。晚清末年,衢州灾疫遍地,时任衢县商会总理的他募集三千余两白银用来救济百姓。他还自贴白银一千五百两,举办平粜,以救济灾民。对此,清廷赐予“急公好义”匾额以示褒奖。

民国初年,仇星农捐巨资在衢州县学街的徽州会馆内兴办皖江小学,同时鼎力资助筹办衢县国民小学校等,先后获民国教育部、浙江省政府嘉奖。

1920年,仇星农任衢州商会会长。1924年江浙战争中,军阀孙传芳占领衢州,要挟衢州商会筹集十万银元军饷。仇星农挺身而出,自己力肩重任,捐资七万。同时四处奔走,多方募集,终于在很短时间内凑齐十万银元,如约交清,避免了衢城的一场劫难。为此,他获得当时总统曹锟颁发的“大勋章”和“嘉禾章”,衢州民众也纷纷赠送匾牌以表谢意。1927年离任。

仇星农一生简朴,不抽烟,不喝酒,不赌博,饮食简单。他常在冬末向米行买下二三十担米并换成米票,视当地穷人不同程度,分别给予赈济。平时他施米、施粥、施药、施棺材,难以计数。仇星农去世后,时任浙江省政府主席鲁涤平、衢州城防司令戴岳、衢州专员汪汉滔等皆题赞以示吊唁。当时退隐的原北洋政府司法次长余绍宋也题赞之“典型尚在”。

王立大(1894—1941年),原名王开贤,今柯城七里乡大头村人,祖籍江西玉山。其先祖王廷旗于嘉庆年间迁居衢州,在九华山庙源纸槽做工,勤奋好学,技术高超。咸丰年间,太平军攻衢,纸槽业受到沉重打击。王廷旗巧抓商机,多方募资,到七里乡大头村一带购竹林、并纸槽、雇纸工,成为纸业巨贾。民国时期,王立大继承祖业,不仅生产花笺纸、黄表纸、高把纸等,而且能制造红、黄、绿、白等各色文化用纸,使“王立大纸号”更趋鼎盛。王立大纸号分布在衢县、常山、遂安等地,拥有竹山1 830亩,纸槽42条。其中仅七里乡大头村就有竹山740亩,纸槽14条。花笺纸年产量一万多件。在衢州城中水亭街建店铺六家,作为对外销售的中转站,常年雇用脚夫挑纸。

在石梁下村,王立大拥有水田326亩。1920年,他在下村建造了一座气势恢宏的徽派建筑“王氏仓屋”。仓屋两层四进,有主屋四进三十二间,翼屋八间。皆开天井,晨沐朝霞,夜观星斗,通风透光。雨水过井,经四周的水枧流入阴沟,称之“四水归堂”。楼上开阔、贯通,称“跑马楼”。两侧山墙高低起伏,错落有致,防火避灾,谓“五岳朝天”。

王立大纸号曾垄断了衢县。通过航运,销往杭州、上海、北京、天津、山东等地,并远销日本、朝鲜等国家。

王氏纸行产供销“一条龙”,在杭州、上海、南通、天津均设立分号、转运站,繁极一时,遐迩闻名。

王氏仓屋

叶仕衡(1879—1951年),学名开铨,以字行。安徽歙县溪头乡蓝田村人。祖父叶维嘉携家眷自歙县乘船来衢州,先在衢州南乡前河村摆小盐摊,继而兼营粮食生意,后创设“叶万源号”,经营粮食、布匹和杂货。由于经营得法,生意日趋兴隆。叶维嘉遂在年逾花甲返乡时,将店号交给长子叶本立经营。

叶本立继承父业,勤勤恳恳、兢兢业业。他待人宽厚、谦和、守信,不几年,叶万源号的生意十分红火,积累了不少资金。为扩展经营,叶本立将叶万源号交五弟经营,自己与四弟叶本新进城经营。兄弟两人最初与人合资在南市街开设五丰钱庄,因感到放债收息承担风险太大,决定歇业。随后,叶本立独资在坊门街创设叶泰兴布号,又设立纸号,经营土纸的制造、收购及运销业务。

当时东南沿海一带商品经济发展迅速,衢州土纸销量随之逐年增长。叶本立不断积累商业资本,于是先后在水亭街开设叶震兴烟丝号、叶震兴布号,又在坊门街开设晋兴酱园和叶豫兴染坊。此时,叶本立拥有多家商店,资金大幅增长,成为衢州颇有影响的商家。即使如此,叶本立的生活仍俭朴如故,眷属也仍居故乡。

叶本立像其父亲一样,在晚年分家析产,自己则回故乡养老。分家时,他将叶震兴布店、叶豫兴染坊、叶震兴烟店、叶泰兴布店、晋兴酱园五家商店依次分给五房儿子。此外,又将纸槽、山场、田地等分给各房。因此,各房除经营商店外,又都设有纸号,经营土纸的生产和营销。叶本立的长子和次子早殁,叶本立嘱咐长房纸槽由三房叶健修协助经营;次房纸槽由五房叶仕衡协助经营,四房的纸槽也委托叶仕衡代管。

叶仕衡是叶本立最小的儿子。幼入私塾,十四岁即奉父叶本立之命来衢州柯城,在他人开设的瑞丰布店做学徒,经受严格的商业实践训练。叶仕衡后接任祖业“叶泰兴纸号”的总管,负责经营家族纸槽和山场的管理。他的纸号在上方、灰坪、洞口、长柱等地拥有大片竹山,百余纸槽,千余槽工。

叶仕衡年销售土纸十多万担(件),占衢县产量三分之一强,远销华北诸

省，继而开设晋升钱庄、酱园、酒坊、油号、烟行、南货等店铺。整个家族皆经营商业，乃“纸业巨擘”，素有“叶半城”之称。

叶仕衡像

叶仕衡有过人的记忆力，对四乡槽户的生产能力十分熟悉，并且能掌握市场规律，善于调集运作资金。他为了自筹资金，在原有的晋兴酱园外，在新桥街又设晋元酱园，兼酿黄酒；在水亭街又设晋大南货店，增加门市收入。1924年，他又在叶泰兴纸号内设立晋升钱庄，专为他筹集纸号头寸。在纸号资金做到能自筹时，更在杭州闸口买进地皮，修建一座土纸仓库。这样，纸货运到杭州后，可以不用经纪人的货栈，从而掌握了在杭州售价的主动权。

叶仕衡还招盘了清末民初衢州首富汪乃恕于上营街的汪同顺油行，改为晋丰油行，专营衢州特产桐油、柏油等油脂，运销杭州、上海。叶仕衡将行销杭州的纸货、油脂所获资金都存入杭州各钱庄的“晋升户”，使得晋升钱庄成为杭州各钱庄往来的大户，树立起坚挺的信誉。

20世纪20年代末期，关内与东北恢复交通。纸货可由上海船运营口，转销东北内地，销量剧增，价格随之上涨。叶仕衡所经营的纸号规模最大，存货最多，因而获利也最丰。

叶仕衡独资开设的叶泰兴纸号、晋升钱庄、酱园、酒坊、油号、烟行、南货店，由晋升钱庄管理各店，成为总管理处，形成企业集团。各店每日门市收入解缴晋升钱庄，各店经营所需资金则由晋升钱庄筹措。因而加强了资金周转利用率，有助于扩展业务，提高效率和效益。

抗战爆发后，江浙沦陷。尤其是1942年的浙赣战役，叶仕衡经营的商号遭受重创。晋兴、晋元全部房产、原料焚烧殆尽；晋丰油行存于杭州仓库与衢州的油脂达千担以上，皆被日寇洗劫一空；叶泰兴纸号所存的笺屏纸，自衢州至龙游各埠各栈房的存货损失达万担左右，杭州闸口、衢州城内的仓库皆被火焚，损失千余担。

抗战胜利后，叶仕衡年逾花甲，精力、体力衰退，思想也趋于保守。商业登记时，仅登记元泰纸号、晋兴酱园、恒记酒坊与晋记烟号，经营规模式微。

叶仕衡亦擅长书法，与著名画家黄宾虹同为徽人，交谊弥笃。1948年，叶仕衡七十寿辰时，黄宾虹专门绘赠山水图轴，诗云："桥危藤洛石，江迴树生秋。目断蒹葭外，伊人未可求。"表达了黄宾虹对叶仕衡的友情。

叶静帆为叶仕衡之侄。父亲叶健修是叶本立的第三子，析产后，主持水亭街的"叶震兴号"，兼协助经营长房纸槽。抗战爆发后，衢州纸业出现严重危机。叶震兴号与叶泰兴号联袂打通衢州与宁波、温州以及上海之间的运输线。叶健修派长子叶竹亭立即赶到上海，设立上海信和纸号，料理纸货销售事宜，并与杭州信和纸号联合协调经营，使得衢州的纸槽业年产量达到战前的70%左右。1942年，浙赣战役爆发，衢州沦陷，叶震兴号也遭受很大损失。此时，叶健修比叶仕衡年长十岁，已是古稀之年，乃告老退休，纸号交付次子叶静帆经营。长子叶竹亭则仍在杭州、上海主持销售。叶静帆与兄生活朴实，思想沉静，工作勤奋，且善于思考分析；沦陷时，杭州信和号损失甚微，保存了实力。兄弟俩配合默契，利用杭州、上海调动头寸的优势，尽力扩展衢州纸货的经营。不久，叶震兴号所运销的纸货数量就超过

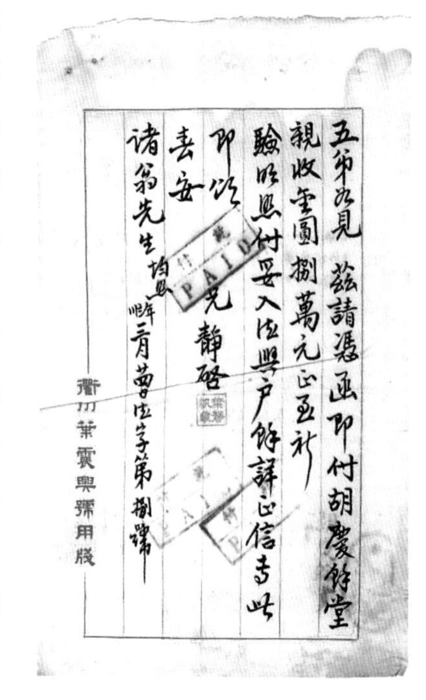
五弟如見 兹請憑函即付胡慶餘堂
親收金圓捌萬元正函祈
驗照付妥入任興户帳詳正信寄此
即詢
春安 兄 靜啓
諸翁先生均鑒 卅七年二月廿四日任字第捌號
衢州葉震興號用箋

"叶震兴号"主人叶静帆书札

了叶泰兴号。

由于叶震兴号和叶泰兴号在杭州、上海头寸较多，信誉卓著，加之手续简便，数额谈妥之后，即可凭信件在杭州、上海支取。因此，整个衢州市场都乐于与叶震兴、叶泰兴往来。最盛时，连赣东北上饶一带的商人也来衢州套汇。

汇兑一通，纸业又开始复苏。此时，浙江省的海关已迁到衢州办公。由于交通、税务、汇兑等需要，西南内地与上海间的商务都须在衢州中转，短时间内衢州商场呈现一派繁荣景象。而叶震兴号与叶泰兴号的"套汇"，也起到了疏通金融的特殊作用。

第六节　现代衢州造纸

1949年5月6日，中国人民解放军解放了衢州这座千年古城。中华人民共和国成立初期，衢州由于出产最丰的是竹子，鼎革后的惯性依然存在，所以传统技法的手工造纸业仍然比较兴盛。

新生的人民政权刚刚成立，党和政府在恢复和发展生产方面就十分重视造纸业。首任中共衢州地委书记燕明在他的工作日记中就记录了当时衢县的纸业状况：

6月25日

（衢州）出产最丰的是竹子，所以造纸的多。纸槽工人住山上纸槽里，江西广丰人约三分之二，江山人约三分之一，大部分是流动的。纸槽属山主的。此山很多纸槽是全县第一的纸业商，山主叶泰兴的。纸业有发展前途，因有充足的原料，但必须改良。

衢县杜泽、上方区皆为山区，主要土特产是土纸。上方区当时竹林面积占衢县第二位。有纸槽50个，后又新开纸槽24个。土改后，全部开工，主要分布在上方镇的东西北部，部分山产山麻皮，但不多。上方镇，为该地区土纸以及经济作物的集散中心。由于交通不便，春秋两季利用河流木排，自峡口、莲花到盈川入衢江。夏季封坝，水利不通，则多依靠肩挑。

6月28日

（衢州纸）有光纸、衢屏、高把、晒屏四种。去年产量，光纸五万件（每件90量、每量90张），衢屏七万石（一石两块），高把、晒屏都是五千多担。以南区大洲、黄潭、破石、岩头最多，其次西区的下村、三秀，东区全旺，北区杜泽、上方少。衢县有槽户200多。"九一八"前有880户。

工人：砍山工人一万，做纸的一万，破竹的二万，烧石灰的五千，木匠、铁匠也有。

销路：光纸是无锡、南通、苏北、华北，高把是皖北、苏北，晒屏是本省与皖北。

目前，已到腌料时期，虽有原料，但销路无着，难以复工。现存土纸全县六七万担。本城最大纸商叶振兴在杭州、上海亦有纸号，存纸售不出去。开封、蚌埠、盐城来杭州的纸客出价太低，只给二斗半米一件或一担。所以，热情不高。

蜡纸，每日出200筒，现存5 000筒……销路困难未复工，我们研究缩小范围开工，只留30个工人。其余先回家收割，正设法与老板联系、商议。

当时造纸工人的工资，"每个纸槽6个人，每件纸44斤工资，每日至多作二件，工人每日净得工资8—16斤"。

五个月后，蜡纸厂的生产水平已超过解放前。燕明11月27日工作日记中载："解放前每月生产4 000筒，现每月生产5 500筒，过去最高纪录是8 000筒。现在13人尚未复工。已派人到上海买机器，自制报纸，另设报纸厂，已招募股5 000万元（原13个股，现股5万元一股）。"

1950年，在衢城下街创办玉泉纸厂，始产复写纸。

衢州公私合营玉泉纸厂印鉴

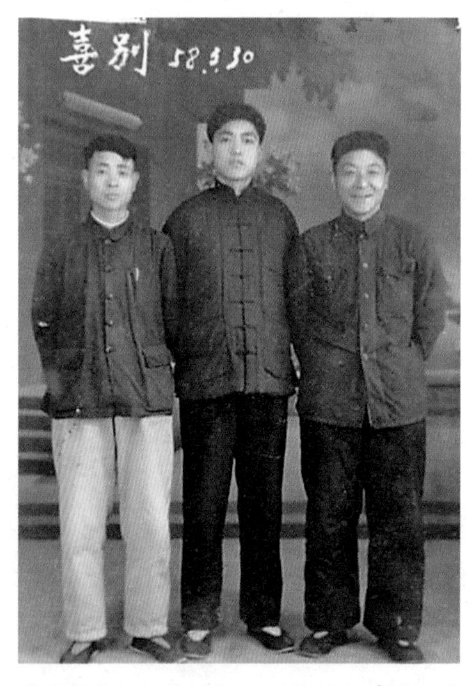

衢州玉泉纸厂首任书记、厂长刘金财（右一）

1951年，衢州全地区有企业11家。其中公营1家，私营9家，代管1家。年产花笺纸6万件、南屏纸12万件、复写纸3万盒。同年，龙游利文纸厂复建。

1952年，衢州市区私营企业有玉泉纸厂、衢州土纸厂、勤业蜡纸厂、孔家造纸厂等，年产值165万元。主要产品产量为：土纸871.70吨；纸浆674.73吨；蜡纸原纸12.44吨；蜡纸69.51千筒；复写纸原纸0.49吨；复写纸26.07千盒。

是年，衢县有个体手工造纸业1 810户，从业3 214人，产值105.45万元，年产纸浆2 761吨、土纸456吨。

1953年，衢州人民造纸厂成立。

1954年，衢州全地区造纸行业有10人以下私营企业228家，完成产值84.86万元，年产纸浆10 302吨、土纸2 434吨。

是年9月17日，浙江省工业厅勘察普查大队在全省踏勘后，决定在龙游东家山筹建“浙江省电化纸浆厂”——后来龙游造纸厂的原定厂名。

1955年，衢县上方、常山芙蓉、龙游沐尘等地相继建立一批造纸合作社。同年6月，勤业蜡纸厂实行公私合营。衢州皮纸厂实施技术改造，试制近50个种类的皮纸。

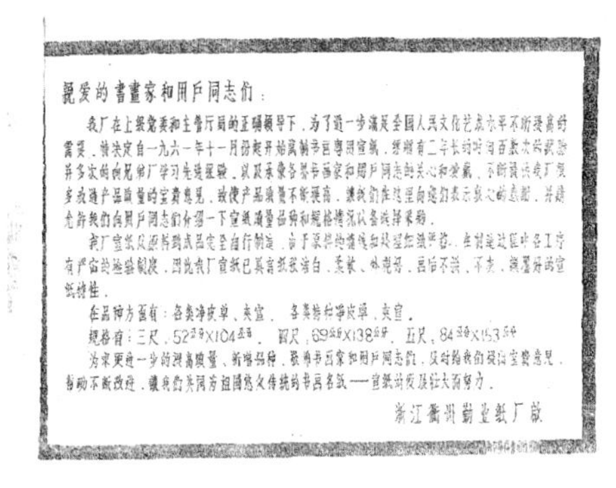

親爱的書畫家和用戶同志们：

我厂在上级党委和主管厅局的正确领导下，为了进一步满足全国人民文化艺术水平不断提高的需要，特决定自一九六一年十一月份起开始试制书画專用宣纸，经过有二年长的时间百数次的试验并多次的向兄弟厂学习先进经验，以及承蒙各界书画家和用戶同志的关心和支持，不断提供我厂很多改进产品质量的宝贵意见，致使产品质量不断提高，谨我们在这里向您们表示衷心的感谢，并请允许我们向用戶同志们介绍一下宣纸质量品种和规格情况以备选择采购。

我厂宣纸从原料到成品完全自行制造，由于原料的精选和处理加强严格，在制造过程中各工序有严密的检验制度，因此我厂宣纸已具有纸张洁白、柔软、吸水好、日后不蛀、不变，耐墨好的宣纸特性。

在品种方面有：各类净皮单、夹宣、各类特种净皮单、夹宣。

规格有：三尺，52公分X104公分，四尺，69公分X138公分，五尺，84公分X153公分

为求更进一步的提高质量、新增品种，敬希书画家和用戶同志们，及时给我们提出宝贵意见，帮助不断改进，让我们共同为祖国悠久传统的书画名纸——宣纸的发展壮大而努力。

浙江衢州勤业纸厂启

衢州勤业纸厂宣传启示

衢州勤业纸厂宣纸样本

1955年衢州各县手工纸产量和产值表

县　名	产量(吨)	位　次	产值(元)	位　次
衢县	1 340.0	9	968 212	5
龙游	2 695.0	7	451 363	7
江山	481	18	195 135	13
常山	457	19	213 562	11
开化	2.0	64	1 110	67

(资料来源：袁代绪《浙江省手工造纸业》)

1955年衢州各县各类手工纸所占比重情况表

县　名	文化用纸%	卫生用纸%	实用纸%	迷信用纸%
衢县	3.48	10.36	2.60	83.55
龙游	3.73	45.91	—	50.37
江山	—	—	10.71	89.29
常山	—	—	—	—
开化	—	32.45	67.55	—

(资料来源：袁代绪《浙江省手工造纸业》)

中华人民共和国成立初龙游县各类手工纸发展速度情况表（单位：吨）

年　份	总产量	实用纸	文化用纸	迷信用纸
1951	1 406	—	—	1 406
1952	598	—	—	598
1953	1 919	915	—	1 004
1954	6 268	4 776	75	1 417
1955	2 695	1 345	22	1 328
1956	3 312	2 274	—	1 038

（资料来源：袁代绪《浙江省手工造纸业》）

1957年，衢州市各县竹林面积：衢县251 594亩；龙游153 269亩；江山98 732亩；常山33 336亩；开化11 055亩，共计547 986亩，占当时全省竹林面积4 615 755亩的11.87%。

1957年衢州各县提供竹浆占比情况表

县　名	生产任务（吨）	纸占（%）	竹浆占（%）
衢县	6 252	48.24	51.76
龙游	4 015	50.18	49.82
江山	1 550	72.26	27.74
常山	951	23.24	76.76
开化	166	90.96	9.04

（资料来源：袁代绪《浙江省手工造纸业》）

1957年，衢州全区生产机制纸及纸板30吨，蜡纸21.38万筒。1958年7月，开始建造龙游造纸厂，年末开始生产新闻纸。龙游利文纸厂成功试制卫星牌蜡纸。同年，江山造纸厂、开化孔桥造纸厂等相继建成。至1960年，衢州全区造纸行业有企业17家，龙游利文纸厂还成功试制第一张浙江宣纸。1965年，衢州有造纸企业9家，完成产值1 119.38万元，生产机制纸及纸板6 670吨、机制纸浆6 144.74吨、蜡纸原纸26.92吨、铁笔蜡纸35.7万筒。

1966年起，龙游造纸厂先后出产牛皮纸、卷筒纸、书写纸、双胶纸等。

1968年，衢县城关造船社改建为衢县包装制品厂，年产纸箱9.6万只。

1972年，江山清湖造纸厂开始生产水泥包装纸。

1973年，龙游沐尘造纸厂采用传统工艺，成功生产"寿牌"宣纸和高级中国书画卷纸。

1975年，衢州全区共有造纸企业10家，产值645万元，生产机制纸及纸板5 377吨，机制纸浆5 265吨。

1978年，衢州蜡纸厂钛白纸研制成功。

1979年，衢州光电誊印蜡纸研制成功。龙游造纸厂试制成功40克字典纸，质量达到进口字典纸水平，并被选定为《辞海》印纸。

1980年，衢州全地区有造纸企业11家，完成产值2 461万元，生产机制纸及纸板16 684吨、铁笔蜡纸81万筒，复写纸18万盒。是年，外贸出口书写纸327.8吨、宣纸650刀。

1985年，衢州恢复建市。全市有造纸行业48家，完成产值5 961万元，生产机制纸及纸板23 474吨、铁笔蜡纸90.8万筒，复写纸42.04万盒。

1989年，全市造纸行业有机制纸制造业、纸制品加工业两个行业种类；有乡以上企业60家，其中国家二级企业两家，省级先进企业两家；实现产值10 029万元，占全市乡以上工业总产值的5%；生产机制纸及纸板总产量35 908吨，其中市区4 434吨、柯城924吨、龙游31 795吨、江山7 476吨、开化1 297吨。

第二章　著　述

衢州地处浙江上游，与闽、赣、皖相交汇，素有“四省通衢”“五路总头”之称。衢州学术，历史源远。尤其是两宋时期，教育兴盛，书院林立，文风兴起，科名鼎盛，文科状元数位居全国之前茅。建炎圣裔南渡，承前启后，推波助澜。程朱理学、阳明心学，发扬光大，学术文化兴盛，不断有著述问世，素有“浙东文薮”“小邹鲁”之美誉。历代衢州学人著述丰富，据魏俊杰研究统计，衢州撰述多达1 651种，已知传世者280种。其中经部著述可考者有205种，已知传世者仅19种；史部著述244种，已知传世者76种；子部著述375种，已知传世者76种；集部著述827种，已知传世者109种。

在可考的撰著者中，西安有222人，著述543种，已知传世者104种；龙游有112人，著述246种，已知传世者39种；常山有81人，著述152种，已知传世者12种；江山有92人，著述209种，已知传世者37种；开化有144人，著述394种，已知传世者55种。另有知为衢人而不知何邑者15人。

衢州著述丰富，经、史、子、集各部皆有，其中以集部著述最多。尤其注重阐发儒学经典，始终融汇于中华主流学术文化之中。

第一节　晋唐著述

西汉末年，龙游学者龙丘苌（？—24年）志向高洁，如同伯夷，长期隐居于龙丘山（今汤溪九峰山）。其道德气节、风骨品行令人仰慕。

东晋时，殷浩（？—356年）辞官隐居十年，潜心钻研《老子》《周易》，擅长玄学理论，极负盛名。后重新出仕，官至中军。354年，殷浩因率大军北伐军事指挥失败，而被贬谪到东阳郡信安县（今衢州）。其常于城南空书“咄咄怪事”，为自己辩解。随殷浩前来的外甥韩康伯在此读书，他注疏的《周易》文献，主要有《系辞》《说卦》《序卦》《杂卦》等，均保存在《十三经注疏》。韩康伯后官至吏部尚书、领军将军等。

衢州城南有烂柯山，传晋时王质入山采樵，遇仙人弈棋，典故由此流传千古。晋时衢属东阳郡，郡守范汪（约308—372年），字玄平，又称范东阳，雍州刺史晷之孙。南阳顺阳（今河南内乡）人。范汪在任东阳郡太守时，大兴学校，甚有惠政。据《隋书·经籍志》载，范汪著有《棋九品序录》及《棋品》五卷。《棋九品序录》是我国最早有关围棋的书籍，表明在当时围棋已形成独立的评价体系，惜已散佚。

龙游人徐伯珍（414—497年）自幼好学。其叔父徐璠之创办祛蒙山精舍讲学，徐伯珍在此究寻经史奥义，撰著《周易问答》，终成一代宗师，守业门生多达千余人。

南朝郑灼（513—581年）为衢州著名儒学家。其精心钻研《论语》《礼记》等儒学经典，通晓《三礼》（《周礼》《仪礼》《礼记》）。梁简文帝嗜好经学，曾任用郑灼为“西省义学士”。郑灼后官至国子监博士。《陈书》将其列入《儒林传》。

隋唐时期，随着科举制度的发展，衢州教育渐兴。明天启《重建衢州府学碑记》记载：“衢州郡学，建自唐高宗武德四载。”衢州开始设立州学与私塾，官私教育并举。根据清徐松《登科记考》等文献考证，衢州进士有太宗贞观年间的龚宸、中宗神龙年间的徐安贞、玄宗开元年间状元徐徵等。

徐安贞（671—743年），初名楚璧，信安龙丘（今龙游）人。徐安贞应制举，一岁三登甲科；唐神龙二年（706年）进士，初为武陟尉，参与续修南朝齐《七志》，整理皇家秘籍，补丽正学士。开元时，徐安贞为中书舍人集贤学士，掌管制作诏书，有能名。唐玄宗每属文及作手诏，多命徐安贞起草，深得宠信。开元十九年（731年）二月，徐安贞撰《文府》二十卷献上，不久升中书侍郎，后授工部侍郎兼集贤院院士。天宝后，徐安贞避罪衡山岳寺，装哑为佣，历数年而寺僧不识，后北海太守李邕识之，握手言欢，因载北归。唐玄宗念其贤，即其家封东流子，卒赠尚书。徐安贞有诗文多卷，惜其诗文至明久已散佚。明代龙游童珮辑其遗文，编为《徐侍郎集》。1960年，广东省韶关罗源洞出土"大中大夫守中书侍郎集贤院学士东海县开国男"徐安贞于开元二十九年（741年）所撰《张九龄墓志》。

唐开元六年（718年），衢州常山县尉吕延济与都水使者刘良、张诜、吕向、李周翰五人，参与工部侍郎吕延祚召集的共为《文选》作注活动，并表进于朝；后与李善之注合成《六臣文选注》，对隋唐以后《文选》之广泛传播和"文选学"的发展壮大，起了至关重要的作用。其后，《文选》在历朝历代都受到重视。

唐贞元年间（785—805年），史学家令狐峘被贬任衢州别驾十年。令狐峘（？—805年），宜州华原（今陕西耀县）人，令狐德棻五世孙。他博学善撰，尤长文史。唐玄宗天宝末年中进士，遇"安史之乱"，他避乱入终南山。肃宗朝，他初仕为华原县尉。早前，他曾几次跟随杨绾求学。时杨绾在朝任礼部侍郎兼修国史，即推荐他充任修史之职，被擢为右拾遗，累迁为起居舍人。代宗大历年间，令狐峘任刑部员外郎，迁司封郎中，知制诰，仍兼史馆修撰。德宗时，令狐峘被贬为衡州别驾，后迁为衡州刺史。贞元三年（787年），李泌为宰相，召他入朝授太子左庶子，复任史馆修撰。贞元五年初，窦参任宰相，以令狐峘从前在衡州时有冒功之过，将他贬为吉州别驾，后迁为刺史，最后贬为衢州别驾。令狐峘在衢州住了整整十年，于艰难之中坚持写完了《代宗实录》。令狐峘知识渊博，性格孤傲，不善攀结权贵，因而多次受贬。805年，唐顺宗即位，召他回朝任秘书少监，卒于北返途中。元和年间，其子令狐丕将《代宗实录》交予朝廷，朝廷以撰写之劳追赠令狐峘工部尚书衔。

五代吴越国时，延寿禅师在衢州天宁禅院撰写《宗镜录》。延寿禅师（904—975年），一名永明延寿，出生于江苏丹阳。延寿自幼习儒，怀经世济国抱负，先后任库吏及镇将，悟得“世事无常”之理，三十岁依止令参禅师出家，后随德绍禅师学习禅法。延寿于天台国清寺修行法华忏，有所感悟，朝晚施食鬼神，诵读法华，每天百八件佛事，勤修净业。

后周广顺二年（952年），延寿前往奉化雪窦寺任住持，开展弘化事业，讲授禅学法要与净土理论。依从他学习禅理与净土学问的人数甚多。后驻锡衢州天宁禅院，在此着笔著书，完成其皇皇巨著《宗镜录》。

《宗镜录》，共一百卷，是延寿的主要著作。它总结了宋以前中国佛学的得失，指出了此后中国佛教的发展道路，客观上反映了中国佛教在五代宋初演变的基本轨迹。《宗镜录》的主旨是在肯定唐代宗密“禅教一致”说的基础上，进一步予以发扬光大，并把这种融合思想的原则推及所有佛教宗派。

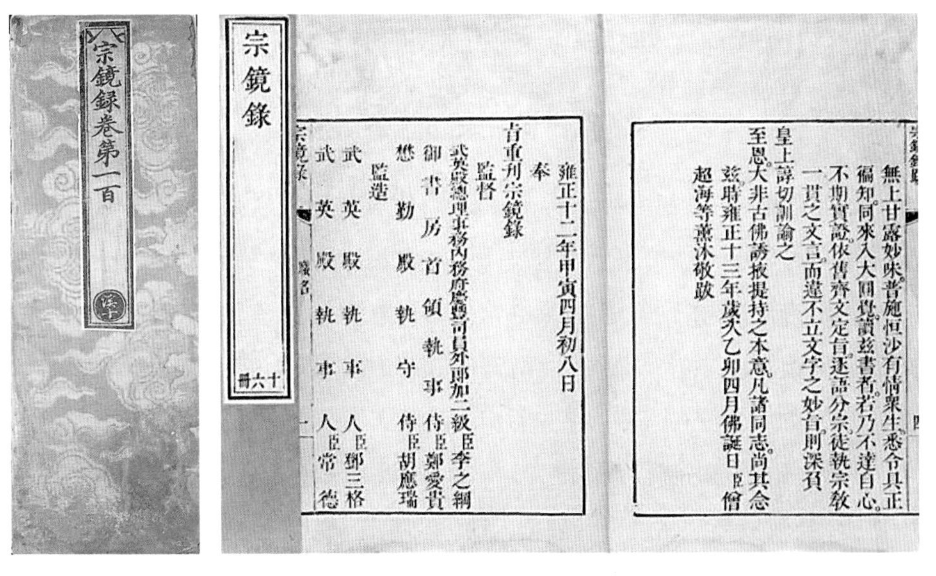
宗鏡録卷第一百

宗鏡錄
十六冊

無上甘露妙味。普施恒沙有情衆生。悉令具正
徧知。同來入大圓覺。讀茲書者。若乃不達自心。
不期實證。依傍齊文定旨。逐語分宗。徒執宗教
一貫之文言。而遂不立文字之妙旨。則深負
皇上諄切訓諭之
至恩。大非古佛誘掖提持之本意。凡諸同志。尚其念
茲。時雍正十三年歲次乙卯四月佛誕日臣僧
超海等薰沐敬跋

雍正十二年甲寅四月初八日
奉
旨重刊宗鏡錄
監督
武英殿總理事務內務府廣儲司員外郎加二級臣李之綱
御書房首領執事侍臣鄭愛貴
懋勤殿執守侍臣胡應瑞
監造
武英殿執事人臣鄧三格
武英殿執事人臣常德

《宗镜录》书影

《宗镜录》全书共约八十万字，分为三章。第一卷前半为“标宗章”，自第一卷后半至第九十三卷为“问答章”，第九十四卷至第一百卷为“引证章”。标宗章“立正宗明为归趣”，问答章“申问答用去疑情”，引证章“引真诠成其圆信”。所谓正宗，即“举一心为宗”，此一心宗，“照万法如镜”，又编联古制的深义，撮略宝藏的圆诠，故曰录。

《宗镜录》流传与影响极其深远。《佛祖历代通载》卷十八记载：“高丽国王览师（延寿）言教，遣使赍书叙弟子礼，奉金缕袈裟紫晶数珠金澡罐等。彼国僧三十六人，亲承印记，归国各化一方。”这是《宗镜录》的影响远及朝鲜佛教界的记载。

建隆二年（961年），应吴越王钱俶之请，延寿驻锡永明寺。永明延寿的禅法思想虽然继承了达摩以来“以心传心，直指人心，见性成佛”的宗旨，但又顺应时代，有了新的发展，那就是于一心的基础上折中法相、华严、天台、三论等宗派融合于禅，会通禅教，提倡禅教一致。永明延寿启发了后代的倡禅净双修，指心为宗，四众钦服，被后世弟子尊奉为净土宗第六代祖师，开创禅净双修，使净土宗普及于民间。永明延寿另著《万善同归集》等，为后世净土宗典籍。

第二节　宋元著述

宋元时期，由于江南经济的长足发展，尤其是南宋以来，随着政治、经济、文化重心的南移，衢州的地位逐渐提升，学术文化也随之发展。

衢州的教育得到进一步发展。首先，州学、县学兴盛。据明天启《重建衢州府学碑记》记载：“历宋之北而南，其庙貌如左，取鼎元者三，尤有治心如阅道；矢节，如毛公注、徐公存，诸先哲出乎其间。”

其次，衢州的书院教育逐渐发达。北宋时，衢州有五所书院，南宋时，增至十七所，其数量与知名度皆名列全国前茅。元代马端临《文献通考》载全国著名书院二十二所，其中衢州就有柯山书院、清献书院两所。

再次，进士人数增多。据贾志扬《宋代科举》的统计，北宋时衢州进士数位居于今浙江当时各州之首。从进士数来看，两宋320年，衢州产生进士609人。这些进士，皆为饱学之士，多能著书立说。

第四，许多衢州望族有家学传统。乾隆《重修正谊书院碑记》记载："其世家相承，如徐、刘、郑、叶、江、毛、祝、马、王、吴、余、赵诸姓，宋时进士，实冠东南。论者动谓古今人不相及，何其靡也。" 由于经济发展和教育水平提高，衢州文化繁荣，促使该地区文化交流频繁，衢州文人不断涌现，著述活动也随之进入鼎盛时期。

南宋时，朱熹、吕祖谦、张栻、陆九渊等著名理学大师常往来于三衢道中，或授业解惑，或坐而论道；硕儒们继"鹅湖之会""寒泉之会"后，又有著名的"三衢之会"，在中国的哲学思想史上影响深远。他们所培养的弟子中不乏衢州人或寓衢者，如杨时的弟子徐存、柴禹声，杨时再传弟子徐存、柴禹声，朱熹的弟子徐赓、邹补之，吕祖谦的弟子刘克，叶适的弟子刘愚，真德秀的弟子孔元龙。此外，还有魏了翁的弟子史绳祖等。

宋代研究《周易》学者，有徐庸、徐敷言、柴翼、江泳、徐霖等。治《尚书》学者，则有毛晃撰《禹贡指南》、夏僎撰《尚书详解》。阐释《诗经》者有刘克撰《诗说》十二卷(附《总说》一卷)；刘克《诗经》之学，出于吕祖谦，其书体例与吕氏《读诗记》相同。治《春秋》者，有沈斐撰《沈先生春秋比事》等。五经总义类著述，徐存曾撰《六经讲义》，江少虞撰《经说》，惜多散佚，唯毛居正《六经正误》六卷传世。

随着程朱理学的发展，四书学日益兴盛。衢人为《论语》《孟子》作注者有徐存、邹补之、刘愚诸家，解《中庸》者有徐存、郑若、江泳等人。在文字学、音韵学方面，有毛晃撰《增注互注礼部韵略》，其子毛居正校勘重增，对后世影响很大。

两宋时期，由于浙东学派经世致用，注重史学。受其影响，衢州史部文献不断出现，正史、编年、史抄皆有，尤以奏议、政数以及地理类著述为多。传世史部著述有赵抃撰《充御试备官日记》、程俱撰《韩文公历官记》、孔传撰《东家杂记》、卢襄撰《西征记》等。政书类有程俱《麟台故事》。儒学类著作有袁采撰《袁氏世范》。术数类有柴望《丙丁龟鉴》五卷，为《四库全书》著录。

艺术类见存者有元吾丘衍《学古编》，此书卷首《三十五举》为最早研究印章艺术专论。吾氏在古印汉法基础上加以创新，《三十五举》成为中国古代印学理论奠基之作，六百年来一直被印学界奉为经典。

两宋衢人诗文集层出不穷。宋代诗文集达八十余种，蔚为大观。现存者有赵湘《南阳集》、赵抃《赵清献公文集》、程俱《北山小集》、周彦质《宫词》、毛滂《东堂集》与《东堂词》、毛幵《樵隐词》、方千里《和清真词》、柴望《柴氏四隐集》、毛珝《吾竹小稿》、张道洽《实斋咏梅集》等。

宋元代表性著述者：

赵湘与《南阳集》

赵湘、赵抃祖孙当为开宋著述之先河者。赵湘，字叔灵。其先自京兆（今陕西西安）徙家于越州，赵湘父昙始家于衢州，遂为衢州人。赵湘登淳化三年（992年）孙何榜进士，为衢州成名最早之宋代文人。赵湘著有《赵叔灵诗》，惜已散佚。欧阳修评其诗文“抑扬驰骋，辩博宏远，可谓壮矣”。宋祁赞其诗“清整有法度，浑焉所得，不琢而美”，称其文“恢动沉蔚，不减于诗”。今有赵湘《南阳集》六卷传世，为清代乾隆间四库馆臣从《永乐大典》中辑出。衢州文献馆藏清道光二年（1822年）武英殿刻本。

赵抃与《赵清献公文集》

赵抃（1008—1084年），字阅道，号“知非子”，衢州西安人，赵湘之孙。赵抃于宋仁宗景祐元年（1034年）登进士第，初为江原县令，十分注重教育。赵抃以《劝学示江原诸生》勉励县学生员苦学成才：“古人名教在诗书，浅俗颓风好力扶。口诵圣贤皆进士，身为仁义始真儒。任从乏味笑原思病，莫管时讥孟子迂。通要设施穷要乐，不须随世问荣枯。”任殿中御史时，赵抃“弹劾不避权幸，声称凛然，京师目为铁面御史”。入蜀时，轻车简从，为政清简。宋神宗继位，召知谏院，问道：“闻卿匹马入蜀，以一琴一鹤自随，为政简易，亦称是乎？”

赵抃治理四川，行中和之政，经常微服查访民间疾苦，严惩坑害百姓衙役，处决罪行累累的不法僧道和地痞流氓。赵抃又曾教育和释放因受蒙骗、被裹胁而参加“妖祀”的群众。放监那天，百姓欢声雷动，呼他“赵青天”。赵抃官龙图阁学士、资政殿大学士，以太子少保致仕，卒谥“清献”。赵抃为官，相当重视自身修为，学道有成：“日所为事，入夜必衣冠露香以告示于天；不可告，则不敢为也。”《宋史》中赵抃与包拯同列一传。

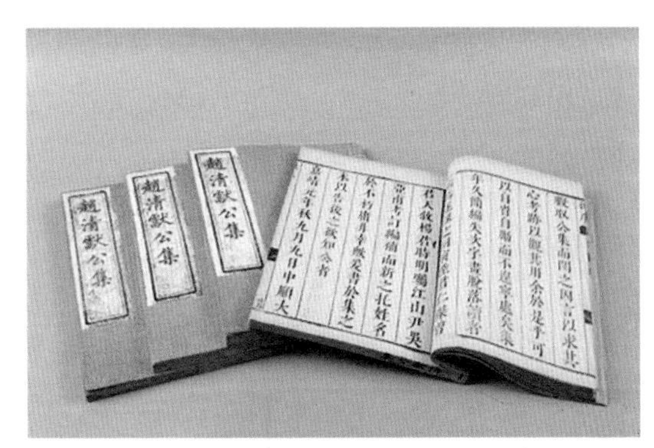

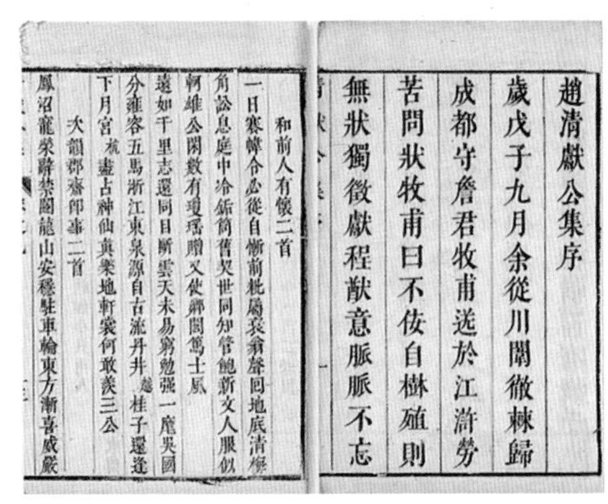

趙清獻公集序
歲戊子九月余從川闕徹棘歸
成都守詹君牧甫送於江滸勞
苦問狀牧甫曰不佞自樹殖則
無狀獨徵獻程獻意脈脈不忘

和前人有懷二首
一日褰幃令必從自慚前秕爲衰翁聲回地底清[illegible]
角訟息庭中泠語筒舊契世同知管鮑新文人服似
軻雄公閑數有瓊瑤贈又使鄉閭篤士風
遠如千里志還同目斷雲天未易窮勉强一麾哭國
分離容五馬浙江東泉源自古流丹井桂子還逢
下月宫盡占神仙真樂地軒裳何敢羨三公
次韻鄧齋郎奉二首
鳳沼寵榮辭禁闥龍山安穩駐車輪東方漸喜威嚴

《清献集》(明詹思谦刻)书影

赵抃工诗善书，有《赵清献公集》传世。《四库全书总目》：“所载多关时事，其弹劾陈执中、王拱辰疏皆七八上，可以知其伉直。而宋庠、范镇亦皆见之弹章，古所称群而不党，抃庶几焉。其诗谐婉多姿，乃不类其为人。”苏辙则称之：“诗清新律切，笔迹劲丽，萧然如其为人。”

在成都任上，赵抃还曾主修《成都志》，成为成都历史上最早的一部地方志，惜已散佚。民国陈训慈在《晚近浙江省文献述概》中云:“衢州如代宋赵清献抃之仕迹……皆卓然可传。”

毛滂与《东堂词》

毛滂(1056—约1124年),字泽民,江山石门人。毛滂生于“天下文宗儒师”世家,父维瞻、伯维藩、叔维甫皆为进士。毛滂自幼酷爱诗文词赋。元丰三年(1080年),毛滂随父赴筠州(今江西高安),结识苏辙。元丰七年,毛滂出任郢州(今湖北钟祥)县尉。哲宗元祐间,毛滂为杭州法曹,知府苏轼曾加荐举,赏识并赞称:“文词雅健,有超世之韵。”元符元年(1098年),毛滂任武康知县,崇宁元年(1102年),由曾布推荐进京为删定官。曾布罢相,毛滂连坐受审下狱,政和元年(1111年)罢官归里,寄迹仙居寺。毛滂后流落东京。大观初年(约1108年),毛滂填词呈宰相蔡京被起用,任登闻鼓院。政和年间,毛滂任祠部员外郎、秀州(今嘉兴市)知州。毛滂诗词被时人评为“豪放恣肆”,“自成一家”,有《东堂集》十卷和《东堂词》一卷传世。

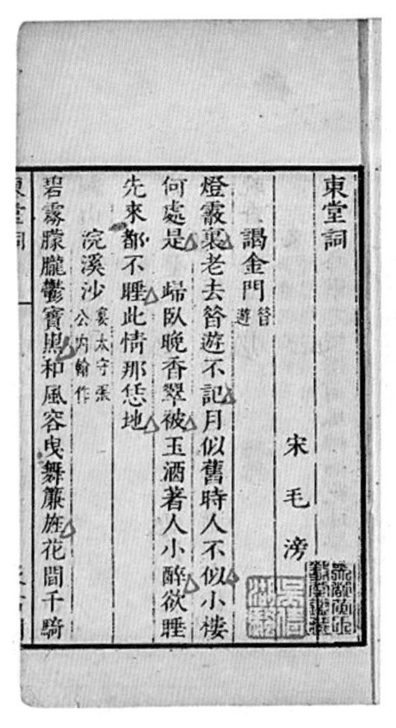
東堂詞

宋 毛滂

謁金門 昝遊

燈霰裏老去昝遊不記月似舊時人不似小樓何處是 埽臥晚香翠被玉酒著人小醉欲睡先來都不睡此情那恁地

浣溪沙 褒太守丞公内翰作

碧霧朦朧鬢寶熙和風容㒵舞簾旌花間千騎

《东堂词》(吴湖帆藏)书影

毛滂受社会、交游与家庭的影响,是北宋一位简单而真实的词人。其词作有伤感性、娱乐性的特点。《东堂词》中多月、梅、春、酒、水等代表性意象,以及词人安排这些意象时所使用的写意笔法和距离感的创设,体现出毛滂的潇洒脱俗。毛滂是宋词发展史的重要词人,作为由北宋高雅到南宋清雅的过渡性词人,他的词意象潇洒清雅,作品情景交融,抒情法式多样化。其清秀优美的文辞,清简工整的造语,清新自然的修辞,善于运用对比的模式和独特的抒情表达方式,创造出婉约含蓄、清雅潇洒的主题风格。

孔传与《孔氏六帖》

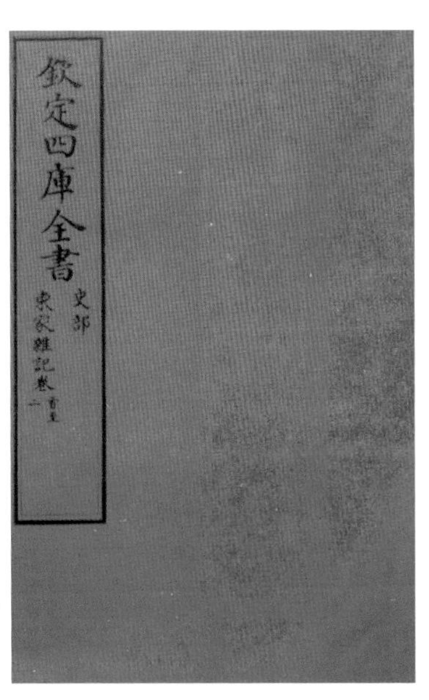

《东家杂记》书影

孔传（约1065—约1139年），原名若古。宋哲宗元祐四年（1089年）改名传，字世文，自号杉溪。山东曲阜人，孔子四十七世孙。精易学，操行介洁。建炎初，随孔端友南渡，遂流寓衢州。绍兴二年（1132年），孔传除知郊州，移知陕州，改知抚州，官至右朝议大夫。晚号杉溪，卒年七十五，封仙源县开国男。孔传著有《孔氏六帖》《孔子编年》《东家杂记》《杉溪集》。

《孔氏六帖》三十卷，又称《六帖新书》《后六帖》《续六帖》《续白氏六帖》，是孔传南渡后在知抚州任上所作，成书于绍兴三年（1133年）至绍兴四年（1134年）间。《孔氏六帖》为增补唐代白居易《白氏六帖》而作，是宋代较早出现甚为著名的私撰类书。此书所引，多为唐以前的古籍，一方面保留了已佚古籍的部分内容，一方面还可辑佚和校勘。书中辑录了不少唐宋诗文，可供研究文学、语言者采择。

程俱与《麟台故事》

程俱（1078—1144年），宋衢州开化（今属浙江）人，字致道。程俱以外祖邓润甫恩荫，补苏州吴江县主簿。徽宗时，为镇江通判、礼部员外郎。绍兴间，程俱历官秘书少监、中书舍人兼侍讲等。程俱辞章典雅，诗文有风骨，善为制诰。平生与贺铸、叶梦得为友。晚年，秦桧荐领重修哲宗史事，程俱力辞不受。著有《麟台故事》《北山小集》《班左诲蒙》。

《麟台故事》，五卷。绍兴初，俱采摭三馆旧闻，简册所载，次为十二篇，以成此书。记述北宋一代馆阁制度故实，最为详备。对于南宋馆臣制度恢复与

班左誨蒙

一函一册

班左誨蒙

中古以還叙事之文惟左丘明春秋傳太史公記班固漢書最爲近古班左得善注故訓詁益明世之人發言下筆終日出其中乃或不知其所謂（如館穀跂踵明傾上下其手富有春秋）蓋又若字畫不異而音釋頗殊（如三百之百音陌豆區之區音歐擣據宿留朱提浩亹）苟爲道聽意讀其不遺笑於人者幾希余於讀書幼而貪故略中而鈍不得不致詳也詳研孰復乃始懼焉加以羇孤憂患之餘昏昏病志間取書至誦閱數紙過反茫然不知爲何書

《班左诲蒙》书影

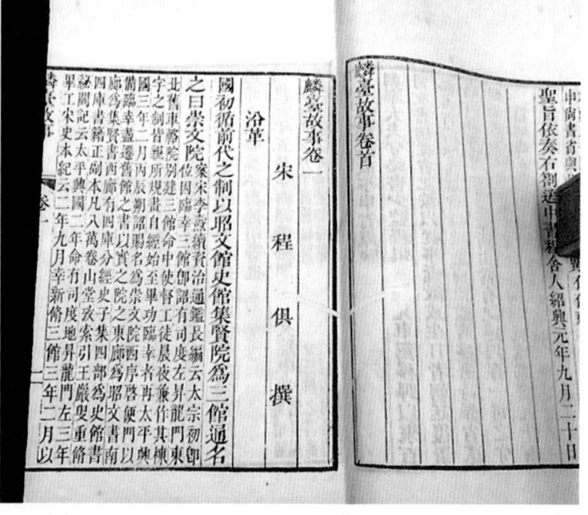
麟臺故事卷一

宋 程俱 撰

沿革

國初循前代之制以昭文館史館集賢院爲三館通名之曰崇文院

麟臺故事卷首

聖旨依奏右劄送中書程舍人紹興元年九月二十日

《麟台故事》书影

完善曾有积极的影响，于保存旧史文献亦甚有价值。《麟台故事》与《南宋馆阁录》《玉海》诸书所载相较，足以考证异同，补缀疏略。世少流传，清四库馆臣从《永乐大典》录出，分沿革、省舍、储藏、修纂、职掌、选任、官联、恩荣、禄廪九编，较原书篇数，已亡其三；四库馆臣并加夹注，收入《四库全书》，后来刊入武英殿聚珍版书。另外，《十万卷楼丛书》中有明代影宋残本《麟台故事》，与《永乐大典》本互有异同，民国时商务印书馆影印收入《四部丛刊续编》。

毛晃与《增修互注礼部韵略》

毛晃（生卒年未详），字明权，江山人。官至户部尚书。精文字音韵。南宋绍兴二十一年（1151年）进士。后即闭门著书，为修订、补充《礼部监韵》，夜以继日，磨穿案砚，学界尊称"铁砚先生"。衢州古代学者在经学领域的研究，尤以小学成就最为突出。毛晃于绍兴三十二年（1162年）编就《增修互注礼部韵略》五卷，后其子毛居正校勘重增。《增修互注礼部韵略》较《礼部监韵》增收2 655字，增注别音、别体字1 961个，订正485个注音、解释。此书为指导科举古赋用韵而作，对后世影响很大。元至正后，此书逐渐取代"平水韵"系韵书之地位，为古赋押韵共同遵守之范本。明初纂修《洪武正韵》，就由《增修互注礼部韵略》改编删定而成。

毛晃编纂《禹贡指南》四卷是一部有影响的《禹贡》经解著作。在资料引证方面，不拘泥于经典，在宋人经解中相当具有代表性。清乾隆时，从《永乐大典》中辑出《禹贡指南》，乾隆皇帝亲自为《禹贡指南》题《六韵》，并详细为此书作注释，足见其影响。毛晃备受宋徽宗器重，赞扬他"勋在王室，泽及民生"。史称毛晃"闭户读书，精于字字，为海内所宗。考证详慎，砚为之穿，学者称之为'铁砚先生'"。毛晃不仅学问了得，且十分关注民生，为龙泉人民办了件大好事。龙泉的"蒋溪堰"便是他最早发动兴建的，对改善农田灌溉起到了重要作用，堰头曾建有尚书庙。

毛居正与《六经正误》

毛居正，毛晃之子，生卒年失考，衢州江山人。谱名万全，字义夫、谊父，或曰义甫，号柯山，是毛晃五个儿子中成就最高的一个。幼承家学，研究六书。绍兴二十一年（1151年），父子同榜进士。但他淡于功名，绝于仕途，专攻

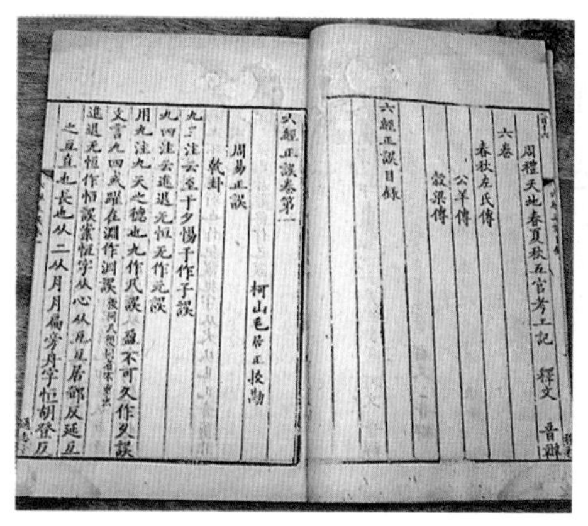
周禮天地春夏秋五官考工記 釋文 音辯
六卷
春秋左氏傳
公羊傳
穀梁傳
六經正誤目錄

六經正誤卷第一
柯山毛居正校勘
周易正誤
乾卦
九三注云至于夕惕乎作乎誤
九四注云進退无恒无作无誤
用九注九天之德也九作凡誤
文言九四或躍在淵作渊誤 益不可久作夂誤
進退无恒作恒誤案恒字从心从亙亙居鄧反延亙
之亙直也長也从二从月月徧旁舟字恒胡登反

《周易正误》书影

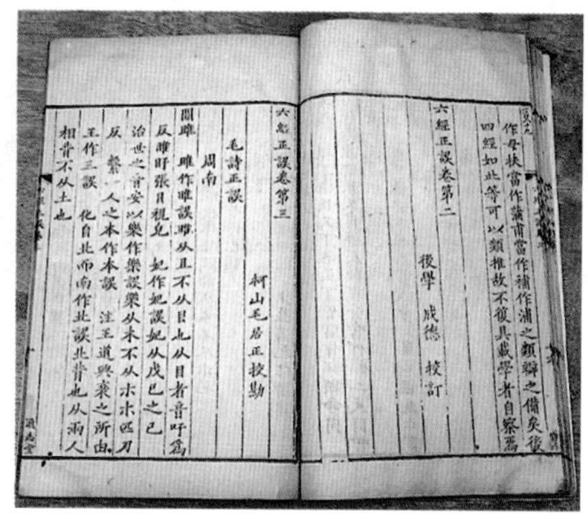
作母扶當作蒲甫當作補作浦之類辯之備矣後
四經如此等可以類推故不復具載學者自察焉
六經正誤卷第二
後學 成德 校訂

六經正誤卷第三
柯山毛居正校勘
毛詩正誤
周南
關雎 雎作睢誤雎从且不从目也从目者音吁為
反睢盱張目視也 妃作妃誤妃从戊巳之己
治世之音安以樂作樂誤樂从木不从朩朩匹刃
反 絫一人之本作本誤 注王道興衰之所由
王作三誤 化自北而南作北誤北背也从兩人
相背不从土也

《毛诗正误》书影

学术。在其父移居柯山专事著述后，长期随侍左右，为《增修互注礼部韵略》的完成作了大量的辅助工作。在其父上表进书以后，居正又对本书作了进一步的订正增删，收字增加1 420个，并对原书“麻韵”进行离析，认为麻韵应当一分为二。这使近代对“车”“遮”韵的形成轨迹看得更加清楚了。晚年，毛居正的学术才能更为士林所重，虽为布衣，但仍被国子监聘请，帮助校订经籍。嘉定十六年(1223年)，毛居正受国子监聘校正经籍，期间著有《六经正误》六卷，并为《资治通鉴》作注解。毛居正是一位终生埋头学术的学者，知识渊博，时人称“通儒”。

毛晃、毛居正父子撰的《增修互注礼部韵略》，毛晃《禹贡指南》，毛居正《六经正误》均收入明《永乐大典》、清《四库全书》。

袁采与《袁氏世范》

袁采(？—1195年)，字君载，信安(衢州)人。袁采自小受儒家之道影响，为人才德并佳，时人赞称“德足而行成，学博而文富”。于袁采隆兴元年(1163年)中进士，官至监登闻鼓院，掌管军民上书鸣冤等事宜，即负责受理民间人士的上诉、举告、请愿、自荐、议论军国大事等方面给朝廷的进状。步入仕途以后，袁采以儒家之道理政，以廉明刚直著称于世，而且很重视教化一方。淳熙五年

(1178年),袁采任乐清县令。在任上,袁采感慨当年子思在百姓中宣传中庸之道的做法,于是撰写《袁氏世范》一书用来践行伦理教育,美化风俗习惯。

《袁氏世范》共三卷,分《睦亲》《处己》《治家》三篇,内容非常详尽,通俗易懂,大要明白。《睦亲》凡六十则,论及父子、兄弟、夫妇、妯娌、子侄等各种家庭成员关系的处理,具体分析了家人不和的原因、弊害,阐明了家人族属和睦相处的各种准则,涵盖了家庭关系的各个方面。《处己》计五十五则,纵论立身、处世、言行、交游之道。《治家》共七十二则,基本上是持家兴业的经验之谈,甚至还有置办田产,要公平交易;经营商业,不可掺杂使假;借贷钱谷,取息适中,不可高息;兄弟亲属分割家产,要早印阄书,以求公正免争;田产的界至要分明;尼姑、道婆之类人等不可延请至家;税赋应依法及早交纳,等等。《袁氏世范》于立身出世之道,反复详尽,切于实际,近于人情,故道明可行,传诸不朽。《袁氏世范》比颜之推的《颜氏家训》更少些道学气,清新雅致,沁人心脾,更具有亲和力,故有"《颜氏家训》之亚"之称。

《袁氏世范》书影

夏僎与《尚书详解》

夏僎，字元肃，号柯山，龙游人。据是书序称，其少即业是经，妙年撷其英，以掇巍第。所撰《尚书详解》二十六卷，以宋代儒林之奇学说为主旨，同时博采众家之长，为南宋解读《尚书》重要著作之一。《尚书详解》能够与吕祖谦《书说》相提并论。是书集孔安国、孔颖达之传疏，苏轼《东坡书传》、陈鹏飞《书解》、林之奇《尚书全解》、程颐《书说》、张九成《尚书详说》等诸儒之说，虽博采诸家，而尤以宋儒林之奇说为主旨，几达十分之六七。夏氏解经，反复条畅，深究详绎，使唐虞三代之大经大法灿然明白，不失为宋儒说《尚书》之善本。

陈振孙在《直斋书录解题》中称夏书"便于举子"，明洪武间，初定科举条式，诏习《尚书》者并用此书及蔡沈《书经集传》，其影响由此可见一斑。

杨伯嵒与《九经补韵》

杨伯嵒，字彦思，号泳斋，自称代郡人。然南宋时，代郡已属金，盖署其郡望。淳祐间，杨伯嵒以工部郎守衢州。周密《云烟过眼录》载伯嵒家所见古器，列高克恭、胡泳之后，似入元尚在矣。宋《礼部韵略》自景祐中丁度修定颁行，与《九经》同列学官，莫敢出入。其有增加之字，必奏请详定而后入。然所载续降六十三字、补遗六十一字，犹各于字下注明。其音义勿顺及丧制所出者，仍不得奏请入韵。故校以《广韵》《集韵》，所遗之字颇多。伯嵒是书，盖因官韵漏略，拟摭《九经》之字以补之。《周易》《尚书》各一字、《毛诗》六字、《周礼》《礼记》各三十一字、《左传》五字、《公羊传》《孟子》各二字，凡七十九字。各注合添入某韵内或某字下，又附载音义勿顺、丧制所出者八十八字。盖当时于丧制一条，拘忌过甚。如《檀弓》"何居"之"居"本为语词，亦以为涉于凶事，不敢入韵，故附载之。然《自序》称非敢上于官以求增补，则并所列应补之字亦未行用也。其书考据经义，精确者颇多。唯其中如《周礼・司尊彝》"修爵"之"修"音"涤"，《礼记・聘义》"孚尹"之"孚"音"浮"之类，乃古字假借，不可施于今韵。又如《诗·泮水》之“黮”字、《周礼·占人》之“簭”字、《公羊传·成五年》之“沶”字,乃重文别体,与韵无关。一概拟补,未免少失断限耳。

柴望与《四隐集》

柴望(1212—1280年),字仲山,号秋堂,江山人。南宋嘉熙四年(1240年),为太学上舍,供职中书省。淳祐六年(1246年),柴望上自编《丙丁龟鉴》,列举自战国秦昭王五十二年即丙午年(公元前255年)至五代后晋天福十二年即丁未年(947年)间,凡属丙午、丁未年份,约有半数发生战乱,意在说明“今来古往,治日少而乱日多”,切望当局居安思危。柴望由此触怒朝廷,被逮入狱,得临安知府赵与筹救助。出狱后,柴望自号“归田”,隐居故里三十余年。咸淳后期,蒙古军三路攻宋,望心忧国难,多次致信督师荆襄制置大使李庭芝,进御边退敌策略。德祐二年(1276年),陆秀夫等拥撤退到福州的宋恭帝之弟赵昰为帝,改年号景炎,继续抗元。望不顾65岁高龄,奔赴福州,以迪功郎衔任国史编校。不久,因时局艰危,与堂弟柴随亨、柴元亨、柴元彪一同辞官归隐。南宋亡国后,拒绝元朝征召,吟填词寄托亡国哀思,世称“柴氏四隐”。著作有《道州苔衣集》《咏史诗》二十首及词集《凉州鼓吹》。

吾丘衍与《学古编》

吾丘衍(1272—1311年),字子行,号竹房,又号竹素,亦称贞白,开化人,寓居钱塘。吾丘衍酷爱古学,博通子史百家,精六书,工篆刻,与赵孟頫齐名。力矫唐宋六文八体失真之弊,以玉筋篆入印,印学为之一变。吾丘衍操行高洁,隐居不仕,专事吟咏,与当时文人学士多有酬唱往来。设帐授文字、音韵、训诂等课以为生计。工诗文,曾自编诗集,惜未传世。吾丘衍诗风效唐李贺,神韵独具,逸致横生,风采奕奕。年四十未娶,友人赵天赐为买酒家女为妾。女尝事人,其夫讼衍于官,且加凌辱,被摄得释,恚甚,自投西湖死。吾丘衍著有《竹素山房诗集》《周秦刻石释音》《学古编》《晋史乘》《闲居录》《续古篆韵》六卷。

《学古编》原本为上下两卷，今合为一卷，成书于大德庚子年(1300年)。《学古编》由《三十五举》《合用文集品目》和《附录》等三部分组成，叙述篆隶书体的演变及篆刻的章法与刀法等有关知识，是我国第一部专门研究印学的著作。《三十五举》为此书主体，阐述篆隶演变及篆刻的各种知识，甚多创获，故后人往往直呼《学古编》为《三十五举》。

书中“一举”至“十八举”叙述篆、隶书体的源流和分类。详细分析篆法的宜忌，介绍篆体的特征，揭示了篆书的妙，并指出“隶书人谓宜匾，殊不知妙不匾”，“汉有摹印篆其法，只是方正篆法与隶相通”，分析了篆隶之间在印学上的相互关系。

“十九举”至“三十五举”则是有关朱白文印章之结构和布局的论述。如介绍“白文印皆用汉篆平方正直，字可圆，纵有斜笔，亦当取巧写过”；白文印“用崔子玉写张平子碑上字，及汉器上并碑盖印章等字，最为第一”；朱文印“用杂体可太怪，择其近人情，免费词说可也”，皆为经验之谈。

次载《合用文集品目》，共列：一、“小篆品”五则；二、“钟鼎品”二则；三、“古文品”一则；四、“碑刻品”九则；五、“附用器”九则；六、“辨缪品”六则；七、“隶书品”七则；八、“字源八辩字”等八类，共四十七则，概述了篆刻学中的书文、碑刻、器版本、字体等各个方面的知识，为篆刻理论分类阐述之首创。

末列《附录》，则介绍洗印法、印油法、世存古今图印谱式、取字法和摹印四妙等五种应用于治印的基本方法，可供初学刻印者借鉴和参考。

《学古编》提出的“篆法优先于印法”理论及其基本内容和结构形式，历来被许为印学史上最早的一部篆法与章法并举的经典著作，具有开创性意义。它对后世篆刻理论和实践的发展，具有上承秦汉古玺，下启明清流派的枢纽作用，故后世代有续作，如明何震有《续学古编》二卷，清姚觐元有《三十五举校勘记》，桂馥有《续三十五举》《再续三十五举》及《重定续三十五举》各一卷。

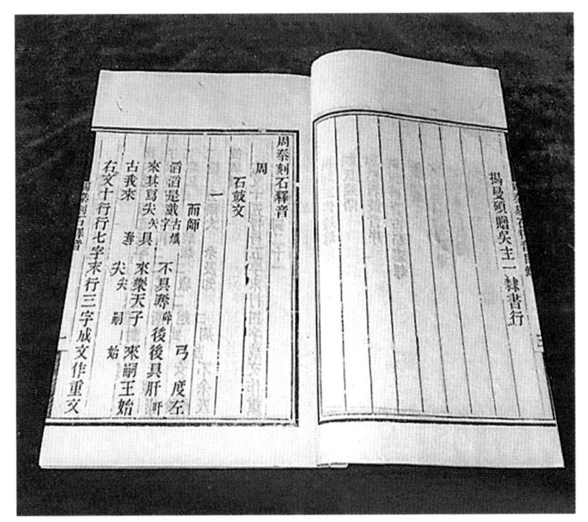

吾丘衍《周秦刻石释音》书影

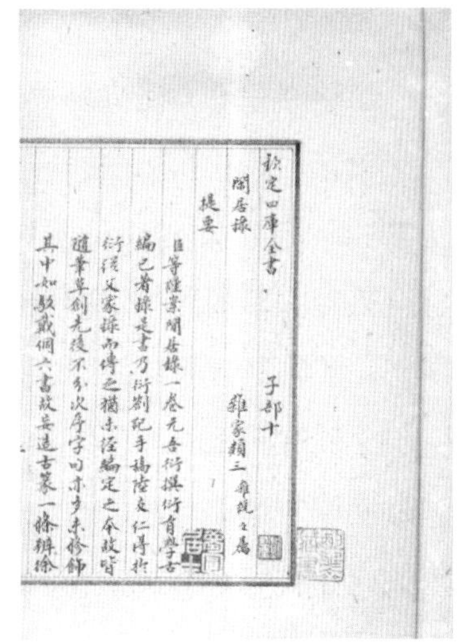

钞本吾丘衍《闲居录》书影

黄子高和姚晏分别有《续三十五举》及《再续三十五举》等，皆各“志其始”而“续其举”，并“效其体”而“各补其所未备”。《学古编》对我国印学理论体系的建立起到积极的推动作用，故印学界称其“起八代之衰”，“印人柱石”。

马端临与《文献通考》

马端临（1254—1323年），字贵舆，号竹洲。饶州乐平（今江西乐平）人。其父马廷鸾曾为南宋右丞相，曾任南宋国史院编修官与实录院检讨官，以忤贾似道归里。端临侍父家居，博极群书。咸淳年间，端临漕试第一，以荫补承事郎。宋亡，端临隐居不仕，历三十余年专心著述《文献通考》。父卒后，端临教授乡里，任慈湖、柯山书院山长、台州儒学教授。马端临自幼天资聪慧，且有良好的家学条件。他很小就在母亲的指导下读经书，七岁成童即能诵读四书五经。稍大，他益发勤奋好学，长期仿效南北朝著名文学家袁峻读抄经史的做法，每天坚持抄书五十张，每天如数完成，没有完成，绝不休息。十余年间，他遍读宋以前历代正史、稗官记录、私家文征和唐宋两代名臣奏疏、名儒评论，还从名师曹泾研习程朱理学。他如此勤奋地博览群书，不仅使他具备了渊博的学识，练就了坚实的文字表述功底,还为他日后编写《文献通考》积累了大量的资料。

马端临在潜心研究历史的过程中发现,自班固《汉书》至司马光《资治通鉴》等断代史和通史,都详于理乱兴衰的记载,而略于典章制度的记述。他认为"理乱兴衰"史对后世固然有很大的借鉴作用,然而"典章制度"的置废对社会兴衰的影响和作用也是不容忽视的。他带着这一观点反复深入地研究中国每一部典章制度专史,从中领悟道:历代典章制度不尽相同,亦不迥然相异,它们之间有明显的承袭关系——后世典章制度的变革是在承袭前朝乃至古代典章制度的基础上进行的。潜心研究的心使得马端临立志编写一部上古至南宋的典章制度专史。

从早年起,他就决心以《通典》为蓝本,"采摭诸书",重编一部记述中国历代典章制度的专著。他从宋朝咸淳九年(1273年)开始准备,元朝至元二十七年(1290年)开始纂写,直至元英宗至治二年(1322年),历二十余年,始告竣,取名《文献通考》,同年刊行于世。

文獻通考卷第三百
鄱陽馬端臨貴與著
物異考六
金異
周威烈王二十三年九鼎震 顯王三年雨金於櫟陽
赧王五十九年周亡秦昭王取九鼎其一飛入泗水
餘八入於秦中
漢武帝元鼎元年夏五月得鼎汾水上 四年六月得
寶鼎 元封元年詔曰朕禮首山昆田出珍物化或爲
黃金 應劭曰昆田首山之下田也武帝禮首山故神爲出珍物化爲黃金 征和二年春
乾隆十二年校刊

《文献通考》书影

马端临一生最大的社会贡献是编写了一部《文献通考》。明备精神之作《文献通考》探讨会通因仍之道,讲究变通张弛之故,是中国古代典章制度方面的集大成之作,体例别致,史料丰富,内容充实,评论精辟。全书共有二十四门类,三百四十八卷。书中详细记述了自古迄宋二十五个朝代各种典章制度的兴废沿革和利弊得失,每个门类和每卷之后都有文字精约的按语,阐述各个时期各种典章制度兴立和废止对社会经济发展和政治兴衰的影响。全书叙事条分缕析,评述精审透彻，资料丰富翔实，是一部古往今来极有参考价值的历史名著。它与唐朝杜佑编著的《通典》和南宋郑樵编著的《通志》合称“三通”。“三通”至今仍是研究古代历史者案头必备之籍。《文献通考》是“三通”中内容最丰富，记述时限最长，考证最精深的一部，因而被历代史学家誉为“三通”之首。作为宋元之际著名的历史学家，马端临还著有《大学集注》《多识录》。

第三节 明代著述

明代，阳明心学盛行，衢州是阳明心学的重点辐射区域。王守仁（阳明先生）、湛若水（甘泉先生）、陈献章（白沙先生）、章懋（枫山先生）等大儒曾先后徜徉于此，或途次，或访友，或讲学，师从者甚众。如何初为许谦的再传弟子，郑伉学之吴与弼，陈恩得蔡清心传，徐泰徵师从魏大中。江山周积先后师从章懋、蔡清、王阳明。尤其王阳明，衢州弟子甚众，周积、祝鸣谦、栾惠、郑骝、周文兴、王畿、徐霈、徐天民等皆继承其衣钵，往往通过讲会等形式，交流、切磋，在衢州传播阳明心学，逐渐形成了“四大学派”，即以叶秉敬“经济之学”为代表的龙门派；以王畿“良知之学”为代表的菱湖派；以方应祥“性理之学”为代表的青峒派；以徐应秋“辞章之学”为代表的云林派。他们活动频繁，著述甚多，影响深远。

明代经部著述，治春秋经者有余敷中《麟宝》；治五经总义类者有吾昪《五经解》、詹莱《七经思问》；文字音韵学方面有叶秉敬《字孪》《韵表》《声表》。《字孪》乃小学入门重要著作，清代学者李慈铭为其作批注，称其为明人中“最为有功小学”。

明代史部著述杂史类有徐日久《徐子学谱》等；地理类有周一敬《甘肃镇考见略》与释传灯《天台山方外志》《幽溪别志》等。释传灯的两种著述详细记录了明代天台山释、道、儒三教之渊源及其发展演变，对于研究天台山人文历史与天台宗史都有很高的价值。

政书类著述有叶秉敬《明谥考》、徐日久《五边典则》与《骘言》等。《五边典则》汇编明代边事资料，为研究明代边关活动必读之书。《骘言》重在谈治国方略，此书分国事、边事、古事、今事，为衢州学术中经世致用的代表作。《韵表》与《声表》审音、辨音精准，其编排方式便于把握拼切原理，成为沟通“平水韵”与《洪武正韵》之桥梁，在音韵学方面甚有价值。

明代衢州名医甚多，传世之作有刘全备《合刻刘全备先生病机药性赋》、徐用宣《袖珍小儿方》、徐凤石《秘传音制本草大成药性赋》、杨继洲《针灸大成》等，其中尤以《针灸大成》学术成就最高，堪称中国古代医学著作瑰宝。

明代衢人诗文集特多，计有二百五十余种。金寔《觉非斋文集》、方豪《棠陵文集》、徐霈《东溪先生文集》、徐惟辑《紫崖遗稿》、詹莱《招摇池馆集》、童珮《童子鸣集》、释传灯《幽溪文集》、叶秉敬《定山园回文集》、徐日久《徐子卿集》、方应祥《青来阁集》，皆闻名于世。

明代代表性著述者：

杨继洲与《针灸大成》

杨继洲，字济时，三衢人，明万历年间（1573—1620年）宫廷御医，著名针灸医学家。

据《中国医籍考》卷二十二载，杨继洲家学渊远，其祖父杨益曾任太医，声望很高。杨氏家中珍藏各种古医家抄本，所以杨继洲得以博览群书，通晓各家学说。他年幼时专心读书，博学绩文，热衷科举考试。后来又弃儒学医。杨继洲一生行医四十多年，临床经验丰富，尤其精通针灸，治病时常常针药并重。山西监察御史赵文炳患了痿痹之疾，多方诊治，屡治不愈，邀杨继洲去山西诊治。杨继洲仅仅针刺了三针，赵就痊愈了。

杨继洲早年曾编撰《卫生针灸玄机秘要》三卷，但一直未能刊刻问世。当

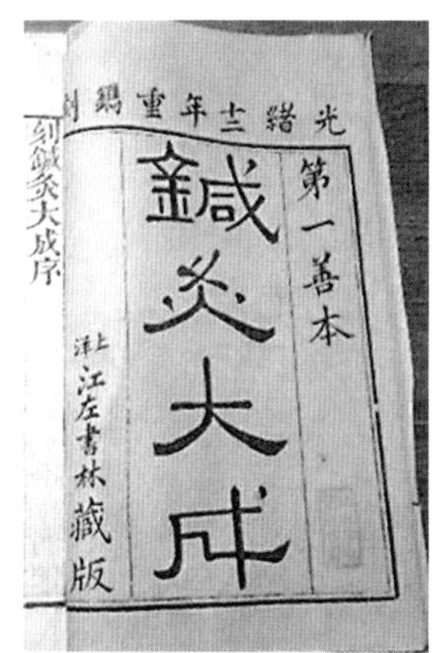

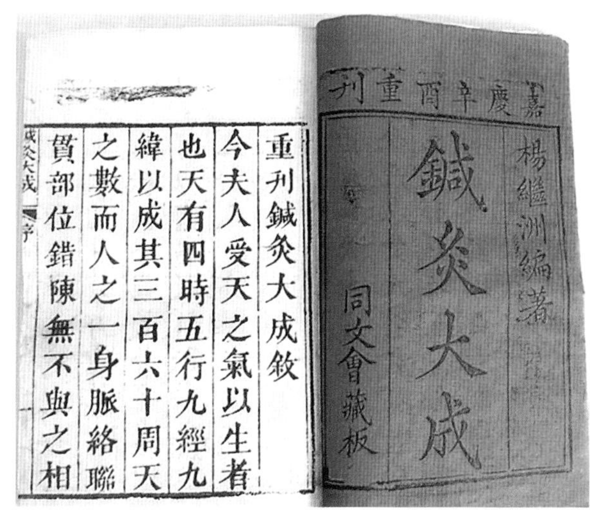
重刊鍼灸大成敘
今夫人受天之氣以生者
也天有四時五行九經九
緯以成其三百六十周天
之數而人之一身脈絡聯
貫部位錯陳無不與之相

《针灸大成》书影

赵文炳看到《卫生针灸玄机秘要》后，为了答谢杨继洲，决定帮助杨继洲将这部书付梓出版。

杨继洲又博览群书，将其中有关针灸的内容一一摘录。最后《针灸大成》的内容除《卫生针灸玄机秘要》外，又辑录了《神应经》《古今医统》《针灸节要》等著作中的针灸内容——凡是明代以前的重要针灸论著，《针灸大成》都或多或少进行了辑录和引用。编辑过程中，曾得晋阳人靳贤帮助。

《针灸大成》为针灸学集大成之作，堪称中国古代医学著作之瑰宝。该书是明以来三百年间流传最广的针灸学著作，是一部蜚声针坛的历史名著。自明万历年间刊行以来，平均不到十年就出现一种版本。该书翻刻次数之多，流传之广，影响之大，声誉之著，实属罕见。此书被刊行以后，不仅受到国内学术界的重视，在国外影响亦很大，至今已有五十种左右的版本，并有日、法、德等多种译本。

徐日久与《五边典则》

徐日久，字子卿。西安县（今衢州）人。万历三十八年（1610年）进士。初知上海县知县，后授兵部职方司，奉命行边。后为福建巡海道，抚郑芝龙，斩李芝奇，沉钟斌于海，使得福建社会安定。后升山东按察使司。

万历以来，面对内忧外患，官员和学者编纂军事著作蔚然成风。徐日久就是其中一位。他编纂《五边典则》二十四卷，辑录了从明太祖到穆宗历朝实录及兵部档案中有关边防方面的政治、经济、军事方面的史料。内容涉及战与守、互市的绝与通、权变的弛与张、征戍的久与近、后勤保障的盈与诎、壁垒的废与兴等。

《五边典则》成书于崇祯之时。书分“蓟辽四卷”“宣大六卷”“陕西八卷”“西南五卷”“倭一卷”，因涉及建州及蓟辽方面之史料达四卷之多，故清廷加以禁毁，传本极少。

徐日久编纂的另一部军事著作《骘言》主要侧重于总结汉唐以来尤其是当代关于治理天下，尤其是御边、武备之经验，以为当下消弭内忧、抵御外患提供经验教训。

释传灯与《天台山方外志》

释传灯（1554—1628年），俗姓叶，衢州人。自幼聪慧，少年时，曾系统地接受过儒家教育，还参加过科举考试，随即摒弃仕途。十九岁时，师从进贤映庵禅师剃发出家，后又拜在百松真觉禅师门下学习法华经、楞严经。百松真觉大师把金云紫袈裟托付给他，表示传灯已完全传其衣钵。传灯一生修习法华、大悲、光明、弥陀、楞严等诸多经义，始终尽心钻研，毫不懈怠，自此声名远播。后来，定居天台山幽溪高明寺，讲经说法长达四十余年，被视为佛教天台宗第十九世祖师，后人誉为“中兴天台”的人物。万历三十二年（1604年），传灯应守庵禅师邀请，在新昌县大佛寺登座讲经，听者如云。晚年，传灯回到故乡，讲经于东安寺，衢州各地名贤汇集。临死之前，法师预知死期将至，于是手书“妙法莲华经”五字，高唱经题二回，泊然而寂，享年75岁。

传灯一生著述丰富，据记载有二十四种，一百多卷。其中《天台山方外志》，系统介绍了天台山释道儒三教之渊源及发展演变，是浙江天台山宗教史地资料集。此书辑录不少道教史上相传的神仙、道士、隐士之事略，还附录了相关艺文，是天台宗重要的著作，影响极大。收入《大藏经补编》《中国佛寺志》。

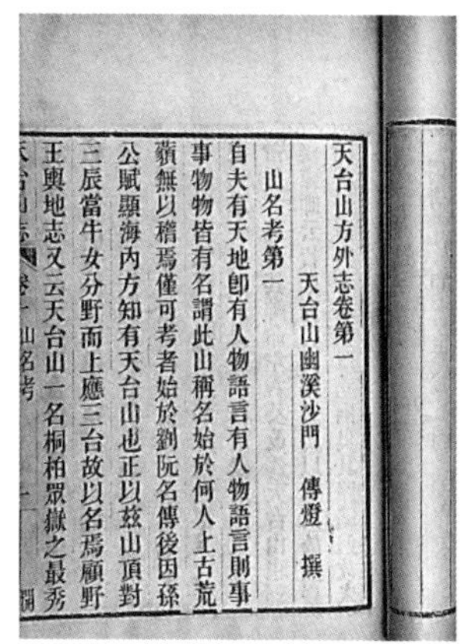
天台山方外志卷第一
天台山幽溪沙門　傳燈　撰
山名考第一
自夫有天地卽有人物語言有人物語言則事
事物物皆有名謂此山稱名始於何人上古荒
藐無以稽焉僅可考者始於劉阮名傳後因孫
公賦顯海內方知有天台山也正以兹山頂對
三辰當牛女分野而上應三台故以名焉顧野
王輿地志又云天台山一名桐柏衆嶽之最秀

《天台山方外志》书影

《天台山方外志》共三十卷，分十八门，即山名考、山源考、山体考、形胜考、山寺考、圣僧考、祖师考、台教考、高僧考、神仙考、隐士考、金汤考、盛典考、灵异考、塔庙考、碑刻考、异产考、文章考。以卷标门目，又各门以“考”题名，体例简略，记述颇为详备。《四库提要》说：“天台山自孙绰作赋以来，登临题咏，翰墨流传，已多见于地志。此书成于万历癸卯，出自释家之手，述梵迹者为多，与专志山川者体例稍殊。故别题曰《方外志》焉。”此书保存了不少珍贵史料，如《山寺考》详载诸寺之兴衰，传灯往往亲察碑文古迹，经考证后才记录。又如《文章考》辑录宋之瑞《天台图经序》、范理《天台要览序》、范吉《天台县志序》和李素《天台胜纪序》等，原书均已遗佚，其序文全赖《天台山方外志》得以保存至今。

叶秉敬与音韵学研究

叶秉敬（1562—1627年），字敬君，号寅阳，明代衢州府西安县峡口（今衢江区峡川镇）人。秉性好学，幼通经史。万历二十九年（1601年）进士。历任工部都水司主事，守开封府，提督河南学政、江西布政使司、大中大夫、右参政等职。官至荆西道布政司参议。秉敬学问淹通，多处讲学，著作宏富，有《字孪》《千字说文》《韵表》《教儿识数》《字学疑似》《诗韵纲目》《叶子诗言志》《兰亭讲会》

《开沟法》《赋役握算》《书肆说铃》《明谥考》《寅阳十二论》《治汴书》《学政要录》等书，涉及政治、财经、赋税、水利、教育、语言、音韵等。《四库总目》提及叶秉敬作品四十余种。叶秉敬晚年致仕归里。天启三年（1623年），应知府林应翔邀，编纂《衢州府志》。

叶秉敬是明代著名的音韵学家。他创造性地分析了当时汉语语音单位的组成、语音变化机制，并制作了音节拼合表。他把韵母分作上下二等，每等再一分为二，就构成了“开齐合撮”四呼。他把声母与四呼配合，称“四派祖宗”，声母也可以分成四种类型。诸如此类的分析，都极富语言学意义。所著《字孪》，依据《说文》，采剔精细，尤便于记诵，在明人中为“最有功之小学”。其《韵表》审音、辨音精准，在编排方式上，便于把握拼切原理，其四呼完备，入声兼配阴阳、按等呼细分助纽字种类等皆具特色。叶书虽用刘渊旧部，但对“平水韵”亦有革新，成为沟通“平水韵”与《洪武正韵》之桥梁。

方应祥与《青来阁集》

方应祥（1560—1628年），字孟旋，号青峒，西安（今衢州）人。学问渊博，年未立而授徒讲学，名重一时。万历四十四年（1616年）进士。任南京兵部职方司主事，转祠部郎中，继任山东布政司参政兼按察司佥事，提督学政。母丧归居。晚年，与徐日新、叶秉敬等于衢州大考山青峒书院创倚云社，于烂柯山举办青霞社，编《青霞社草》和《青霞诗文集》。

清康熙《衢州府志》称应祥“为文自辟阡陌，非六经语不道”。方应祥阐发易学，有《周易初谈讲义》《新镌方孟旋先生义经鸿宝》传世。《周易初谈讲义》阐发伏羲、文王、周公、孔子四圣创作《周易》之初衷，发人之未发，今存明末写样待刊稿，弥足珍贵。

方应祥还著有《青来阁集》。他生平以君亲为天地，以朋友为性命，以吉人善类为头目脑髓。交游甚广，朋友遍天下。在文学上，他不喜赋诗，认为诗赋太细腻多愁，而更善挥洒文章，气度恢宏，在当时以文著称。李维桢序称：“今文章名家，祠部方孟旋称首。”

《青来阁集》共有三集二十五卷，所收录的文章，大多是方应祥与师友间的书信，其次是序跋。文章多发明五经、孔孟思想，但文中涉及抵御清兵，保卫明朝的史实，以及其与钱谦益之间的深厚友谊。乾隆间，“文字狱”盛行。在编纂《四库全书》时，钱谦益虽当世负有才名，但系明朝大臣屈节归顺了清朝，清统治者却又看不起他为人臣而不忠。因此，钱谦益著述首当其冲地被禁毁，甚至“恨乌及屋”，包括方应祥《青来阁集》等一批著述也因牵涉而遭禁毁。

乾隆己巳新鐫
西安方孟旋先生較訂
南華經箋註
雲林懷德堂梓行

《南华经笺注》书影

徐应秋与《玉芝堂谈荟》

徐应秋，字君义，号云林。衢州西安县（今柯城区）人。明万历四十四年（1616年）进士。徐应秋主持粤东乡试，所举皆国家栋梁之材。巡视闽海，平巨寇刘香有功，升左布政使。著有《玉芝堂谈荟》《骈字凭霄》《雪艇尘余》《古文藻海》《两闱合刻》《古文奇艳》等。人称其文：“读其文如入蛟宫琼室，但见光彩陆离而不悉名其宝。”

《玉芝堂谈荟》三十六卷，为《四库全书》著录。此书亦可称考证之书，以“订正名物，考证掌故”而卓然特立。是书其例立一标题为纲，而备引诸书以证之，大抵采自小说，杂记者为多。其自序称：“举寻常意想之所未经，多古今载籍之所已备，惜学人少见而多怪致往牒似诞，而疑诬用是”，“大多标神道之妖祥，记山川之灵怪，表人事之卓异，著物性之瑰奇”。此书每卷又分若干则，每则多记录历代同类之事，各立标题。此书分门别类天地人物，涉及帝王将相以及各色人等，记载科举史料尤为详尽，所载怪异之事尤多。

第四节 清代著述

清代衢州经部著述硕果仅存者为詹文焕《遵注四书合讲》。

史部著述比较丰富。杂史类如康熙杨昶《珠官初政录》、道光陈埙《忠孝录》与《西安真父母记》、道光罗以智《赵清献公年谱》、光绪詹熙《宋赵清献公年谱》与《衢州奇祸记》。《珠官初政录》,所载为杨昶官知县时所审理的案件,透过案情可以了解当时的行政制度与社会生活。

地理类如康熙杨廷琚《芦山县志》、方元启《新修南乐县志》、徐泌《湘山志》、乾隆徐金位《新野县志》等。《新修南乐县志》为现存最早南乐县志,仅存孤本,甚有价值。

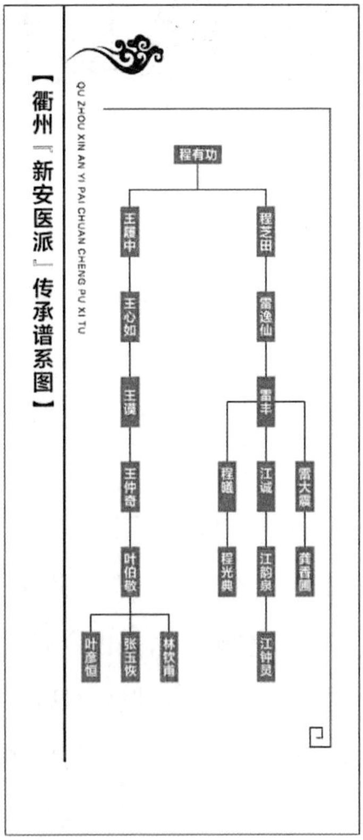

衢州“新安医派”传承谱系图

清代医学著述有不少。早期有祝登元《心医集》《祝茹穹先生医印》,项文灿《症治实录》等。清中叶以来,“新安医学”在衢州广为流播,名医迭出,著述不穷。程鉴、雷逸仙、雷丰皆为杰出代表。医著有雷逸仙《逸仙医案》《方案遗稿》,雷丰《时病论》《灸法秘传》《方药玄机》,还有江诚、程曦、雷大震所著《医家四要》等。其中尤以雷丰《时病论》著称,对后世影响甚大。

清代衢人诗文集比明代更甚,共计三百余种。康熙时期,陈鹏年任西安知县,多有吟诵,著有《浮石集》。乾嘉时期,衢州活跃着一大批文人骚客。如汪致高、郑光璐、申甫、费士桂、费雄飞、费辰、朱辔、陈圣洛、陈圣泽、陈一夔、叶日蓁、龚大锐、龚大钦等,皆善吟咏,多有诗集。

台湾镇总兵、江山柴大纪《平台湾寇乱遗书》,对于研究乾隆时期的台湾历史有很高价值。刘履芬《古红梅阁遗集》骈文独尊汉魏六朝,渊雅雄厚、沉博绝丽,为清代衢州文章之高手。其子刘毓盘为近代词学大家,曾执教于北京大学,主讲词史、词曲,著有《濯绛宧词》《词心雕龙》《词学》《中国文学史略》《唐五代宋辽金词辑》《词话》《词学斠注》《词律斠注》《词律拾补》《椒禽词》《词史》等。刘氏的词学著作,使得衢州学术著作在晚清大放异彩。

吴云溪、王庆棣为归衢人,诗集为衢州少有的女性之作。前者《宜兰诗草》发乎情而止乎理义,后者《织云楼诗草》则闺情、闺怨尽显于诗。

清代代表性著述者:

周召与《双桥随笔》

周召,字公右,号存吾,衢州西安县人。拔贡。幼不屑治生,独耽书籍。家赤贫,苦志力学,博古通今,终成大儒。著有《受书堂全稿》五十卷、《凤州瘁语》二卷、《余生草》十七卷、《衅余杂忆》八卷、《读史百咏》一卷、《於越吟》一卷。康熙初,曾官任陕西凤县知县五年,后即赋闲而归。康熙间,遇"三藩之乱",避耿精忠叛乱于衢北双桥山中,撰《双桥随笔》十二卷,皆辟邪崇正、守经卫道之言。康熙《衢州府志》称他"生平不接佛,不事祈祷",年八十六乃终。周召与熊伯龙、周树槐同为清代中叶的无神论者。

《双桥随笔》从儒者立场出发,对传统迷信予以反对,"通道而不信邪,事人而不事鬼,言理而不言数,崇实而不崇虚"。作者不反对儒教的鬼神观,其反对淫祀的目的主要是出于尊重和维护儒教正祀。他从淫祀的起源、表现等方面入手,探讨淫祀的社会根源、淫祀的组织者、参与者等,从认识论方面结合经验和理性,对淫祀进行揭露和批判,并寻求现实的对策,追述前贤,以身作则地反对淫祀。周召崇礼教,斥异端,反淫祀,具有无神论的思想萌芽。

詹文焕与《四书合讲》

随着宋明理学的发展,四书学日益兴盛。尤其是明清科举制度的程式化,四书成为科举主要内容之一。衢州自宋以降，四书类著述有三十余种，而硕果仅存者唯有詹文焕所著《酌雅斋四书合讲》。

詹文焕，字维韬，号石潭。衢州西安县人。清雍正十年（1733年）壬子科举人。工词翰，性尤廉洁。乾隆间，官中书、仓盐督等职。任上裁漕规，绝馈送，清节廉政。授山东东昌府司马。入朝引见皇帝后，奉旨留部，改名文启，授工部屯田清吏司主事。

《酌雅斋四书合讲》六卷，一般皆认为乃翁复之作。是翁复于雍正初年用以“自存自课”的教学讲义，后“经翁复卒业编次，詹文焕等十一人肆力参定，其业师杨光祖等八人审核后”，由翁复作序，送酌雅斋付梓刊印。

也有人看作《酌雅斋四书合讲》是翁复与詹文焕合编而成。民国郑永禧纂《衢县志》载：“《酌雅斋四书合讲》，清翁复、詹文焕合编。嘉庆《县志》作《四书集说》，詹文启著，文焕原名文启。按，此书凡六卷，即所谓高头讲章也。为科举时必备之书，风行海内，署名太末翁复克夫著，而文焕参订。”

而清嘉庆姚宝煃修《西安县志》“义行传”记载：“翁复，字克夫，与詹文焕友善，好读书，敦善行。文焕辑《酌雅斋四书》，无力梓行，复倾赀寿之梨枣，迄今士林犹传送不替。”此说可佐证《酌雅斋四书合讲》实乃詹文焕所撰，而翁复为本书资助刊行者。

自宋代儒家阐发《四书》精意以来，部帙浩繁，指归复异，初学之士未能遍览。詹氏总括宋儒以来诸说，旁参互证，使繁者简而异者一，《四书合讲》因便于学子科举之用，故曾风靡海内外，不断辗转翻刻。乾隆《四库全书》总纂官纪昀也曾专作批注。即便是科举制度废止，仍有翻印，东瀛日本亦有明治刊本等传世。

程芝田与《医法心传》

程芝田，原名鉴，字明心，号瘦樵。安徽歙县人。博学能文，字法米南宫，善指墨画，曾为新安诸生。师从徽州名医程有功。其永世业岐黄，于医理尤精。熟读中医西部经典，尤尊崇张仲景，并博览唐末以来诸名家医著，汲取各家之长，颇能融会贯通。程芝田著《医博》四十卷、《医约》四卷，惜乎遭乱而皆亡佚。

嘉庆、道光年间，程芝田悬壶衢州，亲炙柯城学者余本敦、余本煦昆仲。行医衢州有声名，用药干和，衢人绘《杏林春色图》誉之。程芝田在衢著有《写忧诗草》。

雷逸仙受业于程氏，尽得其传。逸仙作古后，其子少逸因觅逸仙方案遗稿，而得程氏遗著《医法心传》，遂请知交、衢州知府刘国光作序，于光绪十一年（1885年）将该书刊行出版。

《医法心传》为医论著作。全书共有医论十二篇，包括五行、伤寒、瘟疫、痢疾、痘科及损伤等病征辨治要旨，以作者学验俱丰，而又有革新思想，故论述多有新意，又强调“医宜通变”，随证处方，但又认为诸家之方多为化裁而来，总不出古方范围。近人谢观称赞其“持论颇通达”。《医法心传》后曾编入《陈修园医书五十种》。

新安程氏医学世家和衢州雷氏医学世家一个多世纪的家传、师承和医学交流，成就新安医学和浙医关系史上的一段佳话。

张德容与《二铭草堂金石聚》

张德容（1820—1888年），名谷，字德容，一字少薇，自号“松坪”，衢州黄坛口人。咸丰三年（1853年）进士，钦点翰林院庶吉士。咸丰六年（1856年），张德容授翰林院编修。后在朝中历任军机处章京、兵部郎中等，职掌军政机要。也就在京城时期，他与晚清的许多饱学之士深有交往，如军机大臣潘祖荫、太傅翁同龢、大藏书家朱学勤、金石家何昆玉等。公暇肆力金石，喜搜集六朝以上及周秦文字，潜心研究，手自勾勒，考订精核，终于编成《金石聚》十六卷、《海东金石苑》二卷。

同治十一年（1872年）、光绪五年（1879年），张德容两度出任岳州（今岳阳）

知府。辖境内的岳阳楼，始建于东汉末年，因北宋范仲淹《岳阳楼记》而举世闻名。历史上，因自然灾害与人为破坏，屡修屡毁。张德容两次主持了岳阳楼的大修工程。同治十一年，加固岳阳楼楼基，重修岳阳楼宸翰亭。光绪五年工程最为浩繁，施工亦最为大胆，显示出张德容对保护这座名楼极深的见识与创举。为了使岳阳楼免遭洞庭波涛冲毁之灾，遂将楼址从湖畔坡地移进六丈多，建于巴丘山顶高敞处。楼顶的琉璃瓦用桐油石灰调拌，隔瓦则以铁铆连结，十分牢固，暴风难揭，滴水不漏，堪称岳阳楼保护史上的里程碑。

通过这次岳阳楼大修，不仅解决了岳阳楼楼基遭洪水波涛冲洗的问题，而且使楼台更为雄伟壮观，楼观视野更为开阔，形成了“大湖南北形胜之地，以斯楼为雄”的格局，参观揽胜者络绎不绝。任职期间，张德容关心民瘼，颇有惠政，任上还撰有《岳州救生局志》。太傅翁同龢在《题张松坪潇湘梦游图》评之：“岳州太守贤大夫，吏才诗笔当今无。”

张德容是晚清大藏家，在金石学方面的贡献极大。其收藏以金石碑帖为主，并以藏宋拓《石门颂》为世人惊叹。随着藏品的积累和时机的成熟，1872年，他在岳州任上刊刻《金石聚》十六卷，“十余年间服官之暇”，于“草堂养疴时”完成。由于他的斋号是“二铭草堂”，所以书取名《二铭草堂金石聚》。全书字体整饬，纸墨精良，雍容端丽。有潘曾莹、陆增祥序，潘祖荫跋及自序、后序五篇。

是书以碑碣为主，凡丰碑大碣以及残碑断碣，皆著录；若法帖等多由后人摹勒，并非古人真迹，概不收入；著录文字之画像、古泉、古镜、砖瓦、印章等，多双钩描摹。编书次序是周秦至南朝为一编，北魏至隋为一编，唐至五代为一编，南诏、大理、西夏、朝鲜别为一编。每卷碑目之下，前人着录悉载其名，碑石存于何地及出土年月、何人访得，均有详载，伪造者也加以考辨订正。部分器物铭刻题记录其全文，并详记年代、所在地等，考释极为详尽。所以序者、跋者等金石学家对他的著述方式都非常肯定。

工部左侍郎潘曾莹在序中称赞:“门人张松坪太守,博洽耆古,邃于金石之学……”大金石家潘祖荫以“潘神眼”闻名南北,他在题跋中称:“前人着书多为缩本,已失其真,难为外人道也。吾友松坪太守,荫二十年金石交……近日金石家,断推松坪与魏稼生。”状元陆增祥在序中也说:“张君松坪收弆金石千余通,纂辑成书……特成一格,媲美前人……是则祥之所翘跂也已。”衢州文献馆藏罗振玉之子罗继祖旧藏之《二铭草堂金石聚》。

《金石聚》书影

雷丰与《时病论》

雷丰(1833—1888年),著名温病医学名家,以《时病论》著称。字松存,号少逸、侣菊,天资聪颖,幼承父训。父亲雷逸仙(?—1862年),原名佚,逸仙为其字,福建浦城人,后移居浙江衢州。雷逸仙自幼聪颖,初习儒,后改习医,师从程芝田。雷逸仙曾悬壶于浙江,活人甚众,名噪一时,著有《医博》《医约》等,惜未见刊行。其子雷丰为其整理刊行《逸仙医案》《方案遗稿》等。

雷丰推崇《内经》之学,历览诸家医书,引申触类,结合长期实践,因一年中杂病少而时病多,且前人论时病之书甚少,遂加意精研时病,颇有心得。其曰:“为时医必识时令,因时令而知时病,治时病而用时方,且防何时而变,诀何时而解,随时斟酌”,撰温病学名著《时病论》八卷,以论四时温病为主,并兼及疟痢泄泻诸症。每病之后又附有个人验案,亦为温病学中重要而切于实用之著作。

《时病论》全书八卷,其集四时六气之病,总言先圣之源,分论后贤之本,

“知时论证，辨体立法”。全书列四时病七十余种，从病因、病机、症状、治法、方药等方面详加论述，并于每一病症后附列自己治案。各病症持论有宗，作者总结自己临床经验，自拟六十余种治法，切合临床实际，对后世颇有影响，对临床人员有指导价值，是一部重要参考著作，刊行以后广为流传，名播海内。后人纷纷增补批注，影响甚大。

雷丰还有《灸法秘传》一卷。这是一部针灸著作，清代金冶田传，雷丰编，刊于1883年。内容有正面（穴）图、背面（穴）图、指节图、灸盏图、灸药神方、灸法禁忌。全书主体部分为中风、尸厥应灸七十症的灸法取穴。书末由衢州知府刘国光附太乙神针方及雷火针法。本书论述简要。其中将特制的药艾放入银质的“灸盏”中进行灸疗的方法，具有一定的特点。雷丰还善书画，旁及星卜，有医术、丝竹、书画“三绝”之誉。

雷丰子大震，弟子程曦、江诚皆师从之，三者曾合撰《医家四要》四卷，包括《脉诀入门》《病机约论》《方歌别类》《药赋新编》，此书以长歌括之，便于初学，流播甚广。

詹氏昆仲“新式小说”

柯城峥嵘山下居住有詹氏一族。晚清时期，该族士子詹嗣曾，同治拔贡，著有《扫云仙馆古今诗钞》四卷。太平军入浙，左宗棠督师衢州。詹嗣曾被聘入襄助戎幕。詹氏于诗有独好，泛览六朝唐宋，尤神明于少陵格律，平生重名士气节，嗣曾曾和左宗棠的诗句“严公偏许杜陵狂”。左氏称：“詹君，奇士也。”詹氏夫人，钱塘进士王宝华之女王庆棣，亦为才女，著有《织云楼诗草》，诗风哀婉清丽，意蕴深奥。

詹嗣曾之子詹熙、詹垲昆仲，在清末的新式小说中，所著反映社会问题小说颇有影响。

詹熙，字子和，号肖鲁。清末贡生。光绪维新时，频繁活动于苏州、上海。致力于新学，热心教育，曾创办衢州樟潭两等小学校，应邀编辑《中西化学通表》。詹熙酷爱金石书画，擅长诗画，有《绿意轩诗稿》。曾客京师，谒见提督聂士成于津沽，结交盐尹周勉斋于芦台，鉴赏交流字画。回沪后，于上海春江书画社卖文卖画。

光绪二十一年（1895年），上海《万国公报》刊登了英国传教士傅兰雅署名的一则有奖征文启事《求著时事小说启》。时在苏州的詹熙为此应征，花了两个礼拜的时间，急就撰成《醒世新编》（再版时曾题名《花柳深情传》《除三害》《海上花魅影》），并以“绿意轩主人著”的名义发表于《万国公报》，得到了当时《万国公报》特约写稿人近代思想家“天南遁叟”王韬的肯定。小说揭露八股文、鸦片和女子缠足的危害，对革除封建恶习、陋习，在社会上影响很大，可谓开风气之先。这是一部首倡“革时弊以策富强”的小说，成为当时新小说的代表作。美国汉学家韩南将此书与《熙朝快史》并列为“最早的中国现代小说”，并被学界誉为“一部首倡改革开放的小说”，可见此书在近代中国文学史上的地位。

《碧海珠》书影

詹熙还撰有《衢州奇祸记》，真实地记录了震惊中外的“衢州教案”；20世纪30年代，詹熙就被名列《中国文学家辞典》（民国光明书局出版）。

詹垲，字子爽，号稚瘫。年十二，即通全经，旁及《史记》《汉书》《庄子》《楚辞》，均有心得。十六岁，应童子试，三试冠军，文思如泉涌。曾被父亲携往苏州游历，因心疾归养。甲午战争爆发后，詹垲游历沪上，为《商务报》主笔。其撰《洋场大观赋》，洋洋数千言，针砭时事，海内传诵。詹垲见世道日非，乃隐其名为“幸楼主人”，先后撰写发表了《柔乡韵史》《中国新女豪》《女子权》《花史》《碧海珠》《海上百花传》等传世之作。《中国新女豪》《女子权》旨在为当时兴起的妇女解放运动探寻出一条正确的道路。作者试图通过小说的语言向人们昭示：在正确的领导策略斗争下，妇女可以获得应有的权利。詹垲英年早逝，年四十九时殁于申江旅次。

第五节　民 国 著 述

晚清时期，西风东渐。衢州知府林启大力发展经济，兴办教育，提倡新学，开启民智。其调任杭州知府后，又相继创办了求是书院（浙江大学的前身）、西湖蚕学馆（浙江理工大学前身）和养正书塾（杭州高级中学前身），开现代风气之先。

科举废止，辛亥鼎革，尤其是受“五四运动”的影响，衢州学风为之一变。许多学子，革故鼎新。余绍宋、杨文洵、傅修龄、毛咸、林科棠、郑次川、叶元龙、毛子水、方光焘、毛以亨、王去病、程雪门、徐恭典、朱君毅、毛彦文等纷纷踏出国门，或东渡扶桑，或远涉欧美，开始接受西方教育。其间出现了大量的经典译著，如郑次川翻译《科学社会主义》，是我国出现最早的恩格斯译著之一；华岗翻译《共产党宣言》，首次译成“全世界无产者联合起来！”这震撼的口号；胡成才翻译苏联文学作品《十二个》，鲁迅先生专门为之作序；叶元龙翻译《货币、信用与商业》，为英国马歇尔的学术名著。林科棠翻译《欧洲思想大观》《杜威教育学识之研究》《算术　复名数》《中国算学之特色》等日本著述；方光焘翻译《姊姊的日记》《一场热闹》《正宗百鸟集》等文学名著；朱君毅翻译《统计方法大纲》《心理与教育之统计法》《教育统计学纲要》《普通心理学》《成人的学习》等，是几位译著产量较大的编译者。

二十年代，近代著名高僧弘一法师两次驻锡衢州莲花寺，在此完成了律宗名著《四分律比丘戒相表记》的撰写。余绍宋情系桑梓，纂修《龙游县志》，成为民国一部著名的方志，对后世影响很大。继起者郑永禧纂修《衢县志》，史料丰富，考订精深。余绍宋在书画方面的著述《画法要录》《书画书录解题》等皆独树一帜。叶渭清以毕生精力撰著《元椠宋史校记》。

民国代表性著述者：

刘毓盘与《词史》

刘毓盘（1867—1927年），字子庚，别号椒禽，词学史家，北京大学教授。他饱读家中藏书，学问功底深厚，父刘履芬之藏书在他手上有了较大发展。刘毓盘博览了历代词作、词话，甚而深究，敢于质疑，考证有据，撰写专著《词史》，开词学史研究之先河。时人将《词史》与鲁迅的《中国小说史略》，并称现代学者对中国文学史研究之双璧。除著《词史》外，刘毓盘尚有《濯绛宧词》《词学斠注》等。

《词史》共十一章九万余字，综述词自唐、五代、两宋、金、元下及明清千余年间萌芽、鼎盛、复兴之演变梗概，颇多独到见解，最能代表刘氏词学成就。

《词史》作为我国第一部通代词史，较为系统地概述了千年词史的演进过程。在我国词学研究史上，《词史》第一次对词的发展历史作了较为系统的梳理，从词体的发生起源到晚清词人的创作，都作了细致的叙述，并进而探讨了盛衰之故。同时，《词史》的理论框架与写作体例，对后来的词史著述颇具影响。该书与鲁迅《中国小说史略》、黄季刚《文心雕龙札记》、刘师培《中国古文学史》为二十年代研究中国古典文学史四部权威性著作。

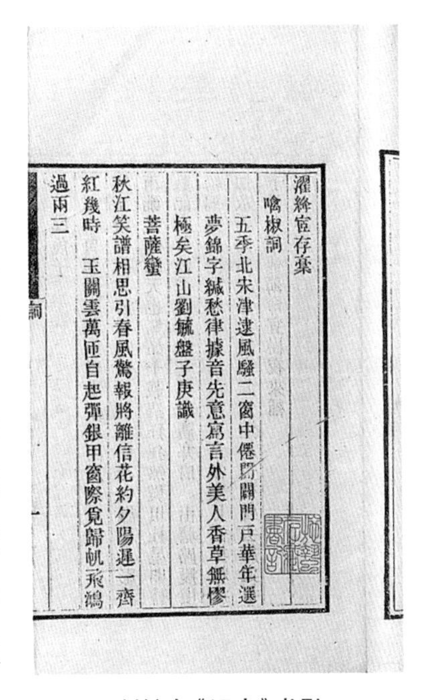

濯絳宧存稾

噙椒詞

五季北宋津逮風騷二窗中僊𨺓闢門戶華年選夢錦字緘愁律據音先意寫言外美人香草無憀極矣江山劉毓盤子庚識

菩薩蠻

秋江笑譜相思引春風驚報將離信花約夕陽遲一齊紅幾時　玉關雲萬匝自起彈銀甲窗際覔歸帆飛鴻過兩三

刘毓盘《词史》书影

郑永禧与《衢县志》

郑永禧(1866—1931年),原浙江衢县城关人。祖籍福建,清初先祖为避耿精忠之乱,迁徙衢州。郑永禧出身书香门第。曾祖父郑世鸿、祖父郑桂殿、父亲郑锷,皆以擅长文学著称。由于有良好的家庭教养,加之天资聪颖,郑永禧自幼爱好古学经义,尤喜研究史学及金石文字。凡涉及地方文献的资料,他都留意搜集。郑永禧光绪间编著《西安怀旧录》。光绪十九年(1893年),郑永禧中浙江乡试副榜,二十三年(1897年)参加乡试,名中解元。后发生震惊中外的"衢州教案",他因主办过团练而受牵连,被革去功名,并入狱。辛亥革命后,郑永禧曾出任衢县参事及湖北省恩施县知事,期间撰著《施州考古录》。

郑永禧一生爱好就是读书和撰述。主要著作有《不其山馆诗稿》《高密易义家传》《春秋地理变迁考》《春秋地理异名考》《姑蔑地理变迁考》《衢州乡土卮言》《烂柯山志》《隐林》《竹隐庐随笔》《顽譬思存》《老盲吟》等。但他的最大成就,莫过于锐意纂修的民国《衢县志》。

《衢县志》共三十卷,一百多万字。著名方志学家余绍宋曾给予高度评价。他说:"此编为书,凡三十卷,各为纲目,条理秩然。就体例而言,已胜旧志,其中方言及碑碣两篇……精审为全书之冠。其他诸篇,亦极抉择辨证之事……"《衢县志》的编纂特色:一是师古而不泥古。《衢县志》是继清康熙陈鹏年纂《西安县志》和嘉庆姚宝煃纂《西安县志》之后的又一部衢县地方志。郑永禧能取旧志所长,补旧志所短,独辟路径。二是有独到见解,自成一家。余绍宋纂《龙游县志》早《衢县志》三年完成,且郑永禧赞余志"体例精严,大有龙门笔意,还视已就之稿,自以为弗如"。但郑永禧能汲取余志的长处,不尽为它所囿,自标新例,卓然成一家之言。三是尽力搜求,保存了大量的翔实史料,填补了姚志后一百多年的空白。在搜集资料方面,郑永禧除组织同仁深入采访之外,还往往亲临实地采录,"凡街市坊表,寺庙题额,碑联宗谱,以及穷乡僻壤之木雕石刻,断简残篇,无不搜罗,其漫漶难辨者,或缘梯而上,谛审摸索,以得其真”。正由于此，郑永禧整整耗费了五年的时间，呕心沥血，以至于双眼失明。去世后，余绍宋为其撰写墓志铭：“卓尔一编，踵武盲史。秉死精诚，虽死不死！”

余绍宋与《龙游县志》

余绍宋（1882—1949年），字越园，号寒柯。龙游高阶人，生于衢州化龙巷。毕业于日本东京法政大学。清宣统二年（1910年），余绍宋回国，以法律科举人授外务部主事。民国元年，任浙江公立法政专门学校教务主任兼教习。翌年，赴北京，先后任众议院秘书、司法部参事，次长、代理总长、高等文官惩戒委员会委员、修订法律馆顾部、北京美术学校校长、北京师范大学、北京法政大学教授、司法储材馆教务长等职。余绍宋曾主编司法部《司法公报》，著《刑法讲义》《刑事诉讼法条例》《外国法学丛书》等，合编《实用司法法令辑要》。

余绍宋平生旨趣尽在金石书画、画学论著、方志编纂，善属文、精鉴赏、长方志、富藏书，尤工书画，为近代著名史学家、鉴赏家、书画家和法学家。1943年5月，余绍宋出任浙江通志馆馆长，重修《浙江通志》。筚路蓝缕，卷帙浩瀚，艰难玉成，是为《重修浙江省通志稿》。余绍宋传世著述还有《书画书录题解》《画法要录》《画法要录二编》《中国画学源流概况》《寒柯堂集》《续修四库全书艺术类提要》《龙游县志》等。其中余绍宋主纂《龙游县志》，问世以来，为方志界推重。

是志始修于1921年，成书于1925年。共四十二卷，分正志二十三卷，附志十六卷。正志有纪一：通纪；考五：地理、氏族、建置、食货、艺文；表三：都图、职官、选举；传二：人物、列女；略三：宦绩、节妇、烈女；别录二：人物、列女；附志有丛载、掌故、文征。梁启超为之作长序，称其有十长：一、以掌故、文征为附志，不与正志并列，主从秩然；二、不轻作议论；三、征引之书，不下四五百种，史料丰富，并加以辨证；四、对前志资料“既不盲从，亦不轻慢”，“舛者证之，可存者采之”；五、其通纪“综一县二千年间大事，若挈裘振领，

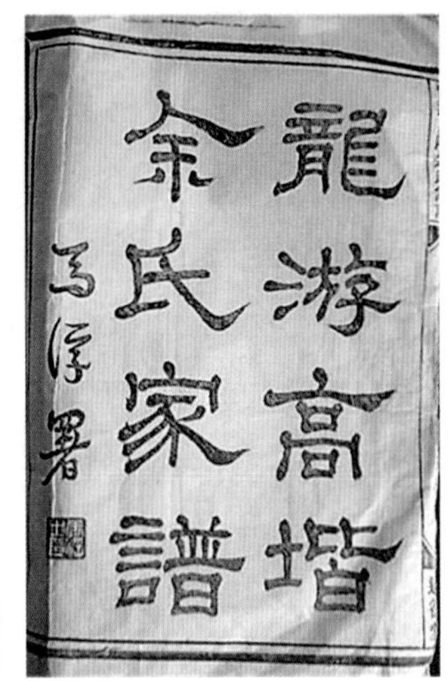

余绍宋编《龙游高阶余氏家谱》书影

颇见功力”；六、氏族考有助于社会学研究；七、艺文考仿朱氏《经义考》例，“详录其序例解题，或自作提要，间加考证”；八、食货考之户口、田赋、水利、仓储、物产及物价，“什九皆凭实地采访，加以疏证，其必须参考官书格式者，则入诸附志之掌故”；九、地理部分，有图有考，又创为都图表，“道里远近，居民疏密，旁行斜上，一目了然”；十、述宦绩，美恶并收。梁启超还认为，余志“与实斋（按：章学诚）诸志较，其史识与史才突过之盖不鲜”。梁启超推崇《龙游县志》，称之为“民国志书之最佳者也”。

叶渭清与《元椠宋史校记》

叶渭清（1886—1966年），字左文，祖籍徽州，生于兰溪，寓居开化、柯城。清光绪二十三年（1897年），叶渭清十二岁举秀才，二十九年（1903年）中举。师史学家陈黻宸，与马叙伦、马一浮交游。清末民初，叶渭清回开化，先后在钟山书院、钟峰高等小学堂任教。编辑《开化丛书》，首编第一分册题名《梅花诗》，收入宋张道洽36首咏梅律诗，1918年出版。1921年，叶渭清应邀到杭州第一师范学校任教。1928年，随马叙伦至南京国民政府教育部任职。次年又应邀赴北平任京师图书馆编纂部主任，并代马叙伦处理日常馆务。1930年底，叶渭清辞职，全力从事《宋史》校正资料准备工作。1933年1月，叶渭清再度受北平图书馆之聘，与傅源叔、陈援庵、章式之等著名专家学者同任《宋会要辑稿》编印委员，至1935年秋编成200册。当年哈佛大学燕京学社认为此举“关系宋史学之研究至巨”，特补助美金2 500元为印资。1935年华北事变后，叶渭清回衢州，继续补订《宋史》，并编定邵康节、陆放翁、程北山年谱。1949年，叶渭清从杭州回衢州，继续研究《宋史》，曾任浙江省第一届政协特邀代表、浙江省文史馆馆员。叶渭清以毕生精力著《元椠宋史校记》，手稿本现存衢州市文物管理委员会。1977年，中华书局出版《宋史》标点校勘本，就是以百衲本为工作本，同时充分吸收叶渭清《元椠宋史校记》和张元济《宋史校勘记》稿本的成果。

叶渭清与马一浮

徐映璞著述等身

徐映璞（1892—1981年），字镜泉，号清平山人，浙江衢州徐家坞人。五岁开蒙，八岁读完四书五经。因家贫，儿时随父祖耕牧，以柳枝沙地习字，就油灯深夜读史。十一岁参加西安县试，名列第一。十三岁时，为鹿鸣书院廪膳生员。1921年，徐映璞进入金华道自治讲习分所学习，次年，任地方自治协进会总干事，曾任兼浙江省红十字会理事及水利委员会委员，著有《水利评议》。此后，徐映璞被选为浙江省宪法审查员、宪法协会执行委员，长期致力于地方志的研究与编纂。三十一岁时，徐映璞参与《衢县志》编撰。1934年，任整理《烂柯山志》委员会常委，辑《新烂柯山志》。

1937年全面抗战爆发后，徐映璞任衢县抗敌后援会《抗敌导报》主编。翌年，主编《抗卫旬刊》。所撰《壬午衢州抗战记》《甲申衢州抗战记》，留下了珍贵的浙赣战役和日寇侵略衢州史料。抗战胜利后，徐在杭州与马一浮、张大千、张宗祥、徐元白等组织“西湖月会”。徐映璞善作文赋诗，曾与同仁创设鹿鸣诗社，编有《鹿鸣诗社初集》。民国时著《九华山志》《南宗孔氏家庙考略》《杭州山水寺院名胜志》等。后应浙江省通志馆馆长余绍宋之聘，徐映璞入馆编纂《田地考序列》和《军事略》。

1946年冬完稿的《孔氏南宗考略》，对孔氏南宗八百余年来之典章、文物古迹、遗闻作了详尽介绍。时任衢州专员姜云卿在此书《序》中赞道：“南宗纪述素乏专书，得此一篇足以知其梗概矣。”时至今日，《孔氏南宗考略》仍是人们系统了解孔氏南宗历史的珍贵资料。

徐映璞《明湖今雨集》书影

中华人民共和国成立后，徐映璞社会活动频繁，创作热情高涨。先后刊印诗文集《清平文录》《清平诗录》《岁寒小集》《浣纱酬唱集》《重修张苍水先生祠墓纪念集》《明湖今雨集》《玲珑山志》《杭州西溪法华坞志》等。徐映璞还曾将诗集《明湖今雨集》呈寄给毛泽东、周恩来、郭沫若等中央领导，并收到了毛泽东的函复。周恩来还曾派员来杭州录副徐映璞所撰著的《云居山志》《衢州仙源三洞记》，准备影印出版，后因“文革”无果。

1966年9月，徐映璞因“文革”，自杭州被遣送回籍，又遭抄家，手稿八百余册及藏书、字画印章等被洗劫一空。然而，即使环境如此，徐映璞尚且著述不辍，撰《清平字说》《春秋片羽》《钱塘旅乘》《东园记》等，惜乎未存于世。“文革”中，其夫人受迫害而死于衢州乡间。徐映璞亦迭经折磨，几至丧命，后被子女接回杭州奉养。

1980年，徐映璞受聘为浙江省文史馆管理员之后，即一病不起，翌年与世长辞。1988年，由徐映璞之女徐晓英等整理出版《两浙史事丛稿》，收录《新五代史吴越世家补正》《黄巢入浙考》《太平军在浙江》《辛亥浙江光复记》《杭州驻防旗营考》《近百年米价》等，都具有十分珍贵的史料价值。徐映璞的诗歌亦结集为《清平山人诗集》。1995年，新编《西湖志》将其入传。

毛子水与《毛子水全集》

毛子水（1893—1988年），名准，字子水，以字行。江山清漾人。人称五四时代“百科全书式学者”。六岁时即入村塾，学习《三字经》《千字文》，诵读《四书》《左传》等。1911年冬，自衢郡中学堂（衢州一中前身）毕业。1913年，考入北京大学理学预科，四年后升入本科攻读数学。唯性喜文史，常以章太炎先生、胡适之先生为宗师，广交文科志同道合之学友。1919年，毛子水发起创办《新潮》，并发表《国故和科学的精神》论著，参加“五四运动”，成为当时思想启蒙新文化运动的先驱之一。

1920年，毛子水毕业留校工作，担任北京大学史学系讲师。1922年冬，经北大历史系考选后，赴德国入柏林大学专治科学史。毛子水与姚从吾、傅斯年、陈寅恪、俞大维、赵元任等皆有交谊。1930年春，回国任教于北京大学史学系，讲授科学史、文化史等课程。1932年，担任北京大学图书馆馆长。抗日战争爆发后，毛子水为护送北大图书馆珍善本免受损失，亲自由长沙往桂林，经虎门，过香港，经安南（今越南）海防，再由滇越路安全抵达昆明西南联大。

1949年，毛子水应傅斯年之邀，赴台湾大学中文系教授国文、论语、翻译文学与中国科学史等课程；在台湾大学中文研究所讲授中文修辞讨论、论孟训诂

《毛子水全集》

讨论等课程，从教达三十七年之久。1973年，毛子水退休后，仍为台湾大学中文研究所兼任教授，并被辅仁大学聘为客座教授，给博士研究生开设“国学专题讨论”等课程。1986年，毛子水94岁时被台湾大学聘为名誉教授。

毛子水一生读书成癖，崇尚科学，学识渊博。吴大猷称“毛公乃罕有的读书读‘通’了的人，有广博的视野，有深邃而公允的见解”。毛子水去世后，吴大猷、台静农教授编纂出版《毛子水全集》，包括学术论文、学术著作、社论、杂文与传记，近四百篇论著，涵盖理论、修养、科学、教育、儒学、时评、图书、人物、杂文等。

王一仁与《仁庵医学丛书》

王一仁（1898—1971年），原名晋第，号瘦钬，安徽歙县蔡坞人。随父寓居衢州衢江区樟树潭。王一仁早年师从丁甘仁学习中医，民国十七年（1928年）协助丁甘仁在上海办中医专科学校，并任教，同时任上海交通大学古文老师。后与秦伯未、章次公、许半农等创办中国医药学院，曾任上海中医学会秘书长，并主编《江苏全省中医联合会月刊》《中医杂志》等。王一仁著述甚多，著《中国医药问题》及中医读本《中医系统学》《内经读本》《难经读本》《伤寒读本》《金匮读本》《饮片新参》《本草经新注》《分类方剂》等8种，且曾与人合辑《神农本草经》。王一仁后行医于衢、杭间，著《三衢治验录》。王一仁在杭州又与中、西医同仁创办《医药卫生月刊》。

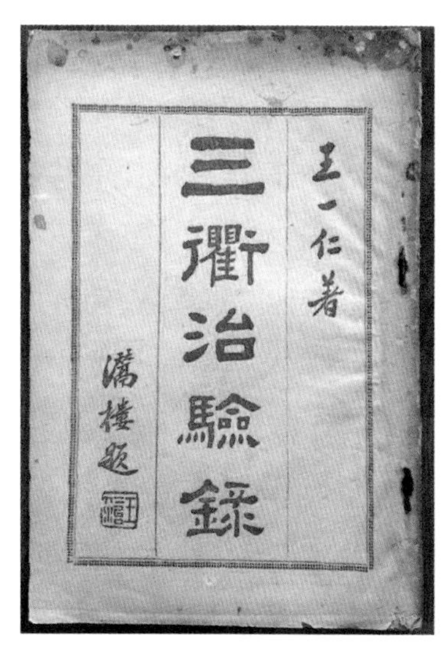

《三衢治验录》书影

华岗与译著《共产党宣言》

华岗（1903—1972年），浙江龙游县人，又名延年、少峰，字西园，曾用名刘少陵，笔名林石父等，是中国共产党历史上一位资深的革命家、中国现代哲学家、史学家、教育学家。

1924年，华岗加入中国社会主义青年团，并担任宁波地委宣传部部长，参与编辑进步刊物《火曜》。1925年，华岗被派往南京任共青团南京地委书记，同年8月加入中国共产党，开始了职业革命家的生涯。

华岗先后担任共青团上海沪西区委书记、共青团江浙两省联合省委宣传部部长、共青团浙江省委书记、共青团江苏省委书记、共青团顺直省委书记等职，是大革命时期党在青年工作中的重要骨干。1928年5月，作为共青团代表，华岗赴莫斯科出席中国共产党第六次全国代表大会和中国共青团第五次全国代表大会，并参加了共产国际第六次代表大会和少共国际第五次代表大会。回国后，他任团中央宣传部部长，并主编团中央机关刊物《列宁青年》。1929年4月，他离开团中央，专门从事党的宣传和组织领导工作，先后任中共湖北省委宣传部部长、中共中央组织局宣传部长和华北巡视员。1932年初，中共中央决定建立满洲特委，任命华岗为特委书记。因叛徒告密，他在青岛被国民党当局逮捕。出狱后，1937年10月，华岗任中共湖北省委宣传部部长，负责筹办武汉《新华日报》，由董必武推荐，任第一任总编辑，兼《群众》周刊编辑。1945年8月，华岗任国共谈判中共代表团顾问，是毛泽东、周恩来在谈判中的直接助手，随后又任出席旧政协的中共代表团顾问。1946年5月，他任中共上海工作委员会书记，负责统战工作。1947年3月，华岗随董必武等最后一批人员撤回延安。1948年春到1949年9月，他在香港从事写作和休养，协助中共香港工委从事统战工作，争取民主人士北上参加政协会议。

1951年3月，中共中央任命华岗为合并后的山东大学校长兼党委书记。1954年，华岗当选第一届全国人民代表大会代表。华岗创办《文史哲》杂志并任社长，提倡百家争鸣。这是全国高校中问世最早的一份学报，陈毅评价其为“开风气之先”。

1955年8月，华岗以“胡风反革命集团分子”和“向明反党集团成员”的罪名突遭逮捕，从此开始了十余年的监禁生活。1972年5月17日，华岗的生命走到了尽头，于济南市山东省监狱去世，临终时留下了最后的遗言：“历史会证明我是清白的。”1980年3月28日，经中共中央批准，华岗获得彻底平反，恢复了荣誉。至此，长达25年的冤案，终获昭雪。

华岗在职业革命生涯中，长期主持党、团宣传部门的领导工作，深知马克思主义对中国革命的重大意义，所以他以毕生精力，研究和传播马克思主义，著述颇丰。

1928年华岗开完中共六大回国后，就接受了一项新的任务，按照恩格斯校阅的1888年英译本，重新翻译《共产党宣言》。我国第一部完整的《共产党宣言》中文译本出版于1920年8月，译者是陈望道。1930年，华岗顺利完成了《共产党宣言》的翻译工作，由华兴书局秘密出版，这是我国出版《共产党宣言》的第二个全译本。这部译著开创了六个第一：一是，该书是中国共产党成立之后，出版的第一部《共产党宣言》中文全译本；二是，该书是第一部由共产党员翻译的《共产党宣言》译本；三是，该书是我国第一次根据英文版翻译出版的

《共产党宣言》,采用恩格斯亲自校阅的1888年英文版本;四是,该书附加的三篇德文版序言,第一次与中国读者见面;五是,该书第一次采用英汉对照形式出版《共产党宣言》;六是,第一次将全文的结尾句由陈望道译本的"万国劳动者团结起来"改译为"全世界无产阶级联合起来"这一荡气回肠、震撼人心的口号,更有重要的历史意义。

华岗除翻译《共产党宣言》《俄国革命史》等外,到1955年被错误关押之前,共写作、出版十三部专著,在报刊、杂志上发表文章几百篇。主要有《1925—1927中国大革命史》《中华民族解放运动史》《社会发展史纲》《中国历史的翻案》《中国民族解放运动史》《太平天国革命战争史》《五四运动史》《鲁迅思想的逻辑发展》《辩证唯物论大纲》《目前新文化运动的方向和任务》《辩证唯物论和物理学》《规律论》和《美学论要》等。

附一:

《衢州文献集成》目录

2015年9月,由黄灵庚、诸葛慧艳主编的《衢州文献集成》由国家图书馆出版社出版发行。皇皇巨著二百册,前无古人,填补了历史上衢州丛书付之阙如的空白,这是一项衢州历史上盛况空前的文化工程项目。此举功在当代,利在千秋,可谓功垂竹帛。

《衢州文献集成》共收集衢州经济、政治、文化、社会等方面重要历史文献,含衢州先贤著作和外地人士撰写的有关衢州的著作237种。其中经部17种,史部74种,子部64种,集部82种。所用底本包括国家图书馆、浙江图书馆等重要收藏机构的宋元善本9种、明刻本45种、清刻本134种、名家稿抄本43种等。这些入选的典籍,绝大多数是各图书馆、博物馆的善本,常人难得一见。

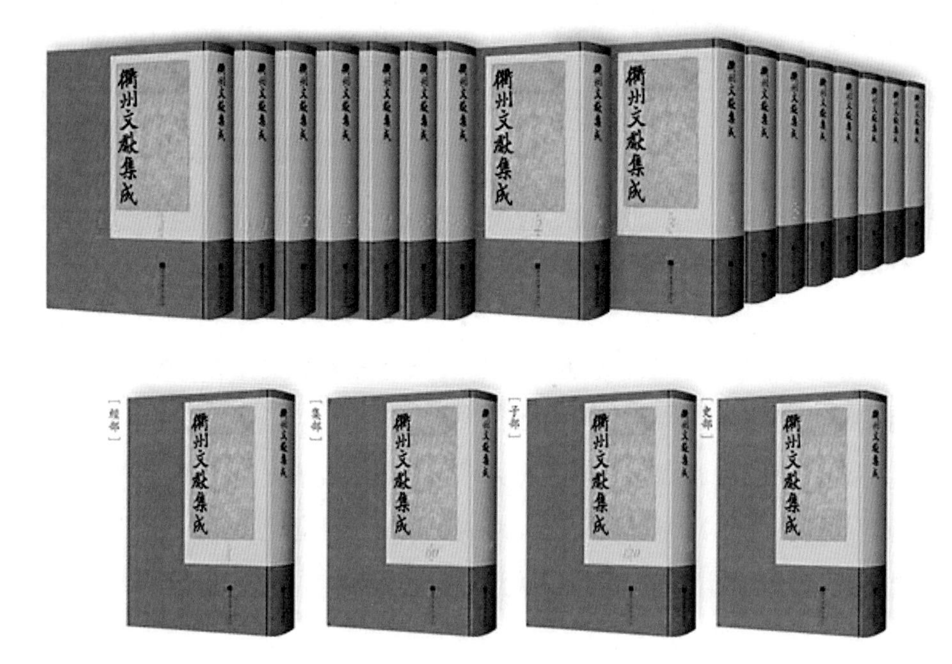

《衢州文献集成》

经部

1.《周易初谈讲意》六卷，明方应祥撰，明稿本；

2.《新镌方孟旋先生羲经鸿宝》十二卷，明方应祥纂要，明刻本；

3.《易学蓍贞》四卷，清赵世对撰，清顺治刻本；

4.《尚书详解》二十六卷，宋夏僎撰，清乾隆武英殿刻本；

5.《禹贡指南》四卷，宋毛晃撰，清乾隆武英殿刻本；

6.《诗说》十二卷，宋刘克撰，宋刻本；

7.《沈先生春秋比事》二十卷，宋沈斐撰，明祁氏澹生堂抄本；

8.《麟宝》六十三卷，明余敷中撰，明万历刻本；

9.《六经正误》六卷，宋毛居正撰，元刻本；

10.《四书合讲》十九卷，清詹文焕撰，清雍正八年（1730年）刻本；

11.《增修互注礼部韵略》五卷，宋毛晃、毛居正增注，元至正十五年（1355

年)刻本;

12.《蒙古字韵》二卷,元朱宗文增订,旧抄本;

13.《周秦刻石释音》一卷,元吾丘衍撰,清光绪八年(1882年)《十万卷楼丛书》刻本;

14.《续古篆韵》六卷,元吾丘衍撰,清道光六年(1826年)刻本;

15.《字孪》,明叶秉敬撰,明天启刻本;

16.《韵表》三十卷附《声表》一卷,明叶秉敬撰,明万历三十三年(1605年)刻本;

17.《读诗韵新诀》二卷,清徐钟郎撰,清雍正五年(1727年)酌雅堂刻本。

史部

18.《御试备官日记》一卷,宋赵抃撰,清道光十一年(1831年)活字《学海类编》印本;

19.《韩文公历官记》一卷,宋程俱增补,清雍正七年(1729年)小玲珑山馆刻本;

20.《东家杂记》二卷,宋孔传撰,清《文渊阁四库全书》本;

21.《东家杂记》二卷,宋孔传撰,宋刻递修本;

22.《西征记》一卷,宋卢襄撰,明正德、嘉靖间《顾氏明朝四十家小说》本;

23.《徐子学谱》二十二卷,明徐日久撰,明崇祯太末徐氏家刻本;

24.《珠官初政录》三卷,清杨昶撰,清康熙二十三年(1684年)刻本;

25.《嵩高柴氏世集勋德录》十二卷,清柴自挺辑,清乾隆十五年(1750年)活字本;

26.《西安真父母记》一卷,清陈埙辑,清道光二十七年(1847年)刻本;

27.《忠孝录》一卷,清陈埙辑,清道光二十七年(1847年)刻本;

28.《赵清献公集年谱》一卷附《宋赵清献公年谱》一卷,清罗以智撰,清咸丰九年(1859年)刻本,附民国九年(1920年)刻《宋赵清献公集》本;

29.《衢州奇祸记》不分卷(清稿本)附《龙邱戢匪纪略》一卷(清光绪刻

本),清詹熙撰,清光绪稿本;

30.《守衢纪略》一卷,清陶寿祺撰,清光绪十三年(1887年)刻本;

31.《同善录汇编》二卷,清余乾耀编,清光绪二十五年(1899年)刻本;

32. 弘治《衢州府志》十五卷,明吾冔、吴夔纂,沈杰修,明弘治十六年(1503年)刻本;

33. 嘉靖《衢州府志》十六卷缺卷九,明赵镗纂,杨准、郑伯兴修,民国抄本;

34. 天启《衢州府志》十六卷,明叶秉敬纂,林应翔修,明崇祯五年(1632年)增修刻本;

35. 康熙《衢州府志》四十卷,清杨廷望修,清光绪八年(1882年)刻本;

36. 康熙《西安县志》十二卷,清徐之凯纂,陈鹏年修,清康熙三十九年(1700年)刻本;

37. 嘉庆《西安县志》四十八卷,清范崇楷纂,姚宝煃修,清嘉庆十六年(1811年)刻本;

38.《西安县志新志正误》三卷,清陈埙撰,清末抄本;

39. 民国《衢县志》三十卷附补遗一卷,民国郑永禧纂,民国二十五年(1936年)铅印本(附《衢县志补遗》一卷,衢山布衣纂,民国稿本);

40. 万历《龙游县志》十卷,明万廷谦纂修,民国十二年(1923年)铅印本,附万历《龙游县志辑佚》一卷,余绍宋辑注,民国稿本;

41. 康熙《龙游县志》十二卷,清卢灿修,余恂纂,余绍宋批注,清光绪八年(1882年)刻本;

42. 民国《龙游县志》初稿不分卷,民国余绍宋纂,民国十二年(1923年)铅印本;

43. 民国《龙游县志》四十卷,民国余绍宋纂,民国十四年(1925年)铅印本;

44. 万历《常山县志》十五卷,明傅良言修,詹莱纂,明万历刻,清顺治十七年(1660年)递修本;

45. 康熙《常山县志》十五卷,清杨濚修,清康熙二十二年(1683年)修抄本;

46. 雍正《常山县志》十二卷,清孔毓玑修,清雍正二年(1724年)刻本;

47. 嘉庆《常山县志》十二卷,清陈珄修,清嘉庆十八年(1813年)刻本;

48. 光绪《常山县志》六十八卷,李瑞锺等纂修,清光绪十二年(1886年)刻本;

49. 民国《常山县新志稿》十九卷(存卷一至八),民国干人俊纂,民国抄本;

50. 天启《江山县志》十卷,明张凤翼修,徐日葵纂,明天启刻本;

51. 康熙《江山县志》十卷缺前三卷,清余锡纂修,清抄本;

52. 康熙《江山县志》十卷,清朱彩等纂修,清康熙四十年(1701年)刻本;

53. 康熙《江山县志》十四卷,清汪浩修,宋俊纂,清康熙五十二年(1713年)刻本;

54. 乾隆《江山县志》十六卷,清宋成绥修,陆飞纂,清乾隆四十一年(1776年)刻本;

55. 同治《江山县志》十二卷,清王彬修,朱宝慈等纂,清同治十二年(1873年)刻本;

56. 民国《江山县新志稿》十九卷(存卷一至七),民国干人俊纂,民国抄本;

57. 民国《江山县志》二十卷(存卷首、卷一),民国汪汉滔等修,王韧等纂,民国抄本;

58. 崇祯《开化县志》十卷,明汪庆百等辑,明崇祯四年(1631年)刻本;

59. 顺治《开化县志》十卷,清朱凤台修,徐世荫纂,清康熙二十三年(1684年)增修本;

60. 雍正《开化县志》十卷,清孙锦修,方严翼、徐心启纂,雍正七年(1729年)刻本;

61. 乾隆《开化县志》十二卷,清范玉衡修,吴淦等纂,清乾隆六十年(1795年)刻本;

62. 光绪《开化县志》十四卷,清徐名立等修,潘树棠纂,清光绪二十四年

(1898年)刻本;

63. 民国《开化县新志稿》二十卷(存卷一至八),民国干人俊纂,民国抄本;

64. 民国《开化县志稿》二十四卷,民国汪振国等修,龚壮甫等纂,民国抄本;

65.《三衢孔氏家庙志》一卷附录二卷,明沈杰纂,明嘉靖刻本;

66.《衢州乡土卮言》二卷,清郑永禧纂,据国家图书馆藏清光绪三十二年(1906年)刻本;

67.《烂柯山洞志》二卷,明徐日炅纂,旧抄本;

68.《烂柯山志》不分卷,清冷时中选辑,清初刻本;

69. 光绪《烂柯山志》十三卷,清郑永禧纂,清光绪三十三年(1907年)刻本;

70.《仙霞岭天雨庵志略》一卷,清释正龙纂,清康熙刻本;

71.《天台山方外志》三十卷,明释传灯纂,明万历幽溪讲堂刻本;

72.《幽溪别志》十六卷,明释传灯纂,明崇祯刻本;

73.《甘肃镇考见略》不分卷,明周一敬撰,明崇祯十二年(1639年)刻本;

74. 康熙《新修南乐县志》二卷,清方元启修,魏若澘纂,清康熙十年(1671年)刻本;

75.《湘山志》五卷,清徐泌修,谢允复纂,徐泌修,清康熙二十一年(1682年)刻本;

76. 康熙《芦山县志》二卷,清杨廷琚修,竹全仁纂,民国抄本;

77. 乾隆《新野县志》九卷,清徐金位纂修,清乾隆十九年(1754年)刻本;

78.《施州考古录》二卷,民国郑永禧撰,民国七年(1918年)铅印本;

79.《麟台故事》五卷,宋程俱撰,清道光二十七年武英殿聚珍本;

80.《麟台故事》三卷,宋程俱撰,明影宋抄本;

81.《太平策》二卷,元郑介夫撰,明永乐刻《历代名臣奏议》本;

82.《明谥考》三十八卷(缺卷十一、十二),明叶秉敬撰,旧抄本;

83.《五边典则》二十四卷,明徐日久撰,明刻本;

84.《鹭言》十八卷，明徐日久撰，明崇祯刻本；

85.《捕蝗事宜》二卷，清徐金位撰，清乾隆刻本；

86.《滇南矿厂图略》二卷，清吴其濬撰，徐金生绘辑，清道光刻本；

87.《井田图解》不分卷，清徐兴霖撰，清道光九年（1829年）活字印本；

88.《岳州救生局志》八卷，清张德容撰，清光绪元年（1875年）刻本；

89.《凤梧书院藏书目》一卷，清张炤编，清光绪二十五年（1899年）刻本；

90.《红梅阁书目》一卷，清刘履芬撰，清稿本；

91.《二铭草堂金石聚》十六卷，清张德容撰，清同治十二年（1873年）刻本。

子部

92.《袁氏世范》三卷附录一卷，宋袁采撰，宋刻本；

93.《双桥随笔》十二卷，清周召撰，清《文渊阁四库全书》本；

94.《艺菊简易》一卷，清徐京撰，清嘉庆四年（1799年）刻本；

95.《农林蚕说》不分卷，清叶向荣撰，清宣统三年（1911年）衢城正新书局石印本；

96.《合刻刘全备先生病机药性赋》，明刘全备撰，明末建阳树林余应虬近圣居刻本；

97.《袖珍小儿方》十卷（缺卷七至十），明徐用宣撰，明嘉靖刻本；

98.《秘传音制本草大成药性赋》五卷，明徐凤石撰，明万历刻本；

99.《针灸大成》十卷，明杨继洲撰，明万历二十九年（1601年）刻本；

100.《心医集》六卷（存卷四至六），清祝登元撰，清顺治七年（1650年）刻本；

101.《祝茹穹先生医印》三卷附《医验》一卷，清祝登元撰，清顺治十三年（1656年）刻本；

102.《症治实录》不分卷，清项文灿撰，民国抄本；

103.《雷逸仙医案》二卷，清雷逸仙撰，民国十五年（1926年）铅印《六一草堂医学丛书》本；

104.《方案遗稿》不分卷，清雷逸仙撰，旧抄本；

105.《时病论》八卷，清雷丰撰，清光绪十年（1884年）慎修堂刻本；

106.《方药玄机》一卷，清雷丰撰，民国十五年（1926年）铅印《六一草堂医学丛书》本；

107.《灸法秘传》一卷，清雷丰改订，清稿本；

108.《医家四要》四卷，清江诚、程曦、雷大震撰，清光绪十二年养鹤山房刻本；

109.《宝颜堂订正丙丁龟鉴》五卷续录二卷，宋柴望撰，清南昌彭氏知圣道斋抄本；

110.《赖公衢州府记》一卷，撰者佚名，旧抄本；

111.《赖太素龙游县图记》一卷，撰者佚名，旧抄本；

112.《陈眉公重订学古编》不分卷，元吾丘衍撰，明万历三十四年（1606年）《宝颜堂秘笈》刻本；

113.《事实类苑》六十三卷，宋江少虞撰，清《文渊阁四库全书》本；

114.《新雕皇朝类苑》七十八卷，宋江少虞撰，日本元和七年（1621年）活字本；

115.《皇朝类苑》五十五卷，宋江少虞撰，明抄本；

116.《闲居录》一卷，元吾丘衍撰，元至正十八年（1358年）抄本；

117.《闲中漫编》二卷，元吾丘衍撰，明万历二十一年（1593年）刻本；

118.《芙蓉镜寓言》四卷，明江东伟撰，明末刻本；

119.《理论》二卷，明叶秉敬撰，明刻本；

120.《十二论》一卷，明叶秉敬撰，明刻本；

121.《荆关丛语》六卷，明叶秉敬撰，明刻本；

122.《类次书肆说铃》二卷，明叶秉敬撰，明万历刻本，附遒徇编，明末刻《说郛续》本；

123.《玉芝堂谈荟》三十六卷，明徐应秋撰，《四库全书》本；

124.《兴朝应试必读书》八卷，清詹熙评注，濮阳增选刊，清光绪二十四年

（1898年）刻本；

125.《隐林》四卷，清郑永禧编，清光绪十七年（1891年）刻本；

126.《竹隐庐随笔》四卷，清郑永禧撰，民国木活字本；

127.《顽謦思存》二卷，清郑永禧撰，民国抄本；

128.《春秋类对赋》一卷，宋徐晋卿撰，清康熙十九年（1680年）《通志堂经解》本；

129.《班左诲蒙》三卷，宋程俱撰，清抄本；

130.《唐宋白孔六帖》一百卷（附《孔氏六帖》一卷），唐白居易、宋孔传撰，明嘉靖刻本［附《孔氏六帖》三十卷（卷十一），宋刻本］；

131.《教儿识数》不分卷，明叶秉敬撰，明万历三十八年（1610年）刻本；

132.《骈字凭霄》二十四卷，明徐应秋辑，明末刻本；

133.《新刊古今类书纂要》十二卷，明璩崑玉编，日本宽文九年（1669年）《和刻类书集成》本；

134.《花柳深情传》四卷，清詹熙撰，清光绪二十七年（1901年）上海书局石印本；

135.《花史》五卷，清詹垲撰，清光绪三十二年（1906年）作新社石印本，附《花史五续编》八卷，清詹垲撰，清光绪三十三年（1907年）商务印书馆石印本；

136.《柔乡韵史》三卷，清詹垲撰，民国六年（1917年）上海文艺消遣所石印本；

137.《碧海珠》不分卷，清詹垲撰，清光绪三十三年（1907年）京师书业公司石印本；

138.《海上百花传》四卷，清詹垲撰，清光绪二十九年（1903年）上海书局石印本；

139.《中国新女豪》不分卷，清詹垲撰，清光绪三十三年（1907年）上海集成图书公司石印本；

140.《女子权》不分卷，清詹垲撰，清光绪三十三年（1907年）作新社石印本；

141.《广列仙传》七卷，明张文介撰，明万历十年（1582年）刻本；

142.《庄子膏肓》四卷，明叶秉敬撰，明万历四十二年（1614年）刻本；

143.《大佛顶首楞严经玄义》四卷，明释传灯述，明嘉兴大藏经（径山藏版）本；

144.《楞严圆通疏前茅》二卷，明释传灯述，卍续藏经（藏经书院版）本；

145.《大佛顶首楞严经圆通疏》十卷，元惟则会解，明释传灯疏，清光绪三年（1877年）刻本；

146.《妙法莲华经玄义辑略》一卷，明释传灯录，卍续藏经（藏经书院版）本；

147.《维摩诘所说经无我疏》十二卷，明释传灯著，卍续藏经（藏经书院版）本；

148.《弥陀略解圆中钞》二卷，明释大佑解，明释传灯钞，卍续藏经（藏经书院版）本；

149.《永嘉禅宗集注》二卷，明释传灯重编并注，清光绪二十二年（1896年）李培桢刊本；

150.《天台传佛心印记注》二卷，明释传灯注，卍续藏经（藏经书院版）本；

151.《净土生无生论》一卷，明释传灯撰，乾隆四十九年（1784年）衍法寺刻本；

152.《性善恶论》六卷，明释传灯撰，卍续藏经（藏经书院版）本；

153.《礼吴中石佛起止仪式》一卷，明释传灯集，明版嘉兴大藏经（径山藏版）本；

154.《幽溪无尽大师净土法语》一卷，明释传灯述，乾隆四十九年（1784年）衍法寺刻本；

155.《观经连环图》，明释传灯绘图并摄颂，1955年大雄书局影印本。

集部

156.《屈骚心印》五卷，清夏大霖撰，清乾隆三十九年（1774年）刻本；

157.《杨盈川集》十卷附录一卷，唐杨炯撰，明童珮辑，明万历三年（1575年）刻本；

158.《徐侍郎集》二卷附录一卷，唐徐安贞撰，明抄本，《徐侍郎诗》为国家图书馆藏清初抄本；

159.《陆宣公文选评》十五卷，唐陆贽撰，明叶秉敬评，明万历三十八年（1613年）刻本；

160.《音注韩文公文集》四十卷外集十二卷，宋祝充等注，宋刻本；

161.《南阳集》六卷，宋赵湘撰，清道光二年（1822年）武英殿刻本；

162.《赵清献公文集》十六卷，宋赵抃撰，元明递修本；

163.《东堂集》十卷，宋毛滂撰，清顾氏艺海楼抄本；

164.《东堂词》一卷，宋毛滂撰，明崇祯毛氏汲古阁刻本；

165.《宫词》一卷，宋周彦质撰，宋刻本；

166.《和清真词》一卷，宋方千里撰，明崇祯毛氏汲古阁刻本；

167.《北山小集》四十卷，宋程俱撰，据傅增湘影写本；

168.《樵隐词》一卷，宋毛幵撰，明末毛氏汲古阁刻本；

169.《吾竹小稿》一卷，宋毛珝撰，清抄《江湖群贤小集》本；

170.《实斋咏梅集》一卷，宋张道洽撰，清乾隆六年（1741年）刻本；

171.《秋堂集》三卷，宋柴望撰，民国三年（1914年）李氏宜秋馆刻本；

172.《柴氏四隐集》五卷，宋柴望等撰，清嘉庆三年（1798年）鲍氏知不足斋抄本；

173.《四隐集》四卷，宋柴望等撰，清道光刻本；

174.《竹素山房诗集》三卷，元吾丘衍撰，清道光二十一年（1841年）刻本；

175.《桐山老农文集》四卷，元鲁贞撰，清抄本；

176.《觉非斋文集》二十八卷附录一卷，明金实撰，明成化元年（1465年）刻本；

177.《耻菴先生遗稿》不分卷，明胡超撰，清抄本；

178.《棠陵文集》八卷，明方豪撰，清康熙十二年（1673年）方元启刻本；

179.《方棠陵集》一卷，明方豪撰，明嘉靖隆庆间刻本《盛明百家诗》本；

180.《了虚先生文集》，明吾谨撰，旧抄本；

181.《还峰宋先生集》十卷首一卷附录一卷，明宋淳撰，明万历刻本；

182.《寓东和集》三卷，明徐鸣銮撰，清光绪二十五年（1899年）刻本；

183.《紫崖遗稿》二卷附录一卷，明徐惟辑撰，清光绪二十五年（1899年）刻本；

184.《东溪先生文集》，明徐霈撰，民国十五年（1926年）木活字本；

185.《玩梅亭集稿》二卷，明柴惟道撰，明刻本；

186.《招摇池馆集》十卷，明詹莱撰，明福建书坊詹佛美活字本；

187.《童子鸣集》六卷，明童珮撰，明万历梁溪谈氏天籁堂刻本（附童贾集一卷，明嘉靖隆庆间《盛明百家诗》本）；

188.《幽溪文集》十二卷（缺卷九），明释传灯撰，清光绪十九年（1893年）天台山真觉寺刻本；

189.《定山园回文集》一卷，明叶秉敬撰，明万历四十七年（1619年）刻本；

190.《徐子卿近集》十卷，明徐日久撰，明末刻本；

191.《青来阁初集》十卷，明方应祥撰，明万历四十五年（1617年）刻本；

192.《青来阁二集》十卷，明方应祥撰，明天启四年（1624年）刻本；

193.《方孟旋先生青来阁合集》二十卷，明方应祥撰，清顺治九年（1652年）刻本；

194.《方孟旋稿》一卷，明方应祥撰，清抄本；

195.《方孟旋先生四书艺》不分卷，明方应祥撰，清道光十四年（1834年）刻本；

196.《开化游》一卷，明陆宝撰，民国钞本；

197.《衢州古祥符寺月海禅师放梅集》二卷，清释月海撰，清康熙四十四年（1705年）刻本；

198.《少保公遗书》不分卷，清柴大纪撰，江山博物馆藏，清光绪二十五年（1899年）江山长台柴祠木活字本；

199.《笏山诗集》十卷，清申甫撰，清乾隆五十七年（1792年）刻本；

200.《星隄诗草》八卷，清余华撰，清刻本；

201.《莲湖诗草》二卷，清徐崇焵撰，清嘉庆刻本；

202.《巽岩诗草》一卷附录一卷，清徐逢春撰，清嘉庆七年（1802年）刻本；

203.《盈川小草》三卷，清朱岂撰，清嘉庆十四年（1809年）刻本；

204.《锄药初集》四卷，清范崇楷撰，清抄本；

205.《二陈诗选》四卷，清陈圣洛、陈圣泽撰，清嘉庆十六年（1811年）山满楼刻本；

206.《二石诗选》一卷，清陈一夔撰，清嘉庆十六年（1811年）山满楼刻本；

207.《宜兰诗草》一卷，清吴云溪撰，清嘉庆十六年（1811年）刻本；

208.《瀔江游草》二卷，清费辰撰，清活字本；

209.《榆村诗集》六卷（存卷四至六），清费辰撰，清刻本；

210.《闺铎类吟注释》六卷附诗一卷，清詹师韩撰，清嘉庆二十年（1815年）稿本；

211.《戴简恪公遗集》八卷，清戴敦元撰，清同治六年（1867年）戴寿祺抄本；

212.《香雪诗存》六卷，清刘侃撰，清道光十六年（1836年）刻本；

213.《钓鱼篷山馆集》六卷，清刘佳撰，清道光二十九（1849年）年刻本；

214.《钓鱼篷山馆外集》不分卷，清刘佳撰，清抄本；

215.《耕心斋诗钞》一卷，清徐本元撰，清《名家诗词丛抄》本；

216.《吴越杂事诗》一卷，清余恩鑅撰，民国十一年（1922年）余绍宋刻本；

217.《淡永山窗诗集》十一卷，清周世滋撰，清同治元年（1862年）刻本；

218.《埽云仙馆诗钞》四卷，清詹嗣曾撰，清同治元年（1862年）木活字本；

219.《织云楼诗草》一卷，清王庆棣撰，清刻本；

220.《存素堂古今体诗》四卷，清叶如圭撰，清同治刻本；

221.《可竹堂集》三卷，清范登保等撰，清抄本；

222.《小磊山人吟草》二卷，清毛以南撰，清稿本；

223.《守株集》一卷，清毛以南撰，清稿本；

224.《致和堂诗稿初编》二卷，清毛以南撰，清稿本；

225.《致和堂诗稿》二卷（附录一卷），清毛以南撰，清稿本；

226.《古红梅阁遗集》八卷，清刘履芬撰，清光绪六年（1880年）刻本；

227.《古红梅阁未定稿》三卷，清刘履芬撰，清稿本（《秋心废稿》《皋庑偶存》《淮浦闲草》各一卷）；

228.《紫藤花馆诗余》一卷，清刘观藻撰，清光绪六年（1880年）刻本；

229.《濯绛宧存稿》一卷，清刘毓盘撰，清宣统元年（1909年）刻本；

230.《濯绛宧文抄》一卷，清刘毓盘撰，民国七年（1918年）铅印本；

231.《不其山馆诗钞》十二卷（附《老盲吟》一卷），清郑永禧撰，清光绪稿本，《老盲吟》为胡氏家藏民国抄本；

232.《古文奇艳》八卷，明徐应秋辑，明万卷楼刻本；

233.《方孟旋评选邮筒类隽》十二卷，明毛应翔选，方应祥评，明天启年间刻本；

234.《纯师集》十二卷，明余钰辑，明崇祯十六年（1643年）刻本；

235.《须江诗谱》十卷（存卷十一至十二），清余钰辑，清刻本；

236.《二铭草堂近科墨选》不分卷，清张德容辑，清刻本；

237.《西安怀旧录》十卷，清郑永禧辑，清抄本。

附二：

徐映璞《清平丛书》目录

从好斋主人徐映璞乃近世衢州著述家。其撰述皆关乎两浙史事，尤以衢、杭州掌故为著。然“文革”间，历经劫难，所著撰述，大多散佚。璞老殁后，女公子徐晓英夫妇曾整理刊印《两浙史事丛稿》《清平山人诗集》与《清平诗课》

数种。衢州文献馆偶从冷摊中觅得残卷散叶，一鳞半爪，并获著目数种，弥足珍贵。兹将其整理刊布，以希冀幽光重露。

1.《衢北仙源三洞记》
2.《浙江灵鹫山志》
3.《杭州西溪法华坞志》
4.《杭州云居山志》
5.《雪园杂志》
6.《雪园续志》
7.《三友集》
8.《四维集》
9.《东游文草》
10.《浔湖文草》
11.《篱寄集》
12.《钱塘旅稿》
13.《有方集》
14.《知来集》
15.《感旧集》
16.《致柔集》
17.《行余吟社诗存》
18.《青心社稿》
19.《贞元文社课卷》
20.《甲子游山诗》
21.《西湖月会存稿》
22.《柯社诗存》

23.《鹿鸣诗稿》

24.《浙赣路讯周末采风》

25.《光绪庚子西安红巾之役》

26.《辛亥浙江光复记》

27.《辛亥衢州光复记》

28.《先考耕余草序》

29.《家慈六十年事略》

30.《衢城内外山脉河流变迁考》

31.《衢郊石室杨赖东迹三堰水利考》

32.《衢州飞机场记》

33.《衢州壬午抗战记》

34.《衢州甲申抗战记》

35.《衢处水利平议》

36.《浙省海防概要》

37.《仙霞设县刍议》

38.《衢州碑碣举隅》

39.《原浙省五区区志》

40.《衢州碑碣志数》

41.《五区大事记》

42.《五区地理志》

43.《五区人物志稿》

44.《五区统计表》

45.《五区防御提纲》

46.《五区名胜概要》

47.《鹿鸣书院课艺》

48.《浮石乡志》

49.《游心集》

50.《生死论》

51.《濮阳妇人传》

52.《衢俗竹枝词》

53.《军国氏与武士道》

54.《黄成之君招魂歌与诔文》

55.《毛飞仙梅仙小传》

56.《毛飞仙洞房新序》

57.《九九仙经》

58.《石鼓徐偃王祠占经》

59.《乡献》

60.《衢志管见》

61.《衢志访稿》

62.《雪园谜屑》

63.《徐子巽言》

64.《衢县名胜志》

65.《吸血虫病漫延概况》

66.《黄巢入浙考》

67.《烂柯新志稿》

68.《读史随笔》

69.《梦醒词》

70.《听水亭词》

71.《从好斋课子诗抄》

72.《清平诗课正编》

73.《清平诗课续编》
74.《清平诗课三编》
75.《清平旧雨题名》
76.《浙江省第五区区志稿》
77.《孔氏南宗考略》
78.《壬午避难记》
79.《甲申疫祸记》
80.《壬午忠节题名录》
81.《癸未野草尝试录》
82.《壬午渔民杀敌记》
83.《杭州万松岭植树记》
84.《浙江农况报告书》
85.《浙江省文献展览衢县品目提要》
86.《浙江省文献展览五区品目提要》
87.《豫庐文钞》
88.《抗战形势论》
89.《农谚汇编》
90.《尼山论政》
91.《孔氏文献考》
92.《吴越编年》
93.《菩提树集证》
94.《妙法莲华经品目提要》
95.《维摩诘经浅释》
96.《奇梦记前后篇》
97.《天目记游前后篇》

98.《内经举要》

99.《用药提纲》

100.《医宜》

101.《真类伤寒要论》

102.《浙江大事记》

103.《向盘行周说明》

104.《七十二葬法补正》

105.《鬼灵经宅相》

106.《灵棋经补正》

107.《法华修禊诗》

108.《岁寒小集》

109.《岁寒集句》

110.《明湖今雨集》

111.《清平文录》

112.《清平诗录》

113.《清平丛录》

114.《素巾记传奇》

115.《博浪椎传奇》

116.《翠微亭传奇》

117.《衢诗辑览》

118.《浙江省第五区兵事略》

119.《历代帝王年表》

120.《张苍水祠墓纪念集成》

121.《需郊录》

122.《故里遗闻》

123.《春秋片羽百余条》

124.《东园记》

125.《远祖妣祝太恭人墓录》

126.《清平旧诗回忆》

127.《清平字说四百条》

128.《荆钗泪语》

129.《百哀诗》

130.《衢县修志本末记》

131.《浙江制宪本末记》

132.《三色省宪红色草案》

133.《浙省户籍鳞爪》

134.《云水轩随笔》

135.《栖云山记》

136.《圣果寺记》

137.《妙智堂记》

138.《开元寺记》

139.《灵隐寺记》

140.《三天竺记》

141.《项王庙祀异闻记》

142.《南山记游》

143.《灵峰记游》

144.《将台山记》

145.《菩提禅院记》

146.《五云游记》

147.《七堡记游》

148.《超山记游》

149.《六和塔记》

150.《雨灵山记》

151.《云居山记》

152.《甲午重九游西溪登泰亭山记》

153.《白龙潭游记》

154.《葛玲记游》

155.《虎跑泉定慧寺记》

156.《龙驹坞记游》

157.《法华禅寺考》

158.《皋亭游记》

159.《莫干山游记》

160.《烟霞洞记》

161.《丙申重九游龙井登棋盘山记》

162.《萧山湘湖一览亭记》

163.《蒋幸奩湘湖游记》

164.《海宁观潮记》

165.《六通寺记》

166.《杭州湖墅接待寺记》

167.《佑圣观记》

168.《接引庵记》

169.《北高峰记》

170.《西泠印社记》

171.《除夕前宵回忆录》

172.《潜庐记》

173.《钟夫人高氏传》

174.《蒋氏三乐图说》

175.《跋钟郁云杭州陆地形成后》

176.《书查勘河源及沿河计划而抄件后》

177.《书沤寄庐遗稿后》

178.《跋乐图余稿》

179.《谒张爱存墓》

180.《杭州驻防旗营考》

181.《放庐记》

182.《双清图记》

183.《徐元白先生墓志》

184.《跋剑影庐吟草》

185.《跋剑影庐诗余》

186.《黄山樵诗钞序》

187.《黄山樵唱序》

188.《书武当剑法大要后》

189.《项兰生先生安葬记》

190.《项兰生先生年谱商榷书》

191.《与项兰生讨论项王庙记书》

192.《重修张苍水先生祠墓征文启》

193.《谢陈柏衡赠百寿图启》

194.《徐子潜集唐梅花百咏序》

195.《精钞黄石斋三易洞玑序》

196.《中国军棋十局》

197.《世界军棋八局》

198.《浙海琴澜蠡测》

199.《浙江天主教概况》

200.《二次革命在衢州》

201.《金衢戏曲记略》

202.《洪昉思衢州杂感诗诠释》

203.《李芳宸将军外传》

204.《书甲子四省攻浙之役》

205.《中国二千年大事记》

206.《天风琴谱》

207.《徐锡麟传》

208.《脉象举要》

209.《校印关尹子》

210.《疑年臆断》

211.《清慈禧太后光绪帝出奔及回銮纪程》

212.《双林山记游》

213.《厉母家传》

214.《谈谈花卉》

215.《玲珑记游》

216.《木石居士画梅小册序》

217.《林迪臣治衢政绩》

218.《孙慕唐画册序》

219.《回教琐记》

220.《萧仲劼小传》

221.《十八尊者题跋》

222.《梅花碑考》

223.《十八尊者题跋》
224.《梅花碑考》
225.《李笠翁轶事》
226.《张苍水纪念集跋》
227.《李淳风乙巳占跋》
228.《云栖游记》
229.《静修庵琴钗追忆记》
230.《莲居庵记》
231.《祇园寺记》
232.《丹枫红叶图记》
233.《杭城水道略》
234.《九仙山游记》
235.《方豪乐丰亭记书后》
236.《胡芸娘外传》
237.《玲珑山志补序》
238.《明代浙江防倭事略》
239.《卢襄西征记序》
240.《毛翊吾竹小稿序》
241.《叶心柏先生哀启》
242.《柯社诗存序》
243.《张寿田墓志铭》
244.《陈及圭墓志铭》
245.《陈宝华墓志铭》
246.《陈正之墓志铭》
247.《杜绍唐墓志铭》

248.《杜宏烈墓志铭》

249.《干支约》

250.《清平读易》

251.《清平茶话》

252.《渚头山圆觉庵记》

253.《奇妇人日记序》

254.《竹夫人传》

255.《跋姜泰翁南行采药图》

256.《童剑男快然堂吟草序》

257.《方幼壮西菩山房诗词稿跋》

258.《欧阳子朋党论书后》

259.《文林朱氏谱序》

260.《洋塘舒氏谱序》

261.《太极塘吴氏谱氏》

262.《天水姜氏谱序》

263.《果山方氏蟠龙形迁居始祖墓志铭》

264.《川坑徐氏谱序》

265.《王超凡大令太夫人七秩称觞小启》

266.《余明亮姜夫人七十双寿序》

267.《毛肖夔兄墓表》

268.《姚君钟灵墓表》

269.《阮母龚太夫人墓志铭》

270.《郑公裕海墓志铭》

271.《沟溪孔母周太夫人墓志铭》

272.《黄君在中墓志铭》

273.《王君致和墓志铭》
274.《汪母毛夫人墓志铭》
275.《上海柘湖吴公佑之暨贤配墓志铭》
276.《徐元白半角山房吟草序》
277.《六壬举要序》
278.《跋淳化阁帖》
279.《跋鹿鸣社稿初集》
280.《跋叶翁恪章自述》
281.《花好月圆人寿图序》
282.《送徐寄逵归海昌序》
283.《径山游记》
284.《清平字说概要》
285.《杭州标准气温升降表》
286.《读孙中山游记》
287.《清平尘影》
288.《清平尘影续编》
289.《慈孝禅院考》
290.《睦庵请领龙藏纪略》
291.《絜榘余痕》
292.《子平初步》
293.《音韵寻源》
294.《金婚临江仙十首》
295.《苹秋创作小引》
296.《历法革新议》
297.《渊明乞食图记》

298.《唐人七律选粹》

299.《明人玉照居小品》

300.《王母蒋夫人画兰三十余幅》

301.《道教崇奉画》

302.《五岳真形图》

303.《淮堰记》

304.《仇池考》

305.《病馀偶忆》

306.《脉学浅说》

307.《五行制病原理》

308.《校补梅花心易》

309.《演禽辟谬》

310.《心相补注》

311.《相牛经》

312.《相手经》

313.《浙赣诗话》

314.《梅庐夜话》

315.《徐陈唱和词》

316.《故纸堆》

317.《宋著内经校订序初稿》

318.《先考耕余草跋》

319.《浙省宋代状元进士表》

320.《清代状元及进士名额》

321.《清代浙江状元简表》

322.《清代浙江解元表序》

323.《王公蔚文八旬冥寿公祭文》
324.《王翁有庚公祭文》
325.《又代其子家祭文》
326.《毛敬平姻丈公祭文》
327.《祝君受谦祭文》
328.《张君嘉有祭文》
329.《毛君肖夔公祭文》
330.《毛君肖夔路祭文》
331.《沈君秋元家祭文》
332.《黄姓遥祭祖母文》
333.《沈宅胡夫人祭文》
334.《黄宅继配徐夫人发引祭文》
335.《宗伯诗诚家祭文》
336.《公祭族长文》
337.《周母郑太淑人公祭文》
338.《郑太师母余太夫人百龄纪念祭文》
339.《业师叶心柏先生公祭文》
340.《杜君宏烈公祭文》
341.《叶君含青祭文》
342.《项君华嵚公祭文》
343.《天水姜氏族谱公成致祭历代祖祢文》
344.《柘湖吴母叶太夫人发引祭文》
345.《跋业师郑渭川先生手著顽謇思存》
346.《两浙盐运使钱公士青墓志铭》
347.《沟溪山水记》

348.《江宅陈夫人家传》
349.《补载叶师赐撰先考墓志铭》
350.《二十五史撰人卷数随笔》
351.《跋钟郁云说杭州第四章说水后》
352.《静修庵常住嘱咐书》
353.《读蠲戏老人诗书后》
354.《孔门九流溯源》
355.《楹联偶拾》
356.《话联话》
357.《刘抄老子读本后记》
358.《潘子易学序》
359.《书心易抄本后》
360.《跋高仁偶所藏讷庵尺牍》
361.《科场回忆提要》
362.《吴彩鸾小楷幸严经卷》
363.《西菩山房诗词稿跋》
364.《书闵词征补遗卷首》
365.《读许洞虎钤经手记》
366.《六壬举要序》
367.《浙江高等学堂年谱》
368.《早岁文存》
369.《琴谱新声手校》
370.《乙酉文存》
371.《丁亥文存》
372.《丁丑牍存》

373.《烂柯新志》

374.《清平尘影》

375.《清平琐稿》

376.《五区志再稿》

377.《浔湖续集》

378.《运河图》

379.《损资复祀》

380.《玲珑山志》

381.《清平丛录》

382.《清平诗》

383.《清平文录》

384.《仙霞枫岭黄茅南田雁荡五山举要》

385.《清平文稿》

386.《甲戌内稿》

387.《慎终追远》

388.《从好斋文稿》

389.《浙江名胜纪要序》

390.《回文花鸟吟》

391.《衢县乡土读本》

392.《花谱》

393.《延月楼手卷》

394.《致哀宁戚》

395.《七十二候气温升降表》

396.《西泠印社志稿》

397.《西泠印社志稿附编》

398.《清平庵记》

399.《豫庐丛著》

400.《慧云寺志》

401.《法华泉修禊集序》

402.《二十四史撰人卷帙存目》

403.《脉象类存》

404.《复钟郁云论文人通典书》

405.《跋唐人写经轶文》

406.《安定中学缘起》

407.《跋钟郁云杭州说水章后》

408.《复朱少滨题和回文诗卷末》

409.《信安遗事之一远祖妣祝恭人墓道记》

410.《信安遗事之二七塔》

411.《信安遗事之三阴阳家》

412.《重修张苍水先生祠墓集成跋》

413.《书中干蝴蝶诗评论》

414.《函全国政协借清史稿书》

415.《清史稿地理志所记丁口数目论》

416.《续呈二十二号信箱论史稿缴款书》

417.《英为被抄书籍呈请当局查考发还由》

418.《刘公纯给薛驹书》

第三章　刻　书

唐、五代时佛教的兴盛，影响了刻书业的发展。当时，驻锡衢州天宁禅寺的永明延寿禅师（904—975年）曾撰写《宗镜录》等佛学经典名著。永明延寿禅师后受吴越王钱俶之请，在杭州修复灵隐寺，创建六和塔。他深得钱俶的信任，为钱俶主持刊刻《宝箧印心咒经》《宝箧印陀罗尼经》《宝箧印经》等大量佛教经文、佛图等，并亲手刊印过《弥陀塔图》十四万本。

第一节　宋元刻书

宋承五代开始的书籍印刷，印刷业迅速发展。印刷业的发展主要与地区文化的发达以及造纸业的发展休戚相关。宋元时期，尤其是建炎南渡之后，衢州成为程朱理学与浙东学派活动的流播中心。朱熹、吕祖谦、陆九渊、张栻等名家大儒都曾在衢州，或讲学，或著述。南宋时期，衢州又与行都临安地理相近，元代又是宋遗民的活动中心，因此文化颇为繁荣，成为南宋浙江重要的刻书区域。

衢州、龙游产墨，常山、开化产砚，也为印刷与撰述提供了有利的条件。据宋晁季一《墨经·松》记载，宋代用松烟制墨，而衢州烂柯山产松，因此衢州也是重要的产墨地之一。当时衢州叶茂实制墨很著名，宋姚勉《雪坡文集》卷十八《赠墨客吕云叔》云："柯山叶姓货墨者甚多，皆冒茂实名而实非也。有吕云叔后出，不假叶氏以售，而其法亦出诸叶上。"弘治《衢州府志》卷三《土产》载："西安、龙游产墨，开化、常山产石砚。"嘉靖《浙江通志》卷十七《杂志·物产》载:"衢州石砚坚润亚于歙。"雍正《浙江通志》卷一〇六《物产》引万历《常山县志》:"金星砚,砚山出金星石,可为砚,四方人多贸易。"天启《衢州府志》卷八《物产》亦记载,衢州日用百货有石砚等。

宋代的衢州刻本,在版本学中被称"衢本",与杭州之"临安本"、婺州之"婺本"、建阳之"建本"以及成都的"川本"相并列。

北宋熙宁年间(1068—1077年),衢州刻有《欧阳修奏议》等。

"衢本"的价值,我们从民国著名藏书家、曾任北洋政府教育总长的傅增湘获藏的南宋衢本《居士集》的逸事可窥一斑。

清代学者杨守敬在日本访书,曾发现了宋刻《白孔六帖》。他在《日本访书志补》中记载:

> 《唐宋白孔六帖残本》四十四卷,宋刻本。海内著录家有宋单刻《白氏六帖》,而无宋《白孔六帖》合刻本,故皆以明本为祖刻。此为宋刻宋印,精妙绝伦。虽残缺,当以吉光片羽视之,不第为海内孤本也。癸丑五月端午邻苏老人记。

南宋乾道七年(1171年),衢州新任太守施元之,字德初,吴兴(今浙江湖州市)人。南宋高宗绍兴二十四年(1154年)张孝祥榜进士,曾当过秘书省著作佐郎,又兼任过国史院编修,平生以文章称名。施元之上任后,就充分利用衢州产纸的资源,在峥嵘山(即府山)坐啸斋先后刊刻《五代史》《五代会要》《新仪象法要》《苏子美集》等。后知赣州,"治以严刻为能,近于酷吏"。施元之与顾禧以及德初之子施宿合著《注东坡先生诗》,南宋乾道壬辰(1172年)刊刻,注释详尽,版刻优美,史称"施顾注东坡先生诗"。他的刻本被后来的版本学界推崇为两宋私家刻书最著者之一。

南宋淳祐九年(1249年),衢州太守游钧也将其家传晁公武《郡斋读书志》(二十卷)摹本在府山郡斋付梓。这是我国首部附有"提要"的私家藏书目录,它比在江西袁州的刻本多出了430种(8 245卷)。元代马端临在柯山书院任山长编纂《文献通考》时,就充分吸收了该书的研究成果。

南宋有七大著名的私刻家:“赵、韩、陈、岳、廖、余、汪”,他们分别是长沙赵淇、临邛韩醇、临安陈起(陈解元)、岳珂、廖莹中、建安勤有堂余氏、新安汪纲。咸淳九年(1273年),赵淇官衢州郡守任上,就曾刊刻《四书章句集注》(《朱子章句集注》)。书的版心皆印有“衢州官书”字样。由于宋代刻工的文化素质较高,刊刻书籍校勘认真,所用纸张考究,印刷极其精美。

清代大藏书家陆心源曾藏宋椠衢州本苏辙撰著《古史》。他在《仪顾堂续跋》卷七中详尽记载了该刻本的情况:

> 《古史》六十卷,小题在上,大题在下。辙自序及后序皆缺。卷十六晋世家后有“右修职郎衢州录事参军蔡宙校勘并监镂版”一行。卷一至七版心有“甲”字;卷八至十二有“乙”字;卷十七至二十三有“丙、丁”字;二十四至三十七有“戊、巳”字;三十八至四十八有“庚、辛”字;四十九至六十有“壬、癸”字,以纪册数。又有刊工姓名,其无刊工姓名者皆元时修版。宋讳有缺有不缺,盖宋季衢州刊本也。旧为杭州振绮堂汪氏所藏,有“汪鱼亭藏阅书”朱文方印。

宋代的衢州刻本,还有南孔家庙刻本《东家杂记》;嘉定十二年(1219年),衢州郡守刘亱修《信安志》;绍定(1228—1233年),衢州郡守袁甫刻《信安续志》;淳祐四年(1244年),衢州郡守杨伯喦刻《六帖补》,衢州录事参军蔡宙刻《三国志》和《古史》;景定元年(1260年),衢州郡守陈仁玉刻《赵清献公文集》。

印刷业以雕版印刷为主,衢州、婺州两地民间刻工众多,经常出现盗刻和私刻违禁书籍的情况,以致官府屡次颁令禁止。宋代刻书还出现了早期的版权保护意识。清代学者杨守敬在《日本访书志》中记录了宋代版权的保护情况。

《两浙转运司录白》其一：建安祝穆编刊《方舆胜览》，自序后“两浙转运司录白”云：

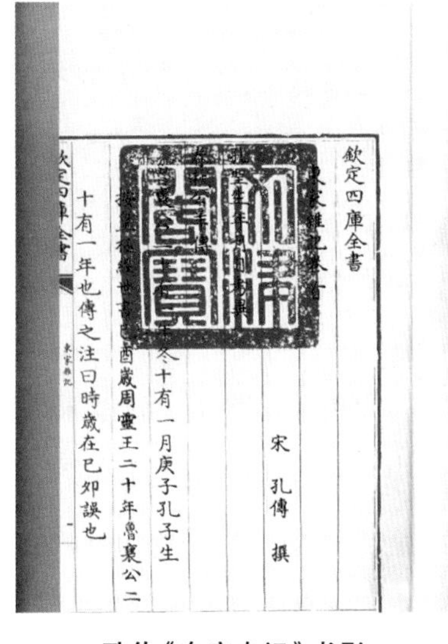
欽定四庫全書
宋　孔傳　撰
十有一月庚子孔子生
歲周靈王二十年魯襄公二
十有一年也傳之注曰時歲在巳卯誤也

孔传《东家杂记》书影

据祝太傅宅幹人吴吉状，本宅见刊《方舆胜览》及《四六宝苑》《事文类聚》凡数书，并系本宅贡士私自编辑，积岁辛勤。今来雕版，所费浩瀚，窃恐书市嗜利之徒，辄将上件书版翻开，或改换名目，或以《节略舆地纪胜》等书为名，翻开搀夺，致本宅徒劳心力，枉费钱本，委实切害，照得雕书。合经使台申明，乞行约束，庶绝翻版之患。乞给榜下衢、婺州雕书籍处，张挂晓示，如有此色，容本宅陈告，乞追人毁板，断治施行。奉台判备榜须至指挥。

右今出榜衢、婺州雕书籍去处，张挂晓示，各令知悉。如有似此之人，仰经所属陈告追究，毁板施行，故榜。

嘉熙二年十二月 日 榜　转运副使曾　台押

衢、婺州雕书籍去处张挂

福建路转运司状，乞给榜约束所属，不得翻开上件书版并同前式，更不再录白。

元代衢州刻本，传世的有《冷斋夜话》十卷，宋释惠洪撰。三衢石林叶敦私刻本，清代陆心源旧藏。陆氏在《仪顾堂续跋》卷一中有跋语：

是书僧惠洪所编也，洪本筠州彭氏子，祝发为僧，以诗名闻海内，与苏、黄为方外交。是书古今传记与夫骚人墨客多所取口(按:原本缺),惜旧本讹谬,且兵火失散之余,几不传于世。本堂家藏善本,与旧本编次大有不同,再加订正,以绣楮梓与同志者共之,幸鉴。至正癸未暮春新刊。后有“三衢石林叶敦印”一行,每叶十八行,每行十七字……叶敦无考,自署石林,当为梦得之裔。疑元时坊贾耳。

元代衢州路儒学教授宋洪焱祖还重刻其所著《尔雅翼音释》,对于汉语语音史与元代语音研究有重要的参考作用。

元至大年间(1308—1311年),衢州路总管朱霁还主持纂修并刊刻了《信安志》。

宋刻本在百年前的收藏界,就有“一页宋版,一两黄金”的说法。已故杭州古旧书店严宝善老先生,虽然毕生从事古旧书经营,却以从未遇见过宋版书而抱憾。

2003年北京中国书店春季古籍拍卖场上,一张薄薄毛巾般大小的南宋淳祐四年(1244年)刻《云笈七签》残页,竟以五万元人民币天价成交。按当时的黄金价格,这一页宋纸的价值,大约就是十六两黄金。

作为传世的宋元“衢本”,时至今日,早已凤毛麟角。国家图书馆里所珍藏的“衢本”,皆为国宝级的善本。

第二节 明清刻书

明初,随着政治中心的北移,衢州地区虽然不再是文化中心,但印刷业仍具有一定的规模。

顾志兴在《浙江出版史研究——元明清时期》一书中,曾对明代浙江各地的书坊刊书作过考查。他发现除杭州之外,计嘉兴府一家,鄞县一家,台州府一家,衢州府七家,龙游县一家。明代学者胡应麟在《少室山房笔丛》卷四《经籍会通四》中称:“凡印书,永丰绵纸上,常山柬纸次之,顺昌书纸又次之,福建竹纸为下。”这正说明了常山、开化所造的纸很适合于印书。

天启《衢州府志》卷十二《艺文志·刻书》载衢州各地的刻书目(见附录),计西安86种、龙游52种、江山32种、常山20种、开化62种。其中虽没有说明这些书刻于何时,但应以明代为多。而且胡应麟提到龙游的书商特多,从一个侧面可以说明明代衢州印书业依然比较兴盛。

明代的衢州书坊,目前可考的主要集中在嘉靖、隆庆、万历时期(1506—1620年),传世的衢州刻本也相对两宋为多。

衢州书林刻书佼佼者当推龙游童珮。

童珮,一作童佩(1524—1578年),字子鸣,龙游县北童岗坞村人。少喜读书,随父贩书于苏州、杭州及常州、无锡等地。曾向归有光问学,与王世贞、王稺登等有交谊。喜藏书。胡应麟《少室山房笔丛》卷四《经籍会通》记载:"龙丘童子鸣家藏书二万五千余卷,余尝得其目,颇多秘帙,而猥杂亦十三四。"童珮著有《童子鸣集》。嘉靖间,童珮辑刻唐徐安贞撰《徐侍郎集》二卷、宋苏易简《文房四谱》五卷。万历间,童珮辑刻唐杨炯撰《杨盈川集》十卷附录一卷。

嘉靖二十九年(1550年),三衢夏相摹宋刻谢维新编《古今合璧事类备要》前集六十九卷,续集五十六卷,后集八十一卷,别集九十四卷,可谓皇皇巨著。此书为白棉纸本,8行,小字双行24字,大字不等,左右双边,单鱼尾,书口有刻工名字。由嘉靖著名刻工苏州夏文德摹宋刻本,字大如钱,刻印俱佳,颇为珍贵。该本近年被《国家第一批珍贵古籍图录》《中国古籍善本总目》著录。今藏国家图书馆。

隆庆三年(1569年),衢州书林大酉堂刊刻医书宋窦汉卿撰,明窦梦麟增补《世传秘方》四卷以及《宋窦太师疮疡经验全书》,今藏浙江省图书馆。

万历年间,三衢书林童应奎曾刊刻李允殖撰《新刊静山策论肤见》十卷,今藏南京图书馆。

万历年间,衢州书林徐瑞鳌曾刊商应科编《新镌增补宋岳鄂武穆王精忠汇编》十四卷。

万历间,衢州叶氏如山堂刊刻明代瞿佑编《新雕古今名姝香台集》三卷,

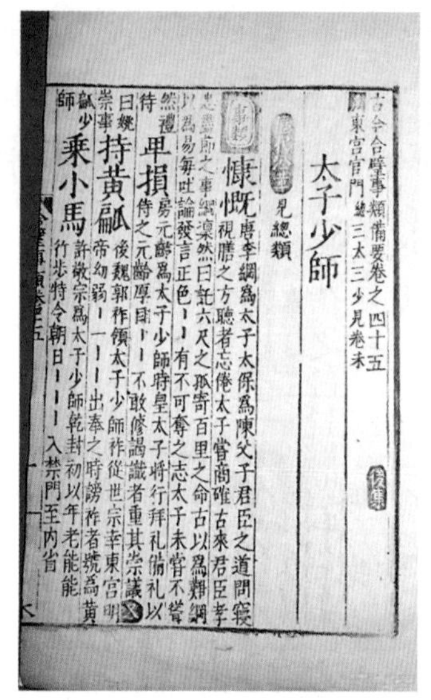
古今合璧事類備要卷之四十五
東宮官門 總三太三少見卷末
太子少師
見總類
慷慨 唐李綱爲太子太保爲陳父子君臣之道問寢視膳之方聽者忘倦太子嘗商確古來君臣孝忠盡節之事綱凜然曰託六尺之孤寄百里之命古以爲難綱以爲易每吐論發言正色——有不可奪之志太子未嘗不聳然禮待
卑損 房元齡爲太子少師時皇太子將行拜礼備礼以待之元齡厚自——不敢修謁識者重其崇讓
持黃瓢 後魏郭祚領太子少師祚從世宗幸東宮明帝幼弱——一——出奉之時謗祚者號爲黃瓢少師
乘小馬 許敬宗爲太子少師乾封初以年老能行步特令朝日————入禁門至內省

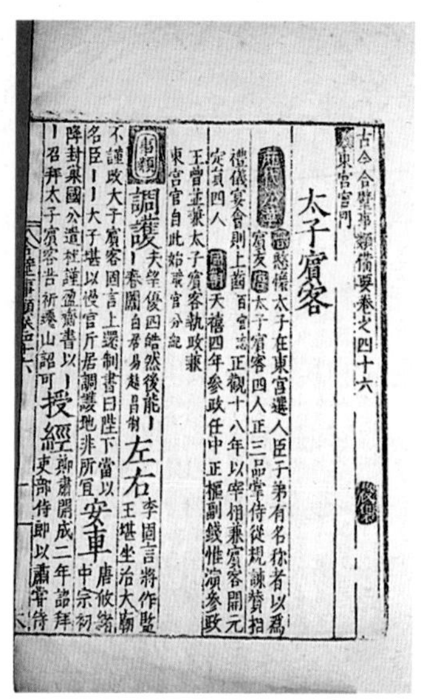
古今合璧事類備要卷之四十六
東宮官門
太子賓客
唐 懿稽太子在東宮選入臣子弟有名稱者以爲賓友 唐 太子賓客四人正三品掌侍從規諫贊相禮儀宴會則上齒 百官志 正觀十八年以宰相兼賓客開元定置四人 國朝 天禧四年參政任中正樞副錢惟演參政王曾並兼太子賓客執政兼東宮官自此始兼官分紀
調護 夫學優四皓然後能——春闈 白居易赴昌制
左右 李固言將作監王堪坐治大廟不謹政太子賓客固言上還制書曰陛下當以名臣——大子堪以慢官斥居調護地非所宜
安車 唐彼緒中宗初降封巢國公遣杜謹盈齋書以—召拜太子賓客告祈瓊山詔可
授經 鄭肅開成二年詔拜吏部侍郎以肅嘗侍

明代衢州夏相刻本

今藏上海图书馆。

万历七年(1579年),衢州书林徐应瑞思山堂刊刻明代李梦阳撰《空洞先生集》六十六卷。是书半页十一行,行二十字,白口,四周单边。书口下方有“徐东山梓”四字;序后有“万历乙卯浙江思山堂徐应瑞重梓”牌记。今藏浙江图书馆、中山大学图书馆。徐应瑞思山堂还刻有明王穉登评选《赤翰宝珠编》十卷,今藏上海图书馆;明王兆云撰《挥麈新谭》二卷,今分藏国家图书馆、南京图书馆;明王兆云撰《白醉璅言》二卷,今藏南京图书馆。

万历间,衢州书林舒承溪明焦竑撰《皇明人物考》六卷,今藏南京图书馆;明袁宗道撰《白苏斋类集》二十二卷,今藏浙江大学图书馆。

万历十三年(1585年),衢州书林舒用中天香书局刊刻明黄河清撰《风教云笺前集》四卷、《风教云笺后集》四卷。是书半页八行,行十八字,白口,四周双边。考舒用中,字舜卿,号历山,衢州府西安县人。

明代的衢州刻本分官刻和坊刻两种。至今传世的官刻本有《赵清献公集》

《吴文正公集》《杜律虞注》《论学绳尺》《衢州府志》《衢州孔氏家庙志》等。尤其是《赵清献公集》,有明一代,曾多次刊刻,而刊刻者多为主政的衢州知府。主要有成化七年(1471年)阎铎刻本、嘉靖元年(1522年)林有年刻本、嘉靖四十一年(1562年)杨准刻本、万历十六年(1588年)詹思谦刻本。2010年,在南京秋季古籍拍卖会上,一套万历十六年詹思谦刻的《赵清献公集》,轮番竞价,最后以七万多元人民币落锤。

《衢州府志》(光绪重刻本)书影

清代,随着常山、开化书写纸张生产的减少,衢州的印刷业虽也呈式微态势,但仍有善本在衢刊印。

据光绪郑永禧《顽萫思存》记载,明代徐应秋《玉芝堂谈荟》雕版、明代枣梨宋赵抃《赵清献公文集》雕版、翰林张德容《二铭草堂金石聚》岳州雕版,都曾保存下来,并在衢州刊刻。光绪间,衢州聚秀堂刊印《二铭草堂金石聚》。民国祠堂本《赵清献公集》,开本宽大,印制精美,至今传世。

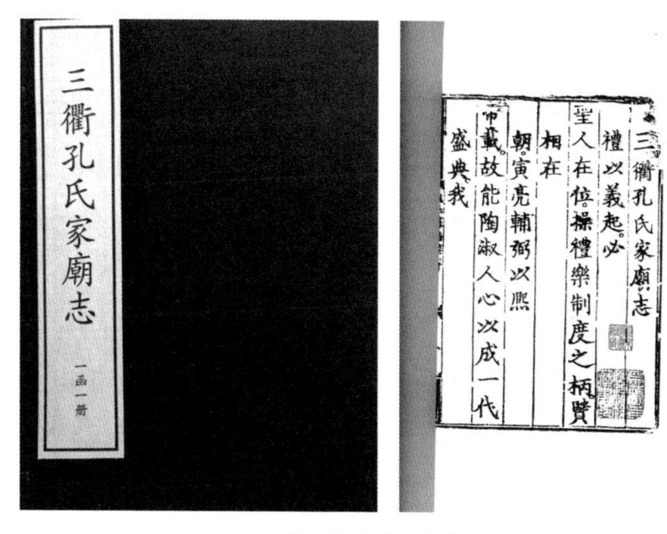

《三衢孔氏家庙志》

科举是古代士子仕途通达的必经之路。“十年寒窗无人晓，一举成名天下闻。”清代衢州那些在科场上获取功名的士子，往往会不惜工本印制科举闱墨，或光宗耀祖，或分赠师友。传世的一些衢州会试朱卷、乡试朱卷，以及廪卷、贡卷等也多采用开化纸，印制精美。

《二铭草堂金石聚》书影

光绪三十年（1904年），琴僧释开霁在龙游灵耀寺重新刊刻了《春草堂琴谱》，并在琴谱中附上他所著《律吕图说》，维系了浙派古琴之余绪。释开霁在灵耀寺刊刻的还有《僧家竹枝词》《孤峰剩稿》等。

张德容《二铭草堂金石聚》、释开霁《春草堂琴谱》的雕版一直保存到中华人民共和国成立以后。前者在“文革”中烧毁，后者不知所终。

《郎峰祝氏家谱》书影

明清以来，木活字印刷大行其道，衢州乃至江南各省祠堂的谱牒印刷颇为兴盛。衢州、金华及周边的徽州、信州等地区的宗族组织甚为发达，明清时期，衢州各地宗祠林立。因此，衢州民间用木活字印刷的谱匠应不少。实力雄厚的家族谱牒往往采用上等竹纸，印制出的家谱也甚为精美。如至今传世的有清代同治木活字印刷江山《清漾毛氏宗谱》、民国柯城《谷口郑氏宗谱》、民国龙游《江左贤良王氏宗谱》、余绍宋刊印的龙游《高阶余氏宗谱》、常山印刷的《后园詹氏宗谱》、开化印刷的《霞山郑氏宗谱》等。《清漾毛氏宗谱》是目前唯一一部被国家列为“珍贵档案文献”的谱牒。

附录：

明天启《衢州府志·艺文·刻书》

金匮石室之藏原自汗牛充栋，诵诗读书之士何烦篆刻雕虫。岂知执中创说于片言，大舜更加十六字。鲁颂蔽诗于只语，宣尼不废三百篇。若使得意忘筌，即六籍已为丰于之饶舌。倘云承前启后，彼千家都属洙泗之忠臣。故览胜概而登山城仅成皮相，必搜遗编而睹杰作始见风流。藐矣，三衢独有千秋之富贵。鄙哉，万宝专珍百代之枣梨。

西安

《续白氏六贴》，《续尹氏文枢纪要》，《东家杂纪》孔传著，《论语鲁樵集》孔元龙著，《太极图说》，《遗稿五十卷》徐霖著，《清献文集》赵抃著，《永年文集》蔡椿著，《乡约书》，《下洲隐居集》，《大学中庸提纲》，《求志说》，《疏问》，《明孝道》乐惠著，《四言意易存疑》陈恩著，《耕谱慎》温其著，《道深文集》徐泌著，《周易通》，《意学》徐庸著，《易解》，《易象》，《钓隐图》刘牧著，《阴符经注》蔡望著，《华阳集》卢襄著，《彦为文集》冯熙载著，《伯原文集》舒清国著，《无尘居士集》徐文中次子盈著，《阅史三要》，《经权中兴策》，《千虑鄙说》，《经界捷法》，《世范》袁采著，《中隐对》留清卿著，《东美诗集》慎伯筠著，《烂柯集》毛友著，《九域志编》，《易说》，《二五君臣论》徐敷言著，《易启疑》，《春秋辩证》，《蓬窗集》王宏著，《阴符经注》陈师锡著，《小艇集》周恭帝后柴安宅著，《严陵十咏》周恭帝后柴国宝著，《雪斋集》赵子觉著，《崇兰集》赵子昼著，《拙斋遗藁》曾楙著，《水壶居士文集》李元老著，《风山集》，《尚书春秋讲义》，《汉唐史评》何若著，《东悾先生集》张扩著，《药性病机赋》，《方脉全书》刘光大著，《麟峰语录》禅师余世愚著，以上宋朝。《厚生训纂》郡守周臣著，《家范》，《宾馆常录守》周洪著，《梅花诗》知县吴夔著，《习斋文集》，《志矩述》程参政程秀民著，《在菴文集》都御史王玑著，《湘溪文集》，《疏稿》太仆卿郑大经著，《仕学编》参议余懋中著，《闲中臆稿》，《性理纂要》别驾郑子俊著,《宦中纪录》别驾郑子俊著,《周易启蒙注》广文周祖濂著,《骈字集考》广文叶叶继著,《男女幼训》徐母叶氏著,《困学摭言》广文叶绾著,《杨翰林賸馥》编修杨希圣著,《文选删注》,《礼经正觉》,《诗丛集》,《韵要》方伯余国宾著,《禅燕奏疏》都御史可求编著,《墨子家言》,《汉南政纪》,《沧浪杂咏》均州守王家业著,《青来阁集》进士方应祥著,《樾溪遗诗》广文郑孔庠著,《竹中集》孝廉方文烈著,《子卿近业》进士徐日久著。

龙游

《礼摭遗》,《摭遗别记》,《丧服义疏》刘宋妻幼瑜著,《奉敕撰文府》,《徐侍郎集》唐徐安贞著,《盈川集》唐杨炯著,《周易意》,《学意蕴》徐直著,《仲元文集》刘冠著,《治安十策》祝景先著,《绍兴圣政宝鉴》徐献著,《竹溪集》徐峣著,《柯山书传》夏僎著,《刘克诗》,《补过斋集》,《刺刺孟》,《非非国语》刘章著,《易启蒙》,《书说略》,《春秋大旨》,《使燕录》余嵘著,《书礼语孟解》刘愚著,以上宋朝。《徐浩集》,《龙川集》郑岩嵩著,《学古编》吾衍著,《辈象新书》赵友钦著(原书——训按:“辈”当作“革”),《晋文春秋》,《楚史梼杌》,《尚书要略》,《听玄集》,《九歌谱》,《十二月乐谱》,《石刻》俱周秦著,以上元朝。《遗安集》徐让著,《周氏家规》周凯著,《城南集》,《徐氏家规》徐履诚著,《縠溪渔唱》胡荣著,《雪窝遗稿》余默著,《虫技集》,《寓蒲集》,《和杜集》何晋著,《永思集》方冕著,《晓溪文集》祝品著,《露山漫稿》毛汝麒著,《门明年谱》毛汝麒著,《南岳东岱诗》,《佩萸杂录》,《九华游记》,《童子鸣集》童佩著,《鲋窥詹□》余湘著,《省身日录》叶文懋著。

江山

《六经正义》,《中庸论孟解》徐存著,《公明文集》郑升之著,《伯坚文集》周颖著,《东堂集》毛滂著,《蓬山类苑》,《元诰正谟论》,《清高集》祝常著,《增注礼部监韵》毛晃著,《长台诗集》柴蒙亨著,《秋堂集》柴望著,《诗文表奏》,《世谱》,《三坟书序》毛渐著,《奏议集》毛注著,《齐峰集》周彦质著,《退翁集》,《文选类要》柴瑾著,《奏议》,《芹说》柴卫著,以上俱宋朝。《同声录》龚宗传著,

《三峰集》祝君翔著，以上元朝。《读易管见》，《启沃□》，《山中日录》，《图说》，《二峰摘稿》俱周积著，《元峰文集》周任著，《薛文清公读书录抄释》，《奏议八卷》毛恺著，《玩梅亭集》柴惟道著，《斋集十二卷》赵桧著。

常山

《岩谷集》江□著，《春日画怀诗集》江纬著，《宋朝类诏》，《经说》，《奏议》江少虞著，以上宋朝。《龙虎台赋》江孚著，《明农稿》，《归朝稿》汪景文著，以上元朝。《经业》，《余清文集》，《孝经纂注》何初著，《读易管见》，《易通发明》，《观物余篇》，《挂赞》，《蛙鸣稿》都元著，《通左》詹思虞编，《二游稿》，《平苗诗》詹思谦著，《墨癖斋集》詹从洙著。

开化

《北山集》程俱著，《春秋语孟注》，《诸经兵书解》，《宋朝职略》，《丛挫敝帚集》，《率山编》以上邹补之著，《实斋诗集》张道洽著，《素轩诗集文集》方沃著，《复菴文集》金弘训著，《霖溪诗集》，《史评》张汝勤著，《鸡肋集》方瑛著，《嚣嚣集》严珊著，《金川集》江钺著，《两山涂稿》徐汝一著，以上宋朝。《尚书要略》，《聪玄集》，《十二月谱》，《楚史梼杌》，《晋文春秋》，《听玄集》，《九歌谱》俱吾衍著，《韵海》郑界夫著，《春秋案断》，《中庸解》，《易注》，《古今大典》，《起元文集》鲁贞著，俱元朝。《朱子读书法》，《大学还山稿》，《五箴解》吾寻著，《五言古选》汪圻选，《白室渔谈燕石五音稿》宋鸿著，《书经体要》，《自鸣稿》徐兰著，《易说》，《浚菴稿》，《读礼类编》，《医书会要》吾翕著，《荆山诗文》，《正蒙通旨》，《孝经明注》江樊著，《贞斋集》施恕著，《郡书摘锦》徐洪著，《性理集解》，《易经讲议》蒋经著，《养余录》，《老农编》，《洞庭》烟雨编，《珍忆录》，《奉希集》方豪著，《旅泊集》僧博睿著，《大方笑集》徐曦著，《尚絅斋集》徐春寿著，《了虚文集》吾谨著，《勋部集》徐文沔著，《中丞集》，《三宋诗》宋淳著，《水竹园漫稿》徐公辅著，《易经四书通解》，《习菴文集》汪朝仕著，《芙蓉镜卮言》江东伟著。

第三节　传 世 珍 本

一、北宋衢州刻本《居士集》

1919年初秋，曾任民国教育总长的大藏书家傅增湘访宦游淮南时。他在晚清遗老刘翰臣的藏书楼中，偶然发现宋代绍兴初年的衢州刻本——欧阳修《居士集》残本。

此书开版宏朗，楮墨精美，字大如钱，结体厚重，气息古朴。装褙签题尽存宋式，望而识为内阁大库之物，洵为人间之瑰宝。当时，傅增湘爱玩不忍去手，极想购之，可主人又似有吝色，未能成交。回京师后，傅增湘朝思暮想，魂牵梦萦。

十年之后，刘氏有意出让，心仪甚久的傅氏终于以重金购得。十年夙愿，一旦获偿，欣喜若狂，惊为"稀世之宝"。他多次邀请前清遗老和显宦贵要，燕集于他的"藏园"，观摩题跋，吟诗歌咏，并发愿："行当携入山中，就古松流泉之下研朱细勘，半月光阴其消磨于此残卷中乎。"欣喜之余，他一口气赋诗八首赞之。其一云："书体方严似石经，探寻祖刻出熙宁。七行十四如钱字，墨纸藤光照青眼。"其三云："旧闻此集出亲修，男发题名列校雠。闲取遗文参考异，始知开版在衢州。"

傅增湘获此珍本后，轰动京都，翰林名流慕名访书者纷至沓来。大收藏家朱翼庵称此书为"海内无二善本"；宣统皇帝师傅陈宝琛和皇后婉容师傅陈曾寿览观后挥毫题"稀世之宝"。《中国版刻图录》也誉称"此为硕果仅存之第一本"。

二、南宋沈斐刻本《古三坟书》

国家图书馆珍藏着一部南宋绍兴十七年（1147年）由衢州沈斐刻于婺州州学的《古三坟书》。书共三卷，每半页十行，行十八字，白口，左右双边。框高22.1厘米，宽15.3厘米。由于此书为宋刻本，集孤本、珍本、善本于一身，弥足珍贵。

《古三坟书》相传为伏羲、神农、黄帝之遗书，亡佚甚久。《三坟》之名，见于《左传·昭公十二年》，谓楚史"倚相能读《三坟》《五典》《八索》《九丘》"。这是有关《三坟书》的最早记载。《尚书·伪孔序》谓："伏羲、神农、黄帝之书谓之《三坟》，少昊、颛顼、高辛、唐虞之书谓之《五典》。言常道也。”然《七略》《汉书·艺文志》《隋书·经籍志》均未著录此书，可见亡佚甚久。传晋代阮咸曾注《古三坟》一卷。至唐，孔颖达受命注疏《五经》，因《书》用古文《尚书》，遇《三坟》《五典》之说，不得不作训解。因而引证贾逵、马融、郑玄之说，始知汉朝人亦不过训解而已，并未实见其书。

至北宋元丰年间，《古三坟书》被衢州江山毛渐偶然发现，并流布于世。南宋时，又被衢州进士沈斐所刊刻。

毛渐，字正仲，一作进仲，北宋治平四年（1067年）进士。累官吏部右侍郎，进直龙图阁，卒赠龙图待制。元丰七年（1084年），毛渐奉使巡按京西，于唐州比阳（今河南泌阳）民间获《古三坟书》。毛渐在此书序中称：

> 余奉使京西，巡按属邑，历唐州之比阳，道无邮亭，因寓食于民舍。有题于户曰“《三坟书》某从借去。”亟呼主人而问之。曰：“古之《三坟》也，某家实有是书。”因命取而阅之。《三坟》各有传。《坟》乃古文，而传乃隶书。观其言简而礼畅，疑非后世之所能为也。就借而归录，间出以示。

《古三坟书》之真伪，在当时曾有争议。陈振孙《直斋书录解题》谓：

> 元丰中，毛渐正仲奉使京西，得之唐州民舍。《三坟》之名，惟见于《左氏》右尹子革之言。盖自孔子定书，断自唐、虞以下，前乎唐、虞，无征不信，不复采取，于是固以影响不存。去之二千载，因其书忽出，何可信也？

毛渐对《古三坟书》是信以为真的，故录而传布。我们姑且不论此书真伪如何。时隔六十二年后，衢州进士沈斐又主持将此书刻于婺州州学。

沈斐，衢州西安县人，主要活动于南宋初年。据康熙《衢州府志》、民国

《衢县志》记载，沈斐为建炎二年（1128年）进士。《古三坟书》卷尾镌有绍兴十七年的刻书跋文：“余家藏此《古三坟书》，而时人罕有识者，恐遂湮没，不传于世，乃命刻于婺州学中，以与天下共之。绍兴十七年岁次丁卯五月重五日三衢沈斐书。”

沈斐与毛渐是同乡，毛渐当年归录《古三坟书》，并“间以出示”，就有可能为邻邑沈氏所收藏，或所传录。

本书于北宋帝讳有避，有不避，不甚严谨。避南宋首帝高宗赵构嫌名，但于“慎”字均不缺笔，表明对孝宗嫌名讳尚未回避，其刊刻必在高宗之世。

宋版书有板心印刻工姓名之特点。颇值一提的是，《古三坟书》的刻工宋杲，曾于南宋绍兴年间在衢州参与过欧阳修撰《居士集》的刻印，这也从侧面证明沈斐跋文所言，此本确实开雕于南宋绍兴年间。

该书有陆元通、陶日发、宝康等题款以及袁克文跋。并有“元通”“陆氏山房”“山银朱氏珍赏图书”“完颜景贤精鉴”等藏书印。根据其递藏的钤印与题跋考证，《古三坟书》在元时曾为唐代陆龟蒙后裔甫里陆元通、陆德懋插架之物。明初，为进学斋叶氏所藏。嘉靖年间，又入松江鸿胪顾从德之手。清初，为钱曾珍藏。民国初，此本又归袁世凯子袁寒云所藏，后入潘氏室礼堂。中华人民共和国成立后，由潘世滋先生慨然捐献给国家，递藏可谓久远矣！

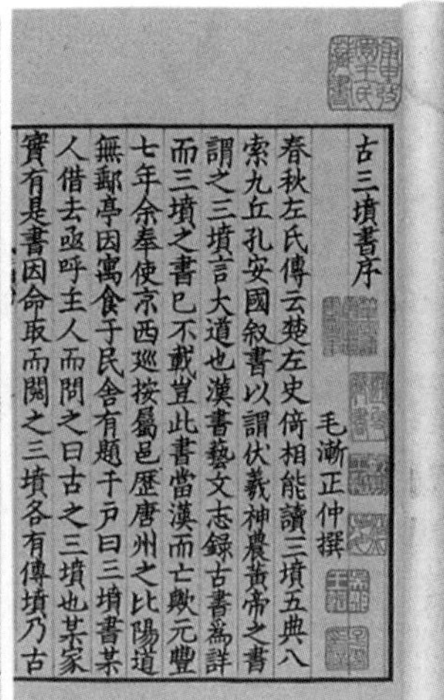

古三墳書序

毛漸正仲撰

春秋左氏傳云楚左史倚相能讀三墳五典八
索九丘孔安國叙書以謂伏羲神農黃帝之書
謂之三墳言大道也漢書藝文志録古書爲詳
而三墳之書已不載豈此書當漢而亡歟元豐
七年余奉使京西巡按屬邑歷唐州之比陽道
無郵亭因寓食于民舍有題于戶曰三墳書某
人借去亟呼主人而問之曰古之三墳也某家
寶有是書因命取而閲之三墳各有傳墳乃古

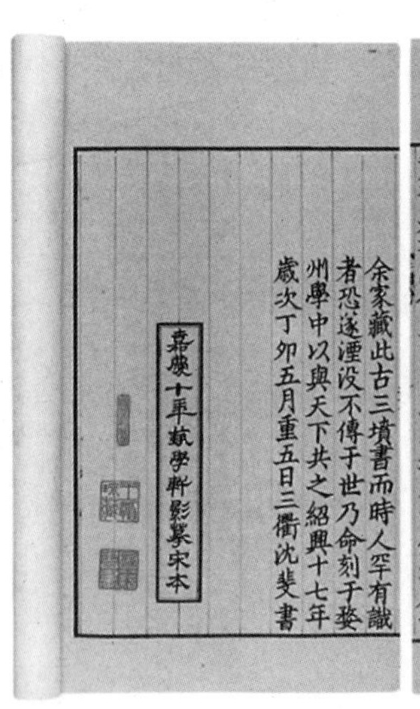

余家藏此古三墳書而時人罕有識
者恐遂湮没不傳于世乃命刻于婺
州學中以與天下共之紹興十七年
歲次丁卯五月重五日三衢沈斐書

嘉慶十年嫏學軒影摹宋本

《古三坟书》序

三、南宋衢刻本《郡斋读书志》

南宋理宗淳祐九年（1249年），衢州郡守游钧在衢州任上重刊《郡斋读书志》二十卷本，被称“衢本”。同年，黎安朝在袁州（今江西宜春）重刊四卷本，又刻了赵希弁续撰的《读书附志》一卷。次年，并刻赵希弁据衢本摘编而成《读书后志》二卷和《二本考异》。与《读书后志》相对，先前四卷本被称作《前志》。《前志》《附志》《后志》合为七卷，后称“袁本”。自此，《郡斋读书志》在流传中形成衢本和袁本两个版本系统。

晁公武（约1104—约1183年），字子止，号昭德先生（因祖居汴梁昭德坊），澶州清丰（今山东巨野县）人，著名目录学家。二十余岁逢“靖康之乱”，入蜀寓居嘉州（今四川乐山）。南宋高宗绍兴二年（1132年），登进士第，为四川转运副使井度属官。井度“天资好书”，是南宋初四川的一位藏书家，临终前将藏书尽送晁公武，成为撰录《郡斋读书志》的主要依据。

晁公武历知合州、恭州、荣州，公务事少，遂以井度所赠，加之自己所藏，除其重复，共得书24 500余卷，“日夕躬以朱黄雠校舛误，终篇，辄撮其大旨论之”，于绍兴二十一年（1151年）完成编录工作，并于“元日”作了书序。孝宗即位前夕，入为监察御史，后又出为利州路安抚使，擢四川安抚制置使，兼知成都府，历扬州、潭州。乾道七年（1171年），晁公武除临安府少尹，未几即罢，以吏部侍郎休致。晚年，晁公武居嘉州符文乡，又得闲暇，再对全志重加订补，手自编定，由杜鹏举刊刻，是为四卷本。刊行之后，晁公武又进行了一次全面的补正，增入了未著录或新成之书，补写了十五六则小序，多立了两个类目，调整了近五十部书的归类，改变了部分类目编次的窜乱，书名更注意名实相符，卷数往往取足本或后出版本更换残本和先出之本，作者也多所订正和明确认定。题要的撰写增补最富，包括书名释义、篇目、篇数及编次、成书原委、序跋或附录、体例、特点和内容介绍、辨伪与考订、前代书目的著录、版本情况、撰者的生平事迹。此外，有关学术源流、典章制度、史实考辨以及评论文字，也增补甚多。

可惜，晁公武未能看到其结集刊行，最后由姚应绩刊刻成书，是为二十卷本。这两个蜀刻本都已亡佚。

该志是现存最早的、具有题要的私家藏书目录，基本包括南宋以前的各类重要著述。该志著录图书1 496部，除去重见者，实为1 492部（袁本著录1 470部，除去重见，为1 459部）。其中，尤以唐、宋（北宋和南宋初）书籍为完备，可补两《唐志》和《宋史・艺文志》之缺。分类依当时通行之法，经、史、子、集四部之下设类：经部十类、史部十三类、子部十八类、集部四类，共四十五类（袁本《前志》分四十三类）。书首有总序，每部之前有大序称“总论”，二十五个类目前有小序（袁本《前志》九个类目前有小序）。小序未标明，置该类第一部书的题要中。每类之内，各书大体依时代先后编次。史部立史评类，衢本集部立文说类，具有开创意义。两个版本系统，历元、明两代，虽流传不缀，但未重刻过。清康熙六十一年（1722年），陈师曾重刻袁本。

嘉庆二十四年（1819年），汪士钟重刻衢本。光绪十一年（1885年），王先谦以汪士钟重刻衢本为底本，校以陈师曾重刻袁本之抄本等，成一合校本。《四库全书》所收两江总督采进本，属袁本系统。

民国年间，南宋淳祐袁州刊本在故宫博物院图书馆被发现，涵芬楼、四部丛刊三编、万有文库先后据以影印或缩印。1990年，上海古籍出版社出版《郡斋读书志校证》，以汪士钟所刊衢本为底，合校以涵芬楼影印南宋淳祐袁州刊本，并作内容疏证和考订，又附以赵希弁《读书附志》，是目前较完备的一个校点本。

《郡斋读书志》二十卷，具有多方面的学术价值。首先，收入的图书达1 492部，基本上包括了宋代以前各类重要的典籍，尤以搜罗唐代和北宋时期的典籍更为完备。这些典籍至今不少已亡佚和残缺，后世可据书目的提要而窥其大略。其次，体例有严谨的安排，全目分经、史、子、集四部，部下又分四十五小类；书有总序，部有大序，多数小类前有小序；每书有解题，从而形成了一个严谨完备的体系。全书的大序、小序中，注意阐述各部各类的学术渊源和流变，发挥了古代目录学“辨章学术，考镜源流”的优良传统。尤其是他对经学素有研究，因此在经部大序、小序中，叙先秦、两汉、魏晋、中唐经学的演变和流弊富有独特的见解。第三，由于所录各书为晁氏实藏，所以在提要中对典籍情况的介绍咸有凭据，自非其他从抄旧录书目所能比拟。晁氏撰写的提要不仅翔实有据，而且注重考订，内容详略得当。如在集部别集类《蔡邕集》的提要中说：“凡文集其人正史有传者，止掇论其文学之辞，及略载乡里，所终爵位，或死非其理亦附见……若史逸其事者，则杂取它书详载焉，庶后有考。”其介绍作者生平、成书原委、学术渊源及有关典章制度、轶闻掌故，皆能引用唐宋实录、宋朝国史、登科记及有关史传目录，并详加考证。这些材料许多今已失传，因此晁氏所撰提要内容，多具有较高史料价值。第四，《郡斋读书志》是我国现存最早的、具有提要内容的私藏书目，对于后世目录学影响很大。比晁公武稍晚的目录学家陈振孙说：“其所发明，有足观者。”

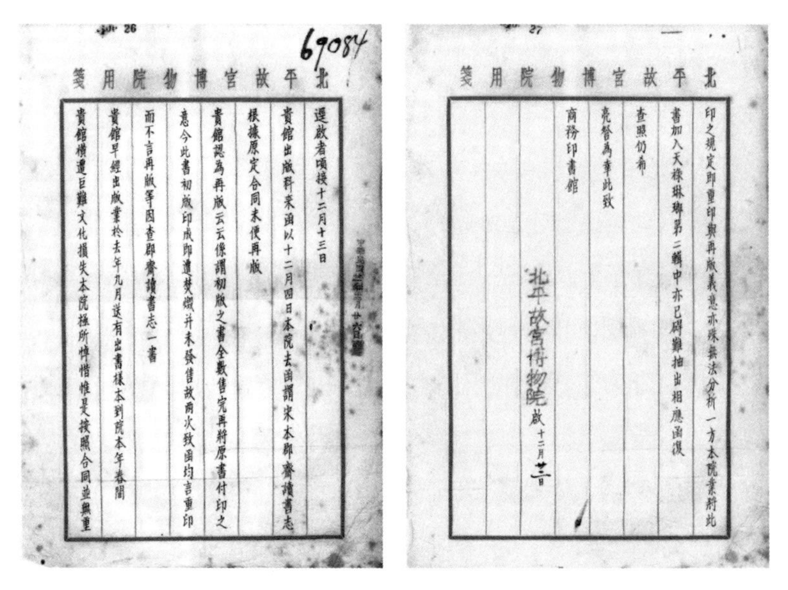
北平故宫博物院用箋
逕啟者頃接十二月十三日
貴館出版科來函以十二月四日本院去函謂宋本郡齋讀書志
根據原定合同未便再版
貴館認為再版云云係謂初版之書全數售完再將原書付印之
意今此書初版印成即遭焚燬並未發售故兩次致函均言重印
而不言再版等因查郡齋讀書志一書
貴館早經出版業於去年九月送有出書樣本到院本年春間
貴館横遭巨難文化損失本院極所惋惜惟是按照合同並無重
印之規定即重印與再版義意亦殊無法分析一方本院業將此
書加入天祿琳瑯第二輯中亦已礙難抽出相應函復
查照仍希
亮督為幸此致
商務印書館
北平故宮博物院啟 十二月廿三

宋版《郡斋读书志》出版函

陈氏所作《直斋书录解题》就是效法《郡斋读书志》撰成的，有不少内容引用了晁氏的书目提要。宋末学者王应麟的《困学纪闻》《汉书艺文志考证》《玉海》也大量征引了《郡斋读书志》。至于元代马端临《文献通考·经籍考》，则主要是以晁、陈二书目为蓝本编纂的。直至清代的目录巨编《四库全书总目》，仍采用《郡斋读书志》材料达三百多条。由此可见，《郡斋读书志》在我国目录学史上有重要地位。

四、衢州州学宋刻宋元明递修本《三国志》

2008年6—9月，安徽皖西学院馆藏宋代衢州州学刊版、宋元明递修本《三国志》被遴选进京，参加国家图书馆"国家珍贵古籍特展"。这部古籍善本在皖西学院珍藏了五十多年，是目前发现的国内唯一保存完整的，且有名家题跋的《三国志》宋刻本，具有极高的文物、科研价值。

西晋陈寿撰《三国志》六十五卷，纪传体史书。该书记载了魏文帝黄初元年（220年）至晋武帝太康六年（280年）间魏、蜀、吴三国之史事。包括魏志三十卷、蜀志十五卷、吴志二十卷。三志原本各自独立，后世合为一书。南朝裴松之为之作注，引用书目159种，史料增补远多于原本，且开一代注释体例，极便后学。

此书刻印精美，笔画较细，字体灵活。版式半页十行十九字、注双行二十三字，左右双栏，单鱼尾，无刻工名。书的卷十四、十九、二十一、二十三、二十七、二十八、三十、三十五、六十四卷末，均刻"右修职郎衢州录事参军蔡宙校正兼镂板""左迪功郎衢州州学教授陆俊民校正"两行文字。"右修职郎""录事参军""左迪功郎"皆为宋代文职官阶。由此可见，该书最初之版当为宋代衢州州学所刻。

皖西学院是在原六安师范专科学校基础上组建的。1958年，原六安师范专科学校刚刚建校，学校负责人从上海古籍书店购得了这套《三国志》。这部书堪称绝版。目前国内发现的宋刻版《三国志》藏书中，除皖西学院外，上海图书馆尚有一部，唯仅存五卷。而皖西学院的这部《三国志》全套六十五卷均保存完整，分32册装订，未受到任何损坏。有意思的是，几十年来，这部衢州刻本《三国志》在《中国古籍善本书目》中竟然没有记载，绝版善本，可谓藏在“深闺”人未识。

此书珍贵之处何在？我国木刻雕版印刷始于唐末，盛于宋，流行于元、明、清时期。而存世的木刻雕版古籍，多为明清时期的，宋本极少。这部《三国志》不仅是宋朝的，而且是“宋衢州州学刻”，属于官方出版物，其刻字、印刷质量明显优于私刻本。

该书有清末民国时期著名藏书家、文献学家、诗人温廷敬的近两千字题跋。温廷敬（1869—1954年），民国广东大埔人，号止斋老人，岭南著名学者、文献学家。温廷敬家富藏书，书室名为“诗无用书斋”。温氏在该书前留下近两千字的题跋，并钤有“温廷敬印”“丹铭”“温氏丹铭”“古万川温氏藏”“止斋”等朱文篆印，足见其对该书之重视和偏好。此后，该书由浙江著名藏书家沈仲涛珍藏。沈仲涛（1892—1980年），现代藏书家，号研易楼主人，浙江山阴（今绍兴）人，清嘉道年间大藏书家沈复粲（1779—1850年）之裔孙。沈仲涛早年在上海经商，以其盈利购书收藏，曾在商务印书馆供职，与著名出版家王云五有深交。1949年迁居台北。沈仲涛承家学渊源，酷嗜书籍，购藏善本书不遗余力，民国间杨绍和“海源阁”、傅增湘“双鉴楼”、李盛铎“木樨轩”、潘祖荫“滂喜斋”等藏书大家的书相继流散后，他先后购得百余种，数千册，后来捐入台北故宫博物院。该书中就钤有“弱志斋”“研易楼”“山阴沈仲涛珍藏秘籍”等朱文印。沈仲涛赴台，将其珍藏的古籍尽数带走。这部《三国志》当为漏网之鱼，缘何留下，在进入上海古籍书店之前，又经历了哪些故事，至今依然谜。

在这部《三国志》古籍上，少数页面字体略大，但都十分清晰，当为“元明递修”。这是宋代的雕版因年代久远，出现缺损字后，于元、明时期补版印刷，递修、刻字留下的痕迹，向后人传递着当时印刷技术的信息。

通观全书，金黄色的书页工整地套在白纸上，只要翻动白纸便可揭起，避免用手直接接触书页。这种装帧称“金镶玉”，黄色的书页一张张附在白纸之上，就像白玉之上的黄金，可见当年藏书家对这部古籍的珍爱。

另据温廷敬在跋文中考证，衢州州学尚有另一种刊本。民国涵芬楼原藏有宋代衢州刻《三国志》之《魏志》。1913年，商务印书馆张元济影印宋绍熙百衲本《三国志》时，曾以宋衢州本补替绍熙本所缺之三卷。所不同的是，百衲本《三国志》中的衢州州学刻本与递修本相比，字迹笔画较粗，字体更端庄，而且几乎每页版心下方都有刻工的姓名。说明宋代衢州州学刻印至少两种不同版本的《三国志》，足见当时衢州刻书之盛。

五、南宋刻本《孔氏六帖》

《孔氏六帖》是孔子后裔、宋代孔传南渡衢州后在知抚州任上继唐代白居易《白氏六帖》而撰写的一部类书。目前存世的仅有台北故宫博物院典藏二十九卷，以及北京国家图书馆珍藏一卷，为宋乾道二年（1166年）韩仲道泉州刊本，外观高26厘米，宽17厘米；板框高21厘米，宽15厘米。千百年来，宋版《孔氏六帖》未见藏书家著录，尚得存在人寰，实为书林奇事。是书流传真是稀如星凤。此书卷首有韩子苍序：“孔侯之书，如官家之储材，栋榱枅栱，云委山积，匠者得之，应手不穷，其用岂小？”是公允客观的说法。

《白孔六帖》，原各自成书，分别为三十卷，南宋末年，书坊合并刊行，并变更卷数为百卷。元明以降，各家刊行者均从百卷本。于是唐宋《白孔六帖》合成一书，原来单行本遂不见踪影。

《孔氏六帖》中有明文渊阁印记，而明文渊阁书目著录此书说“一部十册，阙”，知明内府收藏时已不全。此本后来从明内府中散出，康熙间为山西按察使宋筠所得，乾嘉时期入藏内府，《天禄琳琅续目》有著录。

近年来，受中华书局委托，曾担任中国史学会理事、湖北省社会科学院历史研究所所长的李文澜承担点校整理唐宋类书《白孔六帖》的工作，并开始研究《孔氏六帖》留存情况。

2012年9月，应台湾暨南国际大学邀请，李文澜赴台进行学术访问和研究。在此期间，台北故宫博物院图书文献馆提供了所存的二十九卷《孔氏六帖》宋刻原书供他校读。此前，李文澜曾在北京查阅过国家图书馆所藏《孔氏六帖》。李文澜认为，两地所藏《孔氏六帖》版口相同，即均有黑双鱼尾，版心上端刻有该版面字数，下端有刻工姓名，且两地刻工署名者有十人相同。两地藏本钤印相同，有清宫“天禄琳琅”的藏书标志。而且台北所藏《孔氏六帖》缺少卷十一，但总目录有卷十一的门目三十六门，与北京所藏《孔氏六帖》卷十一完全一致。依据藏书中的文印以及《天禄琳琅书目后编》等史料，可以推定两岸所藏此书为同一版本。值得庆幸的是，孤本《孔氏六帖》如今虽分藏海峡两岸，但毕竟是足本存世，留给后人的不会是残本的缺憾。

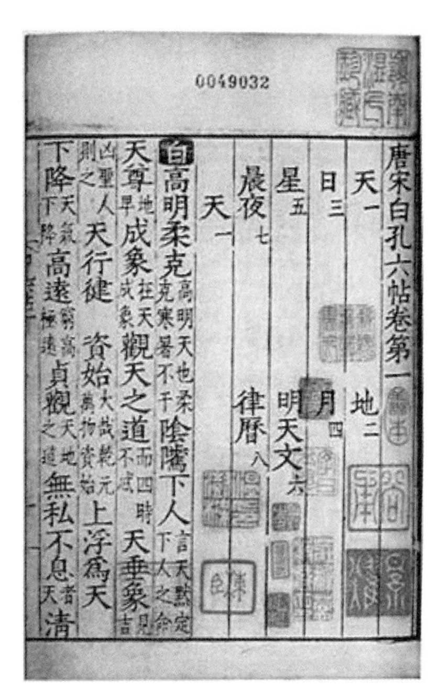
0049032
唐宋白孔六帖卷第一
天一　地二
日三　月四
星五　明天文六
晨夜七　律曆八
天一
白 高明柔克 高明天也柔克寒暑不干 陰隲下人 言天默定下人之命
天尊 卑地 成象 在天成象 觀天之道 而四時不忒 天垂象 見吉
凶聖人則之 天行健 資始 大哉乾元萬物資始 上浮爲天
下降 天氣下降 高遠 窮高極遠 貞觀 天地之道 無私 不息 者天 清

《白孔六帖》书影

《孔氏六帖》在文献学、版本学、校勘学和历史学方面都具有很高的价值，应当合璧出版。学者李文澜说：“2011年，两岸分别将收藏的《富春山居图》合璧展出，引发轰动。有学者建议，分藏海峡两岸的三十卷《孔氏六帖》也应合璧出版。希望以此为契机，推动《孔氏六帖》足本出版，让它能成为下一个‘富春山居图’。”

六、施元之刻《新仪象法要》

施元之所刻宋椠《新仪象法要》，可谓宋椠中翘楚之一，《古书版本常谈》中即提到宋代长兴人施元之所雕版此书。可惜，此宋椠已不存，不过，今通行各本都源出南宋乾道八年壬辰（1172年）施元之刻本，共三卷。施元之曾据当时所见的各本进行过校补。书中所谓“一本”“别本”就是施元之补入的。

钱曾《读书敏求记》记载，《新仪象法要》三卷，前列苏颂进仪象状。卷终二行云，乾道壬辰九月九日，吴兴施元之刻本于三衢坐啸斋。

全书正文以图为主，介绍水运仪象台总体和各部结构。各图附有文字说明。卷上介绍浑仪，有图十七种。卷中介绍浑象。除五种结构图外，另有星图二种五幅，四时昏晓中星图九种。卷下则为水运仪象台总体、台内各原动及传动机械、报时机构等，共图二十三种，附别本作法图四种。其中还有唯一一段不带图的文字：“仪象运水法”，讲述利用水力带动整座仪象台运转的过程。全书总计有图六十种。

这些结构图是中国现存最古的机械图纸。它采用透视和示意的画法，并标注名称来描绘机件。通过复原研究，证明这些图的一点一线都有根据，与书中所记尺寸数字准确相符。本书是中国现存最早的水力运转天文仪器专著。它反映了中国在11世纪的天文学和机械制造技术水平。通过研究，人们得以了解中国古代的水运仪象传统，还从此得知近代机械钟表的关键性部件——锚状擒纵器是中国发明的。宋椠渐稀少，通行本中以清代钱熙祚等人刊刻《守山阁丛书》刊本为善。

七、元刻本《冷斋夜话》

《冷斋夜话》十卷，惠洪（1071—1128年）撰，三衢石林叶敦私刊本。

是书体例介于笔记与诗话之间，但以论诗为主。论诗多称引元祐诸人，以苏轼、黄庭坚为最。书中多通过引述诗句提出并阐述一些诗歌理论。

《冷斋夜话》约成书于政和三年（1113年）惠洪自崖州赦还之后。此书在《郡斋读书志》《直斋书录解题》《宋史·艺文志》均著录于小说家类，《四库全书》收于子部杂家类。但卷一至卷五主要记诗及诗坛事，《四库提要》谓：“是书杂记见闻而论诗者居十之八。论诗之中，称引元祐诸人又十之八，而黄庭坚语尤多。”卷六至卷十则多述佛门逸事奇闻。此书保存了不少文学批评史上的宝贵资料，被胡仔《苕溪渔隐丛话》多所引用。但记事有夸诞伪造之迹，陈善《扪虱新话》、许颉《彦周诗话》等皆有非议。

此书也提出了关于诗歌的重要见解，如所记黄庭坚“夺胎换骨”法，对宋以后诗坛影响颇大。“文章以气为主，气以诚为主”；作诗当“沛然从肺腑中流出”，应“不见斧凿痕”；“古之人意有所至，则见于情，诗句盖其寓也”，“当论其意，不当泥其句”，“诗者妙观逸想之所寓也，岂可限于绳墨哉！”这些论述，体现了贵真、贵情、贵意的观点。此书尤主含蓄，提出了诗之含蓄有“句含蓄”“意含蓄”和“句意俱含蓄”三种形态，称赏王维和王安石“五言四句诗得于天趣”，认为含蓄是“用事琢句妙在言其用而不言其名”。惠洪之诗自然而有文采，独立于江西诗派之外，其所论颇可与创作相印证。

《冷斋夜话》久行于世，然自宋晁公武、陈善，迄今人郭绍虞，均对其多所非议，认为书中有假托，“多夸诞”，既有“伪造之病”，亦有“剽窃之弊”。《天厨禁脔》为宋人所不取，郭绍虞亦“以其体例不同诗话，故不述”。然而，此二书毕竟能代表惠洪的诗论，作为宋诗话之一家，仍有不可忽视的理论价值。至于惠洪在书中所表现的因急于求名而交结公卿，附庸风雅，竟至不惜伪造假托，借人言以为重等弊端，则应当分析对待。

晚清湖州陆心源曾藏此书，他在《仪顾堂续跋》卷一跋云：“是书僧惠洪所编也。洪本筠州彭氏子，祝发为僧，以诗名闻海内，与苏黄为方外交。是书古今传记与夫骚人墨客多所取□（缺一字，似为‘用’字），惜旧本讹谬，且冰火散失之余，几不传于世。本堂家藏善本，与旧本编次大有不同，再加订正，以绣诸梓与同志者供之，幸荐。至正癸未暮春新刊。”后有“三衢石林叶敦印”一行。每叶十八行，每行十七字。……叶敦无考，自署石林，当为梦得之裔。疑元时坊贾耳。

《冷斋夜话》另有《津逮秘书》本、《萤雪轩丛书》本，《丛书集成初编》据津逮本影印本。

八、清道光木活字本《四隐集》

南宋江山“柴氏四隐”即柴望（1212—1280年）、柴随亨（1220—1280年）、柴元亨（1124—？年）、柴元彪（1224—1297年）从兄弟四人，是著名的南宋移民群体。他们分别官至国史编校、知建昌军、京湖制参、建宁府观察推官，入元后偕隐居家乡。四库重臣纪晓岚在《柴氏四隐集》提要中称：“亮节高风萃于一门”，《四库全书总目提要》中称：“可与谢翱诸人并传不朽”，堪为宋代节义之杰出代表。

《柴氏四隐集》传世版本主要以明万历十六年（1588年）柴复贞辑刻本为祖本，以《四库全书》本与《宋集珍本丛刊》本两种版本为代表。而衢州文献馆则藏有清道光本《四隐集》四卷本，此本与柴望另著《丙丁龟鉴》附刻于江山柴氏《江阳嵩高柴氏宗谱》后；清道光二十五年（1845年），柴随亨十七世孙亨荣以其家藏《秋堂集》《瞻岵集》《袜线集》三种抄本为基础，增以柴元彪子登孙《芳所吟稿》，并录其宗谱所载柴氏四隐诗文，遂重刻而成（以下称“道光本”）。

根据学者周扬波研究考订，道光本的内容较传世版本多出近三分之一，且篇目顺序、归类、附刻等皆有较大差异，具有很高的文献和校勘价值。道光本与明万历柴复贞辑刻本非出一系。该本卷一为柴望《秋堂集》，收录柴望诗109首；卷二为柴随亨《瞻岵居士集》，收录柴随亨诗6首；卷三为柴元彪《袜线集》，收录柴元彪诗45首；卷四增柴元彪子登孙《芳所吟稿》一卷，收录诗35首，以补柴元亨佚作之憾，足《四隐集》之数。道光本柴望、柴随亨、柴元彪三隐作品合计181首，在涵盖了《四库全书》本149首，与《宋集珍本丛刊》本146首之主体外，又有新篇45首，占传世版本作品总数近三分之一。

道光本的篇目顺序与传世本亦有较大差异。尤其是柴随亨的作品，《四库全书》本与《宋集珍本丛刊》本诗作皆为26首，而道光本仅收诗6首（其中《江郎山》在《四库全书》本与《宋集珍本丛刊》本中皆入柴元彪名下），其他19首诗，分别被列入柴望与柴元彪作品。还需值得一提的是，道光本卷一附录宋人饯别柴望诗8首、序文1篇，以及卷三附录宋元人与柴元彪唱和诗4首，皆为宋元人遗佚之诗文。其中周弼、朱继芳等皆为宋末江湖诗派名家。

九、国家档案文献遗产《清漾毛氏宗谱》

1999年8月27日，新落成的江山市档案馆举行了《清漾毛氏族谱》捐赠仪式。三江互感器有限公司董事长毛赛春将以3 000元人民币买下的《清漾毛氏族谱》捐赠给档案馆永久保存。

捐赠的族谱共65册，整整一樟木箱。入馆后，档案人员在整理时发现尚有缺失。于是围绕散佚在外的另外3册开展了征集活动。分别于1999、2007和2009年先后从民间征集到《清漾毛氏族谱》外集、内集及谱头各一册。至此，这套68册修纂于清同治己巳年（1869年）的族谱全部入藏江山市档案馆。

《清漾毛氏族谱》由毛氏第二十七世后裔、北宋治平四年（1067年）进士、龙图阁待制毛渐始纂于北宋元丰六年（1083年）。后分别于明洪武二年（1369年）、永乐二十一年（1423年）、宣德十年（1435年）、明成化五年（1469年）、万历五年（1577年）、万历三十四年（1606年）、崇祯十五年（1642年）、清乾隆年间、清同治八年（1869年）、民国二十五年（1936年）共修纂12次，延续近千年。

清同治己巳年修纂的《清漾毛氏族谱》系第十一次修纂本。该谱分“内、外、天、春、夏、秋、冬、地”八集。其中内集七卷六册：卷一为人物事迹的功德考；卷二为历代封赐等的恩荣考；卷三为祠图墓图考；卷四为宗范志；卷五为收录族人所撰铭、状、志、传、奏议等的家翰志；卷六为收录族人所撰文、歌、诗、赋、序、书等的家翰志。外集四卷三册，为历代族人获颁诰敕、圣谕、祭文的纶音志；历代官员与名士为清漾毛氏与族人所撰铭、传、志、赞、诔、序、记、颂、歌、赋、书柬、祭文等外翰志。天集八卷十七册，为祖宅派之系图、行传等；春、夏、秋三集六卷五册，为祖宅派及所衍里畲派、东川派、严口派之系图、行传等。冬集五卷三十一册，为镇安、礼贤、凝湖、永兴坞、广渡、镇西、万三、盘亭、横山底等派系图、行传等。地集二卷六册，为沙堤、龙源、中睦等派系图、行传等。该谱具有可信度高、谱系完整、体例独特、人文荟萃、儒教典范等特点。

《清漾毛氏宗谱》开本宽18厘米，高29厘米；竹纸、线装；封面于上书口内沿印书签；内页面双框单栏，页十行；版心单鱼尾，其上署谱名，其下署集卷内容，底部署页码及修纂时间。

2001年9月，浙江省档案局领导到江山市档案局工作调研，在听取《清漾毛氏族谱》相关情况汇报后，立即提议向国家档案局申报“中国档案文献遗产”。

2002年3月，《清漾毛氏族谱》经过“中国档案文献遗产工程”国家咨询委员会投票表决，入选第一批《中国档案文献遗产名录》，而且是档案文献遗产中唯一一部由民间修纂的私家谱牒。国家档案局、中央档案馆档函（2002）42号文下发了《关于入选〈中国档案文献遗产名录〉》的通知。

“中国档案文献遗产工程”国家咨询委员会的评价是：

> 《清漾毛氏族谱》为清同治己巳年编纂。据专家考证，毛泽东的祖先系清漾毛氏的后人。《清漾毛氏族谱》记载了周文王第十子郑分封于毛国，被奉为毛氏的第一世祖，毛宝孙毛琚建功后食邑信安（衢州），毛宝的八世孙毛元琼于梁武帝大同年间迁居江山清漾。毛泽东的祖先毛让由江山清漾迁居江西吉水龙城，成为江西吉水毛姓的始祖。吉水仙茶乡人毛太华赴云南从军，因军功从云南来湖南定居，为韶山毛氏的祖先。毛氏在浙江江山、江西吉水、湖南韶山迅速繁衍，涌现出大批名人。这部《清漾毛氏族谱》是三衢（衢州）毛氏现存最完整的、编辑年代较早的族谱。它具体反映了毛氏，特别是江南毛氏主支在衢州繁衍、迁移和发展的情况，对研究中国古代人口迁移、家族繁衍等方面有重要参考价值。

第四章 藏 书

中国的藏书文化源远流长。书籍是传播知识的有效载体，也是文化积累的重要工具。灿烂、悠久、丰富的文化典籍能够得以保存和流传，与历代藏书家的艰辛活动分不开。

衢州藏书历史悠久。南朝时徐伯珍的祛蒙山精舍、隋唐的州县学都曾是藏书之所，既是佛教寺院亦富藏书。元代释觉岸《释氏稽古略》称，杭州永明寺禅师道潜，在吴越王来杭州之前，曾经驻锡衢州古寺阅《大藏经》。《十国春秋·道潜传》亦云："道潜寻结庐衢州古寺，阅《大藏经》。"五代永明延寿禅寺在衢州天宁禅寺撰著《宗镜录》，集贤首、慈恩、天台各宗教义，引用大量经典，有"宗门镜"之称，可见衢州的寺院在五代时就有藏书。

两宋时期，衢州书院林立，讲学活动兴盛，亦为藏书之所。如柯山书院，亦名梅岩精舍，北宋大观间，毛友于此筑室读书，元代马端临两度出任山长，撰著《文献通考》，名誉海内；南宋乾道末年，开化汪观国致仕后建学馆"听雨轩"，吕祖谦、朱熹、陆九渊等游此论学讲道，宋端宗亲赐"包山书院"匾额；咸淳间（1247—1265年），知州陈蒙建清献书院，以清献故里为名。

古代衢州的藏书虽以衙署、州学、县学、书院为主，但"多士之郡、人文渊薮"，其中亦不乏私家藏书之大家。他们为承继三衢文脉，节衣缩食、倾囊以购、孜孜以求地保存文化典籍，推动了社会文明与进步的发展。历代的藏书事业，无论公藏、私藏或是寺观藏书、书院藏书，均对中华文明的发展、社会的进步作出了不可替代的贡献。

第一节　衢州历代藏书家

藏书家的历史作为是一种客观存在。我们将视角固定在图书典籍上，不难发现，藏书家的历史贡献集中体现在对中国历代典籍的保存、流播、完善与捐赠上，如古籍的爱护、内容的校勘与补正、残缺古籍的搜访与集全、典籍的捐公等。

衢州私家藏书历史悠久，代不乏人。宋代汪应辰、汪逵父子，开化程俱，清代刘履芬、刘毓盘父子，民国余绍宋等，皆为藏书巨擘。衢州历史上的藏书家主要特色：一是家学渊源。许多藏书家皆累世而积。如宋代状元汪应辰、汪逵父子所藏苏东坡遗墨；明代杨继洲《针灸大成》之撰成；清季江山词家刘履芬、刘毓盘父子所藏诗词典籍。龙游寒柯堂之所藏，则为余可大、余恩镕、余福溥、余延秋、余绍宋、余翼等六代，传世而不衰，实属罕见。二是术有专攻。许多藏书家或经学家，或史学家，或文学家，他们在读书、购书、抄书和校书的购藏活动中，形成各自特色的藏书，且为保存珍本、善本文化典籍而历尽艰辛。三是藏以致用。藏书在传播文化典籍、促进学术研究、著述立说方面发挥的作用十分突出。四是气节崇高。许多衢州藏书家不求闻达，淡泊明志。“富贵不能淫，贫贱不能移，威武不能屈。”他们甘守清贫，高风亮节，崇高的气节给后人以深远的影响。

郑平　吴天纪三年（279年），亦即西晋咸宁五年，年逾七十的郑平，目睹吴国统治者的横征暴敛和奢侈荒淫，加之晋武帝司马炎欲举兵攻关。内忧外患，郑平遂萌发了挂冠归隐之念。他叹道：“桑榆景暮，感念于生寄死归之说。”卸甲归田后，郑平隐身于山林之间，自号“疏林逸老”，筑书室“桂馥斋”于峥嵘之东，寄情诗酒。“桂馥斋”可谓衢州见诸文献记载最早的书斋与藏书楼。

殷浩(303—356年),字渊源,陈郡长平(今河南西华)人,东晋时期的著名大臣、将领。早年以见识度量、清明高远而负有美名,尤其精通玄理,酷爱《老子》《易经》。永和九年(353年),殷浩因军事失利被罢黜,废为庶人,流放东阳郡信安县(今衢州)。

殷浩在衢州依旧读书于瀔水之滨,不废谈道咏诗。他的外甥韩伯,素来受到殷浩的赏识和喜欢,殷浩称赞他能自定位置,显然是个超群的人才。他随舅舅同到衢州流放之地,在此读书和切磋学术。一年后回京,殷浩送到水边,吟咏曹颜远的诗道:"富贵他人合,贫贱亲戚离。"韩伯后来成为东晋时期著名的玄学家、训诂学家,著有《周易注解》。

若纳 北宋藏书家。若纳为崇义公柴咏次子,官至三班奉职。可惜史籍对若纳记载极少,仅见于《宋史》第一百一十九卷。

徐赓 衢州石室人。朱熹弟子。据《浙江历代藏书家名录》载,衢州籍宋代藏书家徐赓曾藏书万卷。又据宋代梁克家的《三山志》载,徐赓官至左朝请大夫,藏书万卷于东庄。陆游为其撰《桥南书院记》。

孔传 南宗孔氏自宋南渡至今已历二十余世。家庙旧时有家塾之设,圣泽楼颇有藏书。据明弘治十八年(1505年)郡守长洲沈杰的《东家杂记》跋文载:"(孔)传自东鲁来衢,生长阙里,故记载甚悉。刻本旧在府治东斋,今遂存者仅半,因索其原本,命工补缀,复以家庙旧藏小影,摹刻于前,使读者知所起敬,且以见孔氏文献之足征云。"沈杰又曾编刻《家庙图志》,从"因索其原本"等语略见明代南孔家庙有一定藏书。《孔氏六帖》是中国古籍中著名的类书,包括天文、地理、动物、植物、科技、政治、文学、艺术、历史、风俗等。此书是孔子后裔孔传续白居易《六帖》编纂。如此浩大的编辑工作,肯定需要不少藏书。

程俱(1078—1144年),字致道,号北山,衢州开化人。生于科名鼎盛世家,伯祖父程宿是北宋端拱元年(988年)状元,祖父程迪是宋仁宗庆历二年(1042

年）榜眼，父亲程天民是熙宁六年（1073年）进士。母亲是尚书左丞邓润甫的女儿。程俱九岁丧父，随母寓外祖父家，家中藏书丰富。程俱从小饱读诗书，遍览经史。

绍圣四年（1097年），程俱以外祖父邓润甫恩荫入仕，补吴江县（今属江苏）主簿，监舒州太湖（今属安徽）盐场，建中靖国元年（1101年）因上疏触怒当局被黜。徽宗政和元年（1111年），程俱起用为泗州临淮县令。宣和二年（1120年），赐上舍上第。宣和三年，程俱任礼部员外郎，以病告归。

南宋建炎三年（1129年），程俱起用，以太常少卿知秀州。十二月金兵南渡占据临安，攻陷崇德、海盐等县，驰檄诱降。程俱率部守华亭，留兵马都监守城。绍兴元年（1131年），任少监，奏修日历。搜集三馆旧闻辑《麟台故事》呈朝廷，升任中书舍人兼侍讲。曾奏言："国家之患，在于论事者不敢尽情，当事者不敢任责。……今言不合则见排于当时，事不谐则追咎于始议。故虽有智如陈平，不敢以金帛行离间之计；勇如相如，不敢全玉璧以抗强秦；通财如刘晏，不敢理财使军食充裕。使人人不敢当事，不敢尽谋，则艰危之时，谁与图回而恢复？"切中时弊。绍兴六年（1136年），程俱任集贤殿修撰、徽猷阁待制，在宫内敢于提出一些批评和建议，"不安于心者必反复言之，无所畏避"。他这种为人耿直的精神，为朝中正直官员所赞赏。晚年累官至朝议大夫，赐封信安开国伯，食邑九百户。程俱虽然身患严重的风湿病，行动不便，但仍勤勤恳恳、治文治史，整理朝廷文书典籍。绍兴九年（1139年），秦桧荐程俱领史事兼任万寿观提举、实录院修撰，并免朝参。程俱谙秦桧为人，知其意在笼络，力辞不受，告归。诗多五言古诗，风格清劲古淡，有《北山小集》等。

汪逵（1144—1214年），字季璐。玉山（今江西玉山）人。状元汪应辰次子。元代陶宗仪《南村辍耕录》载："汪逵，字季路，衢州人，官至端明殿学士。建集古堂，藏奇书秘迹金石遗文二千卷。著《淳化阁帖辨记》十卷，极为详备。"

乾道间，汪应辰寓居衢州超化寺直至病逝。汪逵工书，常为其父代笔。汪氏父子藏苏轼手迹多帧，朱熹莅衢，曾多次获观，有《晦庵题跋》记之。

乾道八年(1172年)，汪逵登进士第，后官至南宋吏部尚书、太子詹事、端明殿学士，封玉山开国子。时任参加政事的楼钥对他的评价为："恪守家法，博学多识，绰有父风。" 在任国子司业时，遇上韩侂胄依仗宁宗皇后韩氏权势，与刘德秀沆瀣一气，斥道学为"伪学"。汪逵上疏驳辩，遭贬黜七年(1201—1207年)，闲居在家，直至韩侂胄被杀，嘉定元年(1208年)才被召为太常卿，迁吏部尚书，端明殿学士。嘉定七年(1214年)三月，汪逵卒于任上。

吾丘衍(1268—1311年)，字子行。开化人。平生藏书颇富，经史子集无不罗揽。18岁时，吾丘衍随父徙居钱塘生花坊，独处一楼隐居，专事著述讲学。他嗜读古书，精通经史诸子百家、熟谙音律、精篆石，尤其在印学方面有突出贡献，时人誉他为"印人柱石"，赞他的印法"起八代之衰"。鲁迅对他的篆刻有"复见尔雅之风"的极高评价。

吾丘衍藏书既富且精，他所居的生花坊小楼"图书四壁"。在衢州元人藏书中，吾丘衍首屈一指。他死后藏书散出，不少人购得其散佚的藏书，颇具特色。明人陈继儒《妮古录》记："明代赵期颐以藏书精妙而著称于世，而其书多得自吾丘衍处。" 由此可揣想吾丘衍在钱塘是一位颇有实力的藏书家。

吾丘衍博览群书，著述宏富。经史类有《学古编》；印书类有《周秦刻石音释》；文辞类有《闲居录》；音乐类有《听玄集》等十二部。其中为《四库全书》著录的有《周秦刻石音释》《学古编》《闲居录》《竹素山房诗集》。《四库全书总目》对吾丘衍的诗予以较高评价，称其诗"颇效李贺体……然胸次既高，神韵自别，往往于町畦之外，逸致横生"。

元代藏书家吾丘衍为人志行高洁。他蔑视功名富贵，决不趋炎附势，时人称其"意气简傲，不为公侯屈色"。有次廉访使徐琰慕名来访，吾丘衍在楼上呼道："此楼何堪富贵人登也，愿明日起谒谢！" 后来吾丘衍被诬入狱，他义不受辱,投西湖而死。在人生最严峻的关头,他敢于舍生取义,以死殉节。

刘文瑞 据《浙江历代藏书家名录》载,刘文瑞(1269—1329年),开化人,藏书万余卷于所办的塾学内。

杨继洲(1522—1620年),名济时。衢州人,明代著名针灸学家。杨继洲出身于世代从医的家庭,家藏秘方、验方与医学典籍极其丰富。他潜心攻读医学,寒暑不辍,勤奋刻苦,研医术,擅针灸,行医46年。巡按山西御史赵文炳患痿痹疾,百医不治,继洲三针而愈。从此,杨继洲的名声传扬于朝野。他精心搜集明以前历代针灸文献,取材于《素问》《难经》,以家传《卫生针灸玄机秘要》为基础,结合实践经验,编著《针灸大成》十卷。该书列入《四库全书总目》,近代被译成德、法、拉丁等多种文字出版,被国内医学界奉为经典。

童珮(1524—1578年),字子鸣。龙游人。出身于书商家庭。童珮从小随父往返于吴越之间,以贩卖书籍为生。他常与书打交道,逐渐懂得书籍的价值,由贩书变为藏书。每遇珍本、善本,童珮常不计其值,胡应麟《少室山房笔丛》:"龙丘童子鸣家藏书二万五千卷,余尝得其目,颇多秘帙。"《善本书室藏书志》载,童珮"以诗名,乃书贾也""耽书籍,谓淫痴成癖"。旧志还载,童珮"瞻槁下皆贮书,佩读之穷日夜不休,藏书万卷皆亲手雠校"。童珮一生为藏书孜孜以求,且有书目列出。文学家胡应麟见其藏书目录极备,赞曰:"所胪列经史子集犁然会心,令人手舞足蹈。"童珮喜藏书而又善读书,曾经赴昆山从师归有光,学业更为精达。他整日读书校勘,乐此不疲,尤勤吟诗作文。其诗风格清越,不失古音。文章功夫深厚,尤善考证书画名迹,古碑金彝之属。

童珮与名家王世贞、王稺登、胡应麟等均有交往,曾有宗室请他去京城品评书画,欲强留作为宾客。他坚辞,随后不告而别。知府韩邦宪准备替他旌表乡里,他也坚决推辞。童珮淡泊功名、不愿攀附权贵的气节,于此可见一斑。

童珮爱书和搜集珍善本的精神颇多感人之处。他为搜集"初唐四杰"之一的杨盈川诗文，不遗余力，煞费苦心。他踏遍龙游土地，广泛搜寻，认真审阅校勘，辑杨炯《盈川集》付梓。他辑录《盈川集》与当今流行的本子基本相符，可见童珮当年所花的精力。童珮著有《童子鸣集》六卷，为《四库全书》存目。此外，童珮曾辑衢籍乡贤徐安贞的著作为《徐侍郎集》，后藏于宁波天一阁。清代叶昌炽《藏书纪事诗》四〇七《童珮子鸣》：

高士南州以礼罗，前苌后珮接云萝。
龙丘一叶藏书舫，卧听烟波渔父歌。

徐应秋　字君义，号云林。明代衢州人。四川巡抚、学者徐可求次子。少时即手不释卷，有书癖，藏书充栋，又喜读书，藏书颇为其所用。明万历四十四年（1616年）进士，官至福建左布政使。徐应秋政迹炫赫，刚正不阿，不媚于魏忠贤而被削夺职位，遂返归里，杜门授徒，著书立说。著有《玉芝堂谈荟》《骈字凭霄》《雪艇尘余》《古文藻海》《古文奇艳》等。清《浙江通志》卷一百八十一有传。名入《浙江藏书家史略》。

徐洪理　字仲玉，号蛰庵。明代常山人。明崇祯间（1628—1644年）补弟子员，明亡隐居不仕，授徒立矩，严而有法。徐洪理有漱石山房藏书楼，藏书颇富。他精研不辍，著有《前朝历科会元墨选》《三衢人物考》《蛰庵诗集》等。

余钰　字式如。明代衢州人。清《浙江通志》卷一百八十一有传，谓其“天资卓荦。藏书万卷，皆丹黄数过，终日下帷，不与外事。古文诗歌，沉郁华瞻。”余钰有《纯师集》存世，现藏美国国会图书馆。

何乔遇　字人徒。明代龙游人。博览洽闻。少与王思任交谊甚笃。同在郭青螺舍讲习经义。其家贫，衣食恒不给，然藏书数千卷，无不贯综其涉猎。后以岁贡任宁波甬东教职，后转宣平县，求学者“屦满户外”。后王思任在越中举荐，不就。著述甚富，以兵燹散佚。

胡荣 字希华。明代人。曾师从金华汪公若，得其归旨。旧志载其“搜猎百家，旁通九艺，拥书万卷，反覆披寻”。胡荣手不释卷，名传乡里。他淡泊功名，不求富贵，终身不仕，更为后人称道。晚年胡荣优游山水，自称“瀔溪渔者”。胡荣拥书万卷，反复披览，著有《瀔溪渔唱集》。

余忱 字士元。康熙时龙游人。嗜学好古，至耄年犹不懈。淹贯经史百家言。作为诗文，沉雄高古，天真烂然。尤善结交名流，与尤侗、韩菼、李渔皆有赠答。性喜营建，曾筑楼藏书甚富，颜曰“书种”。又于城西北隅筑镜园，穿池引流，赋诗为乐。弟余恂，顺治解元，翰林院庶吉士，官福建学政。

陈圣洛(1708—1795年)，字二川，号且翁。衢州西安县人。邑庠生。人品高洁，与季弟圣泽、宗弟一夔同负诗名。居柯城菱湖草堂，与游皆当世名士。家藏图史甚富，终日坐拥书城，赋物怀人，不问窗外事。月白风清时，或抚焦桐以适志。手定诗文，率清丽芊绵，渊雅可诵。

詹绍治 字廷飏，号卧龕。衢州常山人。乾隆岁贡。性嗜好读书，工诗歌词赋，家多藏书，点校书籍，评定次第，“甲乙丹黄皆数过”。为人雅静端严，敦行尚义，好奖励后学。年逾八旬，手不释卷。著有《五经辑要》《南湖草薰弦集》藏于家。

叶淳 字伟三，号质生。清代龙游人。诸生出身。与开化金溪戴敦元至好。戴敦元家贫，叶淳常资助他。戴敦元过龙游，必住其家。戴后官至刑部尚书。叶淳工草书，神采俊逸，亦擅长水墨画。收藏书籍、字画、金石、碑帖颇丰，尤精鉴赏考订。

张德容(1820—1888年)，清朝官员。名谷，字德容，自号“松坪”，衢州黄坛口人。清咸丰二年(1852年)举人。翌年，中进士二甲第二十六名，钦点翰林院庶吉士。散馆后任翰林院编修。历任军机处章京、兵部郎中等，职掌军政机要。与晚清的许多饱学之士深有交往，如军机大臣潘祖荫、太傅翁同龢、大藏书家朱学勤、金石家何昆玉等。同治十一年(1872年)，任岳州知府。光绪五年(1879年),再度任岳州知府。曾两次大修岳阳楼。其中清光绪五年(1879年)组织的岳阳楼大修,工程最为浩繁、大胆,堪称岳阳楼保护史上的里程碑。任职期间关心民瘼,颇有惠政,并精通诗、画,太傅翁同龢在《题张松坪潇湘梦游图》评之:“岳州太守贤大夫,吏才诗笔当今无。”张德容是晚清大藏家,收藏以金石碑帖为主,并以藏宋拓《石门颂》为世人惊叹。随着藏品的积累和时机的成熟,1872年,他在岳州任上完成了《金石聚》十六卷,“十余年间服官之暇”,于“草堂养疴时”完成。由于他的斋号是“二铭草堂”,所以书取名《二铭草堂金石聚》。张德容后携《金石聚》雕版回乡,光绪间曾重刊。“文革”期间,雕版皆毁。

刘履芬(1827—1879年),字彦清,一字泖生,号沤梦,祖籍浙江江山,随父客居江苏苏州。幼承家教,又从名儒王韫斋学文,他熟读诸子百家,精通音韵,通晓词律,还精通版本学,又善于校勘评注,曾批注过《红楼梦》《三国志》等。其酷爱诗词,通晓音律。清道光二十六年(1846年),入国子监为太学生。咸丰七年(1857年),捐户部主事。光绪五年(1879年),代理嘉定知县,因为民雪冤与两江总督沈葆桢不洽,含愤自杀,巡抚吴元炳闻其为雪民冤而死,从厚殓恤。著作有《古红梅阁遗集》,内有骈文二卷、古近体诗五卷、《鸥梦词》一卷。红梅阁是刘履芬藏书处,辑有《红梅阁藏书目》,其藏书大多盖有“江山刘履芬彦清氏考藏”等印章。刘氏藏书,曾编《古红梅阁藏书目》,传至刘毓盘,民国后散佚。项士元在《浙江藏书家考略》种记载:“衢属推江山刘氏毓盘,字子庚,谙熟版本目录,兼工倚声,曾任北大学教授,今除刘氏客死燕京,遗书散失。”

叶元祺 号吉臣。龙游大公殿村人。同治拔贡。父亲叶鸣冈,笃学励志,咸丰举人。太平军起,家藏书籍幸未被焚。叶元祺生平廉介,性复恬逸,不慕荣利,笃学嗜古。光绪间,被龙游知县聘为凤梧书院山长,议修志,董其事。自幼至老手未尝释卷。虽严寒酷暑乃至患病,也未尝废读。家藏书籍甚丰,读书喜加墨点评,藏书丹黄粲然,几乎无空白处。临终仍喃喃诵书,无一语涉及家事。

著有《话雨草堂文集》。

刘国光 清代光绪年间两次出任衢州知府,藏书近万卷。后由他的儿子刘浚、刘侃、刘蕃分别继承。在抗战期间,其藏书大部分散佚。《衢县志》记载,刘国光在任内政勤爱民,兴办教育,养老恤孤。诸政次第毕举,政声卓著。他还重视衢州地方志的保护,如康熙《衢州府志》四十卷,清光绪八年(1882年)刻。

毛云鹏(1875—1943年),字酉峰。江山城关太平坊人。少年时即博览经、史、子、集等典籍,又赴余姚从叶秉钧专学王阳明姚江学派理学。清末兴办新学,1905年受江山知县李钟岳委托创办江山中学堂,任学监,曾延请马叙伦、余绍宋等授课。1907年,任县劝学所总董事。毛云鹏以其博学获得江山教育界的拥戴,对江山地方教育作出较大贡献。1912年,当选为浙江省第一届省议会议员,并与马叙伦创办《彗星报》,任主笔。南京国民政府成立后,曾任外交部中文处秘书、科长。项士元在《浙江藏书家考略》中记载:"江山毛云鹏酉丰,工书,精鉴赏,收藏法书名帖颇多。"

1936年,杭州举办浙江文献展览会,毛氏藏书有较多的善本参与展出,为时人所推重。其藏书之精,窥一斑而见全豹。曾于北京碧梧山庄刊印所藏清代赵之谦藏《赵叔手札真迹》。

毛常(1881—1951年),字夷庚,衢州江山人。曾任厦门大学教授。毛喜读书、好买书、爱藏书。其藏书不重版本,实用为主,以清末民初所印行者居多,总藏量在万册以上。其中有康熙刻本《通志堂经解》。毛常颇具儒家气度。堂堂正正做人,不同流俗,有岩岩特立之节,为蔡元培所奖掖,为马寅初所钦佩。

余绍宋(1883—1949年),字越园,号寒柯,龙游人。余绍宋出身书香门第,善属文,精鉴赏,长方志,富藏书,尤工书画。寒柯堂是其藏书楼,藏书量达十余万卷。种类较多,其中仅绘画、佛教艺术等方面的藏书近千种,并兼有历代壁画,藏经、历代书画,以及碑拓本之类。地方志书也有相当一部分。项士元在《浙江藏书家考略》中记载:"龙游余绍宋樾园寒柯堂收藏金石字画甚富。"

余绍宋竭20年之精力,广泛收集浙江地方文献,仅以浙江省府县乡村新旧志书来说,就收藏430余部,其中许多旧志已属孤本,不少是稀世珍品。

余绍宋是我国近代卓有成就的学者,他著作等身,诗文书画无一不佳,著有价值很高的《画法要录》等书画专著四部。他主纂的《龙游县志》为梁启超所推崇。余绍宋还著《寒柯堂诗》,撰《续修四库全书提要》(子部·艺术类)等。写出这些有价值的著作,全赖他丰富的藏书。其寒柯堂藏书在衢州乃至全省享有盛名,可惜这十余万卷的藏书,在抗日战争时期损失惨重。抗战胜利后,余绍宋将其劫余的八千卷藏书,捐赠给故乡龙游县立图书馆,开创了衢州藏书家捐赠藏书的先例。1949年,余绍宋谢世后,尚有藏书16 000余卷。1950年2月,余绍宋子余翼、余遂捐赠寒柯堂藏书及碑帖字画10 000余册(件),被浙江省人民政府授予褒奖状,今由浙江图书馆珍藏。私人藏书,国家管理,书尽其用,受益于整个社会,体现了余绍宋的高尚品格。

杜宝光(1884—1974年),字云章,衢县城关人,祖籍海宁。毕业于浙江两级师范学堂优级史地科,为张宗祥等名师亲炙弟子。1914年任衢县单级小学教员养成所所长、浙江第八师范学校校长;1923年任衢县教育会会长。终身从事教育事业。1946年为衢县文献委员会委员。不曜斋为其藏书处,有《藏书诗》:

藏书岂为儿孙计,亦欲捐贻大众前。
两度马期遭散失,祝他无恙在人间。

汪展(1889—1953年),字志庄。江山大陈人。晚清衢州首富汪乃恕次子。民国七年(1918年)任国会众议院议员。民国十六年(1927年)任建德县县长。工书翰,富收藏,精鉴赏。藏品常钤"汪氏珍藏""环山园劫余物"等印。曾藏《四库全书荟要》。

汪梦松（1883—1954年），字孚若，一作梦空，安徽歙县人，寓居衢州高家乡。汪梦松于莲花镇"胡同茂号"经商生活四十余年，为一介儒商。汪氏博学多识，并嗜好金石，家中藏书甚富。1920年与弘一法师结缘，两人一见如故。汪梦松亦是一位高士，于学问、佛法、金石书画等皆造诣精深，弘一法师对其品行极为推崇，曾为其立传并治印两方。

毛春翔（1898—1973年），笔名乘云、夷白、童生，衢州江山人。1924年毕业于浙江法政专门学校，次年在江山县私立志澄初级中学任教员。1926年10月，与朱曜西等人筹组国民党江山县党部（左派），任工商部长。1927年2月北伐军抵达江山，被推选为"人民审判土豪劣绅委员会"主席，曾加入中国共产党。

蒋介石"四一二"政变后，毛春翔被捕，关押于杭州陆军监狱。两年后，由毛彦文、毛咸等营救出狱，去江西省上饶中学任教员。1930年，回江山主编《江山日报》，因该报针砭时政，报社被查封，他也被迫逃离江山。1932年，毛春翔到北京图书馆工作，从此专心研究图书古籍。次年他转到杭州，在浙江省立图书馆任善本编目员兼孤山分馆主任干事。1941年，毛春翔到重庆负责保管馆藏文澜阁《四库全书》。抗战胜利后，其在时任国民党中央政府教育部主管文博事业的徐伯璞率领下，将《四库全书》全部运回杭州，途经五十余天，备尝艰辛。回杭州后，毛春翔任图书馆特藏部主任，直至1965年退休。

毛春翔在北京市图书馆、浙江省图书馆工作三十余年，对古籍深有研究，精于鉴别，善于整理、保管，是著名的研究古籍版本的专家。著有《论语类编通义》（稿本）、《齐物论校读记》《浙江先哲遗书目录》《文澜阁书目》《古书版本常谈》《浙江省大事记》等。毛春翔关于版本学研究最著名的书是《古书版本常谈》，已再版多次。另有油印本《图书目录略说》《版本略说》。所著《版本略说》分明议、考原、史话、佛经版本等章节，在"浙江刻本"章节中，毛春翔指出衢州早在宋代其刻本已是一流。

徐映璞(1892—1981年),字镜泉,号清平山人,衢州北郊徐家坞人。5岁开蒙,8岁读完《四书》《五经》。11岁参加西安县会考,名列第一。13岁时,进鹿鸣书院,为廪膳生员。1910年,徐映璞考入地方自治研究所,并编《识字农文稿》。1912年,徐映璞被南浔水师统领王济成聘为家庭教师,与同人创办《苕溪周报》,编《浔湖续集》《行余吟章》。1913年7月,徐映璞赴杭州,曾在张景星、徐泰来等名门鸿儒家任家庭教师,并与西泠印社诸公往来密切。1921年,徐映璞进入金华道自治讲习分所学习,次年,任地方自治协进会总干事。1922年8月,徐映璞兼浙江省红十字会理事及水利委员会委员,著有《水利平议》。此后,徐映璞曾被选为浙江省宪法审查员、宪法协会执行委员,长期致力于地方志的研究与编纂。31岁时,徐映璞参与《衢县志》编撰工作。1934年,徐映璞任整理《烂柯山志》委员会常委,辑《新烂柯山志》。1937年10月,徐映璞任衢县抗敌后援会《抗敌导报》主编,1938年主编《抗卫旬刊》。抗战胜利后,与马一浮、张大千、张宗祥、徐元白等雅士弹琴作诗,号"西湖月会"。1946年6月,应浙江省通志馆馆长余绍宋之聘,徐映璞入馆编纂《田地考序列》和《军事略》。1980年,徐映璞被聘为浙江省文史馆馆员。徐映璞善作文赋诗,曾与同仁创设鹿鸣诗社,编有《鹿鸣诗社初集》,著有《九华山志》《南宗孔氏家庙考略》《地理考》《两浙史事丛稿》《杭州山水寺院名胜志》等。20世纪50年代,徐映璞被推为杭州文坛"三老",被出版界誉为历史学家、文学家、诗人。其学问之精、造诣之深,名闻东南。1988年出版《两浙史事丛稿》中收录《新五代史吴越世家补正》《黄巢入浙考》《太平军在浙江》《辛亥浙江光复记》《杭州驻防旗营考》《近百年米价》等。徐映璞的诗歌结集为《清平山人诗集》,皆具有宝贵的史料价值。1966年9月,徐映璞因"文革"起而被遣送回籍。又遭抄家,手稿八百余册及藏书、字画印章等被洗劫一空。然而环境如此,先生尚且著述不辍,撰《清平字说》《春秋片羽》《钱塘旅乘》《东园记》等八种,惜乎未存于世。1980年徐映璞受聘于浙江省文史馆,1981年去世。

程礼门(1896—1975年),字光典。书斋红隐龕。晚清寓衢名医程曦之子。程曦,新安槐塘人,徽州名医程正通后裔。来衢师从雷少逸,不仅儒士气十足,还喜藏书、研读、著述,参与了多种医籍的编写,尤其是将二百年前祖上留下来的《程衍道遗方》编注、刊行。新安医学的传播、普及与好儒重文及相关学术(程朱理学、江戴朴学等)、治学方法有密切的关系。程曦曾治愈衢州知府刘国光的多年顽疾,由此获赏银一百两,创办鼎元酱坊。

程礼门博览群书,学识渊博。通音律,擅昆曲,富收藏,精鉴赏,藏品尤以曲谱、琴谱为珍。1953年,张大千弟子、常熟曹大铁曾数次访书于衢,应邀登楼遍览,鉴赏古籍秘本。并获赠《古今说海》《徽言秘旨》《琴谱》《四夷志》《皇明人物志》《宋金元人词》等明刻本,曹氏曾撰《礼门先生造像记》以纪其事。程氏所藏之书以曲谱、琴谱为贵,"文革"中,作为"四旧"被查抄。晚年,程礼门穷困潦倒,食不果腹。杜瑰生有《纪红隐龕近况》诗:"一丝不挂日高眠,白雪难销饥火燃。谁说道人烟火绝,三餐托钵到街前。"程氏殁后,其家属将曲谱、琴谱二十八种捐献给衢州市博物馆(见公藏书目)。其余书籍大多散佚。衢州文献馆查访、蒐罗经年,获十之一二,且多为晚清、民国之本。书中多钤"程礼门""程光典""红隐龕""琴书为伴"等藏书印,亦为沧海遗珠矣!殁后,藏书多归衢州市博物馆。衢州文献馆辑有《红隐龕遗存书目》。

戴铭礼(1901—1991年),字立庵,衢州城关(今柯城区)人。1920年,戴铭礼毕业于浙江省立第八中学,名列第一。次年,进上海公学商科,主编《商学周刊》,常向《时事新报》副刊《学术》、《申报》副刊《经济周报》及《东方杂志》投稿。戴铭礼后受聘为《时事新报》特约撰述员,崭露头角。1925年大学毕业后,戴铭礼任汉口银行公会秘书兼银行杂志主编。1926年,任财政部赋税司荐任科员,主办全国印花税事宜。翌年改任钱币司科长。1931年升任帮办。1935年升任司长。1948年5月转任上海银行总经理。1949年5月,戴铭礼去香港。在财政部钱币司任内，戴铭礼曾任国民党中央政治会议经济专门委员会委员、财政部外汇审核委员会主任委员、行政院外汇管理委员会秘书长，改组后任常委、国民党中央银行监事。1946年，戴铭礼被选为国民代表大会代表。中华人民共和国成立后不久，戴铭礼返回大陆，受到周恩来接见。1955年戴铭礼参加上海人民银行金融研究室工作，编写《上海钱庄史料》《金城银行史料》两书并出版发行。1956年戴铭礼参加中国国民党革命委员会上海市委委员、常委。1986年，戴铭礼担任中国钱币学会名誉理事。家中藏书三万余册。

杜瑰生（1915—2015年），又名璝生。字韦庵，亦用韦堪。衢县城关人。杜宝光子。杜瑰生先后就读浙江第八中学、第十中学。曾供职于浙江省水利局气象测候站所。1938年，杜瑰生任衢县政府科员、指导员、户籍室主任。1940年，杜瑰生考试院行政人员特种考试及格，任省民政厅视察兼人事室主任、浙江行政学会理事、浙江行政图书馆研究指导部主任、英士大学指导。1948年，杜瑰生任海军第一军区上海基地司令部二阶教官。中华人民共和国成立后，杜瑰生任衢州中学、龙游中学、衢州二中语文、英语教师。杜瑰生曾任衢州市政协委员、政协文史资料委员会副主任、衢州市台胞台属联谊会会长、衢州政协鹿鸣诗社副社长、衢州市诗词学会顾问。著有《从重庆到苏联（书籍介绍）》《弘一上人两莅衢州》《东方的人师：圣哲甘地》《斯大林传（名人传记介绍）》等多篇著作。辑有《不曜斋现藏衢州博物馆书画目录》。

汪子豆（1921—2003年），原名汪志大，在上初中时曾用名汪林，当时买到有子恺漫画的书，看后很是痴迷，一心想拜师学艺。他仰慕丰先生的艺术学识和人格，即取“愷”字之中的“豆”字，得此笔名，并一直沿用。1946年，汪子豆考入上海美专。1958年，汪子豆曾受聘为全国农业展览馆的总设计师。1963年，汪子豆受邀协助筹建八大山人书画陈列馆；1973年，经程十发、张岳健介绍，汪子豆入上海工艺美术学校图书馆工作。2003年12月19日，汪子豆在南昌病故。

汪子豆自幼爱好文艺，尤其钟爱绘事和研究，对石涛、八大山人以及塞尚、梵高、毕加索等绘画大师的思想、艺术均有独到见解，在海内外享有较高声誉。汪子豆对近代画家齐白石、潘天寿、李叔同、徐悲鸿、傅抱石、丰子恺、朱屺瞻、关良、来楚生、谢稚柳、钱君匋等仰慕不已，并多有交游，为我国著名美术史学者、书画鉴赏家、编辑家。尤其是在八大山人的研究上，受到学界一致推崇。编著有《八大山人诗钞》《八大山人书画集》《八大山人年谱》《八大山人艺术》等。

藏书阁不仅藏汪子豆自己的研究成果，更多的是师友大著和一些资料书。据汪朗青先生介绍，此阁楼是仿照其父在上海四川北路书斋所建。阁内汗牛充栋，四排书架内挤满了书，约有一万二千余册，以美术资料为最多。2014年3月，汪子豆万册藏书全部捐赠给开化县政府。政府为表其功，专门开设一藏书馆，名为“汪子豆美术藏书馆”。

傅金泉 1936年出生。衢州市人。1954—1996年，傅金泉在衢州市酒厂从事技术工作。曾任化验员、技术质量科长、副厂长、研究室主任，成功研制“纯种酒药”“纯种中曲”“纯种发酵毛豆腐”等技术；研发新产品“桂花酒”“太白陈酿”“红曲保健酒”等。1993年，傅金泉研制黄酒活性干酵母获中国轻工业科技进步三等奖。1996年，傅金泉家庭被评为“衢州市十佳藏书家庭”之一。傅金泉藏书以酒类书刊为主，兼有文史书籍。多年来，傅金泉利用藏书资源，开展科学研究与新产品开发，编办《酿酒科技》刊物，交流资料，撰写论著。傅金泉主要编著或合著:《中国酒曲集锦》(中国轻工业协会发酵学会出版1986年)、《黄酒生产工艺》(中国轻工业出版社1988年)、《中国红曲及实用技术》(中国轻工业出版社1997年)、《中国酒曲》((中国轻工业出版社2000年)、《古今酿酒技术》(中国计量出版社 2000年)、《黄酒生产技术》(化学工业出版社2005年)、《中国酿酒微生物研究与应用》(中国轻工业出版社2008年)、《酒的生产实用技术》(中国食品出版社)。傅金泉在国外、国家、省级刊物发表论文

130多篇。近年来，还编写《中国黄酒酿造史料》《中国古今酒名记书目篇》《中国古代酒器图典》等。

李丁富（1938—2015年），衢州云溪乡人。1958年参加工作，曾任文成县委书记、温州市委宣传部副部长、组织部副部长、中共温州市委党校校长，党委书记，温州经济体制改革委员会主任，温州经济研究所所长，研究员。并任《中华博览》画报常务副社长，《今日世界》杂志社副总编，北京世纪焦点文化艺术传播中心常务副主任。自1984年以来，李丁富出版发行《现代组织学》《领导工程学》《温州之谜》等专著，主编《温州经济丛书》，参与编写《行政管理丛书》《领导学丛书》等著作，先后在国家级和省级报刊上发表《贫困地区干部心理挫伤和治疗》《温州经济发展中"看得见的手"——论政府导向型经济运行格局》《再论温州模式是邓小平理论实践产物》等80多篇论文。退休之后，回故乡衢州创办"百姓书院"。

陈定謇 1955年生，浙江台州人，随父母迁至金华。十五岁有志于科学，时当"文革"，欲学无门。改革开放，恢复高考，苦于失学时长，乏数理化基础，改考文科，边读中文边自修哲学与科学前沿。而后从省属单位，经两年寒窗青灯古佛，卒至乡间区校执教。好读书诲人，不求甚解，以己昏昏未能使人昭昭。三十而立始调入衢州报社，执新闻之业而喜旧闻掌故，其违世舛时，泰半若此。有书一室，小半翻阅，过目为多，心得殊少，偶有文章披露，亦无甚读者。码字数十年，甚感文从字顺之艰，恒羡慕他人杰构丽章乃使蓬荜生辉、洛城纸贵。自谦"作文与藏书，在小城恐亦在万人以下"，因名其书房为"万一"。曾任《衢州日报社》专刊部主任、衢州市政协常委、衢州市作家协会副主席。现为中国韵文学会会员、衢州市民间文艺家协会副主席、衢州市地名文化研究会副会长。主要著述有：《十四世纪的衢州与元曲》《三衢道中》《信安旧事》《灯火阑珊》《残照凭栏》《独上高楼》等。

余怀根 1955年生，浙江龙游人，祖籍江西上饶。1981年毕业于浙江师范学院金华分校中文科，初在中学任教，后至县委报道组撰稿。历任县委报道组组长，县委宣传部副部长，县文明办主任，《龙游报》总编辑，县广播电视局党委书记等职。系浙江省作家协会会员，浙江省散文学会会员，衢州市地名文化研究会会员，龙游县作家协会名誉主席。书房名曰“木亘阁”，不求其意高深，唯念父母赐名。计有藏书7 600余册，以文学、新闻和地方文化书籍居多。因无家学渊源，故无善本珍品。藏有民国己巳年上海共和书局石印《中华字典》，有乡贤华岗于中华人民共和国成立之初出版专著若干，有各种版本县志近百种。积四十年文字生涯，发表各种作品逾千件，计300余万字，获奖百余次，且多次获全国和省级奖。1975年发表处女作诗歌《书记的笠帽》，初次发表作品的喜悦感动一生，更创造人生。个人专著有《临江走笔》(作家出版社出版)，《吾乡吾土》(现代出版社出版)。主编及参与编辑《乡贤光辉照龙游》《龙游古村故事》《我们的二十年》《龙游石窟文集》《龙游旅游》《龙游人文村庄》《龙游商帮研究》和《风雅龙游》等。

刘国庆 1957年生于衢州。祖籍河北沧州。系中国民间文艺家协会会员、浙江省民间文艺家协会顾问、浙江省民俗文化促进会理事、衢州市地名文化研究会会长、政协衢州书画之友社副秘书长、三衢琴社社长。曾任衢州电力局办公室主任、党委办公室主任、衢州市电力学会秘书长、浙江省民间文艺家协会副主席，衢州市民间文艺家协会主席，衢州市第四、五届政协委员并兼任政协文史委员会副主任。长期致力于衢州地域文化的研究，藏书三万余册，尤以衢州著述、明清刻本、乡贤遗墨、衢州谱牒、古琴文献、科举文献为特色。1997年，应陈立夫题写并创设“衢州文献馆”，别署“峥嵘山馆”。1996年，被评为“衢州市十佳藏书家庭”之一，并获国家文化部、全国妇联“优秀读书家庭”之称号。2016年，向衢江区人民政府捐赠杨继洲《针灸大成》历代版本二十余种、叶伯敬医方笺一千余件以及其他中医古籍。主要著述有:《一代名人话衢州》《鹿鸣弦歌：衢州古琴文化》《衢州书画人物录》《衢州明果禅寺志》

《赵抃研究论文集》《可爱的乌溪江》《乌溪江水力发电厂志》(总纂)、《衢州姓氏》(合著)、《信安湖诗选》(合著)、《衢州弄堂》(执行主编)、《衢州地名故事》(执行主编)等。并任《衢州历史文献集成》《衢州文库 区域文化集成》等大型丛书编委。

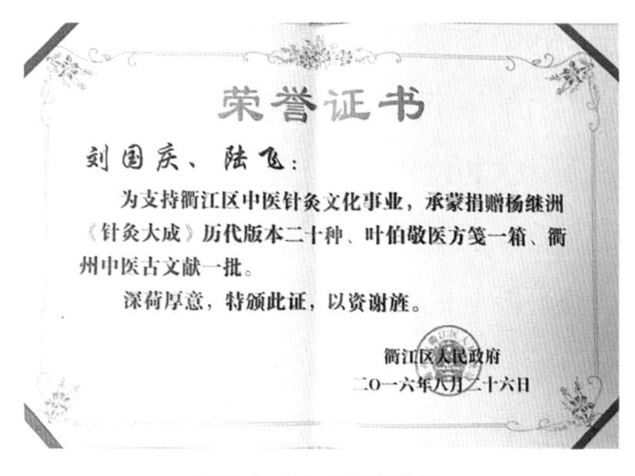

荣誉证书

刘国庆、陆飞：

为支持衢江区中医针灸文化事业，承蒙捐赠杨继洲《针灸大成》历代版本二十种、叶伯敬医方笺一箱、衢州中医古文献一批。

深荷厚意，特颁此证，以资谢旌。

衢江区人民政府

二〇一六年八月二十六日

刘国庆夫妇捐赠证书

曾令兵　1965年6月出生，衢州常山县人，大专学历，县政协委员、中国收藏家协会理事、浙江省优秀民间文艺人才，浙西半典阁连环画博物馆馆长、浙江省收藏协会理事、衢州市收藏协会副会长，常山县收藏协会会长、常山县民间文艺家协会会长、中国第四批非物质文化遗产“常山喝彩歌谣”传承人。

衢州首届十大藏书家

1990年，曾令兵开始步入收藏圈，主要以古籍、连环画、民俗类藏品为主，含明、清、现代等各种版本连环画四万余册，各类连环画资料、原稿、画刊等数以万计。2013年，曾令兵创办浙西半典阁连环画博物馆，同时，还开设连环画创作室。曾令兵藏有民国著名连环画家沈曼云原稿《忠烈传》；第一部被命名为连环图画民国陈丹旭绘《三国志》；1942年曹涵美绘《金瓶梅》；1952年李成勋等绘《楚汉相争》；1957—1963年由上海人民美术出版社创作出版的《三国演义》等。

第二节　公 藏 书 目

衢州州县学历史悠久，文风盛，藏书亦盛。两宋时期，衢州属两浙东路，亦为两宋刻书的重点地区。政府与学校的藏书机构主要以衙署、州学、县学与书院为主。

据记载，衢州衙署藏书曾有：宋乾道七年（1171年）藏《五代史》《五代会要》，淳祐九年（1249年）藏《郡斋读书志》，咸淳九年（1273年）藏《四书章句集注》。明代前中期，衢州府衙署所藏书有《杜诗虞注》《论学绳尺》《赵清献公集》《吴文公集》《绝妙古今》等。同时，衢州府还藏有所属各县地方文献及地方志书。

衢州州、县学自唐及明，多次毁修。崇祯十四年（1641年），知府张文达重修明伦堂，同年建尊经阁以藏书。府学旧藏有朝廷赐书，明末时毁。

历史上的衢州书院，林林总总。始建于北宋而盛于南宋，绵流元、明、清三代而不衰，至清末书院改中、小学堂为止。书院之名，古为修书、藏书之所。以教育为主的衢州书院承续了图书馆藏书的功能。书院藏书主要以儒家经籍、文史典籍为主，尤以理学占较大的比重。书院的藏书主要来源于皇帝御赐、官吏向官书局征集、官吏捐置、私家捐置，少部分自行刊印。

清代衢州的藏书以衢州正谊书院、龙游凤梧书院、江山文溪书院为代表。

西安县青霞书院、定志书院，龙游龙山书院、盈川书院，江山常山定阳书院，开化钟峰书院、天香书院等亦例有藏书。

民国时期，1914年成立的常山县图书馆成为衢州地区最早的县级公共图书馆。1929年，设立衢县民众教育部图书馆，藏有图书达7 800多册，杂志5 400册。1933年，衢州各县民众教育馆经费统计如下：衢县3 146元；龙游2 468元；江山2 684元；常山1 290元；开化556元。至全面抗战前，图书已增至1.7万册，后皆毁于日寇侵略之战火。衢州市图书馆有藏书35万册。衢州博物馆藏有古籍近3万册，其中不乏善本。

一、嘉靖衢州府学贮书目

御制颁降书籍（共二十四部）

1.《为善阴骘书》一部五册

2.《孝顺事实》一部五册

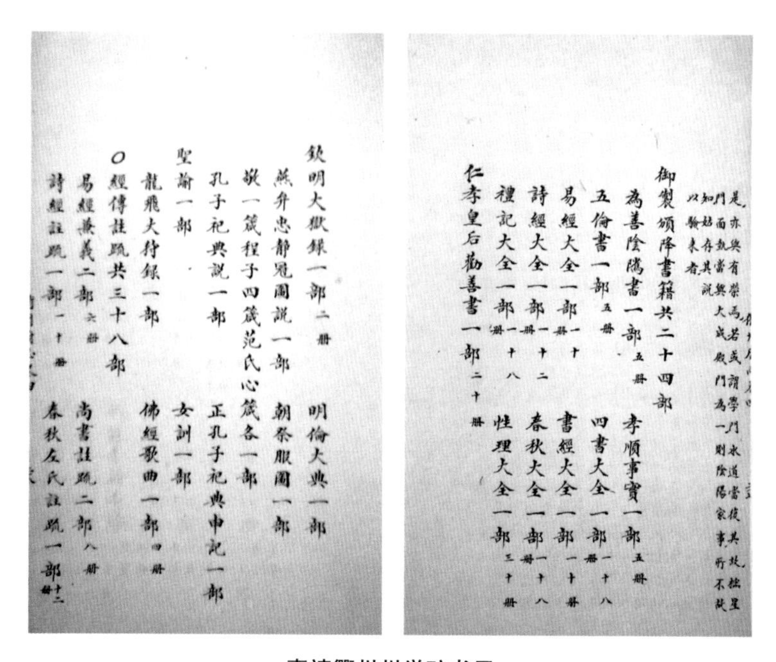
御製頒降書籍共二十四部
為善陰騭書一部五冊　孝順事實一部五冊
五倫書一部五冊　四書大全一部一十八冊
易經大全一部一十冊　書經大全一部一十冊
詩經大全一部一十二冊　春秋大全一部一十八冊
禮記大全一部一十八冊　性理大全一部三十冊
仁孝皇后勸善書一部二十冊

欽明大獄錄一部二冊　明倫大典一部
燕弁忠靜冠圖說一部　朝祭服圖一部
敬一箴程子四箴范氏心箴各一部
孔子祀典說一部　正孔子祀典申記一部
聖諭一部　女訓一部
龍飛大狩錄一部　佛經歌曲一部四冊
〇經傳註疏共三十八部
易經兼義二部六冊　尚書註疏二部八冊
詩經註疏一部一十冊　春秋左氏註疏一部十二冊

嘉靖衢州州学贮书目

3.《五伦书》一部五册

4.《四书大全》一部十八册

5.《易经大全》一部一十册

6.《书经大全》一部一十册

7.《诗经大全》一部一十二册

8.《春秋大全》一部一十八册

9.《礼记大全》一部一十八册

10.《性理大全》一部三十册

11.《仁孝皇后劝善书》一部二十册

12.《钦明大狱录》一部二册

13.《明伦大典》一部

14.《燕弁忠静冠图说》一部

15.《朝祭服图》一部

16.《敬一箴》一部

17.《程子四箴》一部

18.《范氏心箴》一部

19.《孔子祀典说》一部

20.《正孔子祀典申记》一部

21.《圣谕》一部

22.《女训》一部

23.《龙飞大狩录》一部

24.《佛经歌典》一部四册

经传注疏（共三十八部）

1.《易经兼义》二部六册

2.《尚书注疏》二部八册

3.《诗经注疏》一部一十二册

4.《春秋左氏注疏》一部十二册

5.《谷梁注疏》二部六册

6.《公羊注疏》二部一十册

7.《礼记注疏》一部一十二册

8.《仪礼》一部六册

9.《周礼注疏》二部一十六册

10.《三礼考注》十部一百册

11.《孝经注疏》二部

12.《尔雅注疏》二部四册

13.《仪礼经传》一部一十册

14.《家礼仪节》一部四册

15.《文公仪礼经传》一部五十四册

16.《仪礼注疏》一部一十册

17.《陈氏礼书》一部一十四册

18.《陈氏乐书》一部一十四册

19.《论语注疏》二部四册

20.《孟子注疏》二部五册

诸史（共二十二部）

1.《前汉书》一部二十九册

2.《后汉书》一部三十八册

3.《五代书史》一部十三册

4.《晋书》一部三十四册

5.《魏书》一部三十六册

6.《史记》一部二十八册

7.《唐书》一部五十七册

8.《梁书》一部一十三册

9.《北史》一部三十七册

10.《隋书》一部二十五册

11.《陈书》一部七册

12.《周书》一部九册

13.《宋书》一部三十二册

14.《南齐》一部一十五册

15.《北齐》一部一十一册

16.《宋史》一部一百九十一册

17.《辽史》一部一十二册

18.《金史》一部三十八册

19.《元史》一部四十九册

20.《古今识鉴》一部

21.《通鉴纲目》一部八十八册

22.《宋元纲目》一部一十四册

23.《资治通鉴》一部八十八册

诸集(共二十六部)

1.《太玄本旨》一部二册

2.《汉俊》一部二册

3.《文献通考》一部八十册

4.《文章正宗》一部二十册

5.《大学衍义补》一部二十册

6.《姚文敏公集》一部三册

7.《朱文公台寓录》一部二册

8.《吴兴明贤录》一部二册

9.《李太白诗集》一部六册

10.《疑辩录》一部三册

11.《方蛟峰批点论祖》一册

12.《刘按察集》一部二册

13.《忠简公文集》一册

14.《鹿城书院集》一册

15.《陆宣公奏议》一部四册

16.《东莱博议》一部二册

17.《梅溪文集》一部一十册

18.《叶水心文集》一部六册

19.《苏平仲文集》一部四册

20.《诚意伯文集》一部十册

21.《杨文懿公集》一部四册

22.《郑氏麟溪集》一部四册

23.《魏文靖公摘稿》一部四册

24.《渭南文集》一部一十册

25.《钓台集》一部三册

26.《竹斋诗集》一部二册

诸志（共二十二部）

1.《大明一统志》一部二十四册

2.《西安县志》一部二册，外续志一册

3.《龙游县志》一部二册

4.《江山县志》一部二册

5.《常山县志》一部二册

6.《开化县志》一部四册

7.《宁波府志》一部四册

8.《慈溪县志》一部

9.《赤城新志》一部四册

10.《赤城旧志》一部六册

11.《金华府志》一部四册

12.《严州府志》一部四册

13.《温州府志》一部六册

14.《处州府志》一部六册

15.《会稽县志》一部十二册

16.《嵊县志》一部四册

17.《宁海县志》一部二册

18.《萧山县志》一部二册

19.《桐乡县志》一部一册

20.《兰溪县志》一部二册

21.《武康县志》一册

22.《遂安县志》一册

方术

1.《医方选要》一部一十册

2.《外科集验方》一部二册

（资料来源：明嘉靖《衢州府志》）

二、明天启西安县学贮书目

御制颁降书籍

1.《为善阴骘》一部四册

2.《孝顺事实》一部二册

3.《五伦书》一部四册

4.《四书大全》一部二十册

5.《易经大全》一部一十册

6.《书经大全》一部一十册

7.《诗经大全》一部一十册

8.《春秋大全》一部十七册

9.《礼记大全》一部十八册

10.《性理大全》一部三十册

11.《明伦大典》一部八册

12.《佛经》一部五册

13.《仁孝皇后劝善书》一部八册

经传注疏、文章正宗、通鉴、县志

1.《四书注疏》一部四册

2.《诗经注疏》一部九册

3.《春秋注疏》一部五册

4.《礼记注疏》一部十册

5.《三礼考注》一部六册

6.《尔雅注疏》一部二册

7.《文章正宗》一部十九册

8.《通鉴》一部十册续置

9.《西安县志》一部二册(新写)

(资料来源：明天启《衢州府志》)

三、清嘉庆西安县学藏书目

清嘉庆《西安县志》记载，衢州府西安县学有建尊经阁。“在明伦堂后，《旧志》明嘉靖二十三年教谕谭敷建。三十八年训导汪旦督修。万历二十四年知县蔡元□相修。四十八年知县郑觐光改建。国朝康熙七年李忱修。乾隆二十八年知县刘甫冈继修。贮书：

1.《御纂周易折中》

2.《御纂书经传说》

3.《御纂诗经传说》

4.《御纂春秋传说》

5.《御纂性理精义》

6.《上谕》

7.《钦定四书文》

8.《御制朋党论》

9.《圣谕广训》

10.《大清会典》

11.《圣朝训示典谟》

12.《御制盛京赋》

13.《御批通鉴纲目》

14.《圣训》

15.《御撰资治通鉴纲目三编》

16.《钦定周官义疏》

17.《御论》

18.《御纂乐善堂文集》

19.《御制诗初集二集三集》

20.《御定胜朝殉节诸臣录》

21.《钦定科场条例》

22.《御制平定三省纪略》

23.《朱子全书》

24.《学政全书》

25.《十三经注疏》

26.《十七史》

27.《明史》

28.《文庙礼乐考》

29.《学宫仪物撮要》

30.《征葛尔丹方略》

31.《青海碑》

32.《名教罪人诗》

33.《敦行录》

34.《士镜录》

35.《金川碑》

36.《乡会墨选》

37.《四书大成》

38.《仪礼义疏》

39.《孝经衍义》

40.《乐府》

41.《初次二次聚珍十种》

42.《西魏书》

43.《礼部则例》

（资料来源：清嘉庆《西安县志》）

四、清光绪常山县学贮书目

1.《圣谕广训万言谕》

2.《御制朋党论》

3.《钦定训饬州县规条》

4.《御纂周易折中》

5.《御纂书经传说》

6.《御纂诗经传说》

7.《御纂春秋传说》

8.《御纂性理精义》

9.《钦定四书文》

10.《御制盛京赋》

11.《圣谕》

12.《上谕饬侵贪案件》

13.《御撰资治通鉴纲目三编》

14.《御制平定准噶尔丹碑文》

15.《御纂乐善堂文集》

16.《御制诗初集二集三集》

17.《御制平定两金川碑文》

18.《御制聚珍版书》

19.《明史》

20.《学宫仪物撮要》

21.《名教罪人诗》

22.《训示典谟》

23.《礼乐祭器图考》

24.《学政全书》

25.《朱子全书》

26.《金川碑》

27.《裁归简易抄录条例》

28.《三礼义疏》

29.《周易述义》

30.《诗义折中》

31.《春秋直解》

32.《乐府》

33.《科场条例》

（资料来源：清光绪《常山县志》）

五、龙游凤梧书院藏书目

清道光二十一年（1841年），龙游知县秦淳熙倡建书院，名之曰“凤梧”，盖取《诗经·大雅》：“凤凰鸣矣，于彼高冈。梧桐生矣，于彼朝阳”之意。咸丰十一年（1861年），凤梧书院毁于太平军兵燹。光绪龙游知县高英莅任后，召集绅民，集巨资在旧址重建。光绪二十一年（1895年），继任知县张炤捐出廉银，以济不足。又筹集资金，存于质库，每岁取息（子金），于是修膳膏火以及岁

龍游鳳梧書院藏書目

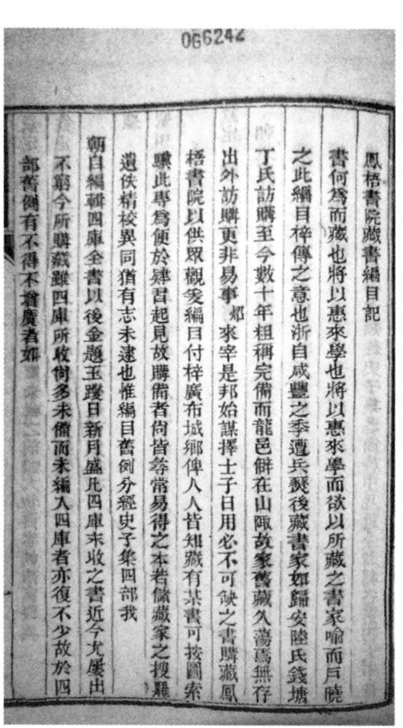

鳳梧書院藏書編目記

書何為而藏也將以惠來學也將以惠來學而欲以所藏之書家喻而戶曉之此編目梓傳之意也浙自咸豐之季遭兵燹後藏書家如歸安陸氏錢塘丁氏訪購至今數十年粗稱完備而龍邑僻在山陬故家舊藏久蕩焉無存出外訪購更非易事郯來宰是邦始謀擇士子日用必不可缺之書購藏鳳梧書院以供眾觀爰編目付梓廣布城鄉俾人人皆知藏有某書可按圖索驥此專為便於肄習起見故購備者尚皆尋常易得之本若儲藏家之搜羅遺佚精校異同猶有志未逮也惟編目舊例分經史子集四部我

朝自編輯四庫全書以後金題玉躞日新月盛凡四庫未收之書近今尤屢出不窮今所購藏雖四庫所收尚多未備而未編入四庫者亦復不少故於四部舊例有不得不酌廣者如

凤梧书院藏书目

修之费，皆有所资。张炤还清厘无主公田，以充设学之用。并购书311部，共8 375册，自为编目，贮藏于凤梧书院。龙游之有藏书楼自此始。

《龙游凤梧书院藏书目》书目纂辑于光绪二十五年（1899年）。张炤在《编目记》中言："书何为而藏也？将以惠来学。将以惠来学，而欲以所藏之书，家喻而户晓之。此编目梓传之意也。"

此书目分六类，于传统"经、史、子、集"四部分类法之前，新增"钦定"和"丛书"类。其中"钦定类"三十一部，二千七百五十二本；"丛书类"十八部，一千一百十八本；"经类"四十四部，一千二百七十八本；"史类"八十一部，一千五百二十二本；"子类"六十三部，六百二十一本；"集部"七十四部，一千零八十四本，共计三百十一部，八千三百七十五本。

《钦定古今图书集成》一千六百二十八本；

《钦定周易折中》二十本二部；

《钦定书经传说汇纂》二十四本二部；

《钦定诗经传说汇纂》三十二本二部；

《钦定周官义疏汇纂》四十八本二部；

《钦定仪礼义疏汇纂》五十六本二部；

《钦定礼记义疏》六十四本二部；

《钦定春秋传说汇纂》四十本二部；

《钦定纲鉴正史约》二本二部；

《御批通鉴辑览》四十八本；

《钦定续文献通考》一百二十本；

《钦定续通典》四十本；

《钦定续通志》二百本；

《钦定皇朝文献通考》一百六十本；

《钦定皇朝通典》四十本；

《钦定皇朝通志》四十本；

《圣谕广训直解》二本；

《御纂朱子全书》四十八本；

《御定广群芳谱》三十六本；

《御定子史精华》三十二本；

《御选古文渊鉴》三十二本；

《御选唐宋文醇》二十本；

《御选唐宋诗醇》二十本。

“右钦定类”三十一部共二千七百五十二本。

《汉魏丛书》八十本；

《龙威秘书》八十本；

《四十八种秘书》二十四本；

《唐代丛书》三十六本；

《永嘉丛书》四十本；

《平津馆丛书》十集五十本；

《海山仙馆丛书》一百二十本；

《双桂堂丛书》四十八本；

《陈氏东塾丛书》八本；

《二思堂梁氏丛书》十六本；

《正谊堂丛书》一百二十本；

《三长物斋丛书》八十本；

《昭代丛书》十集一百六十部；

《式训堂丛书》初二集三十二本；

《咫进斋丛书》初二三集二十四本；

《徐氏丛书》十六本；

《十万卷楼丛书》初二三集一百零四本；

《湖北局刻三十二种丛书》八十本。

“右丛书类”十八部共一千一百十八本。

《阮刻十三经注疏》一百六十本；

《十三经札记》十四本；

《重校葛本十三经古注》四十八本；

《左刻四书五经》三十九本；

《皇清经解》三百二十本；

《皇清经解续编》三百二十本；

《郑氏佚书》十本；

《禹贡便读》一本；

《五礼通考》一百本；

《读礼通考》三十二本；

《肆献祼馈食礼》一本；

《夏小正通释》一本；

《四书反身录》四本；

《论语古训》二本；

《论语训诂》一本；

《论语后案》十本；

《尔雅正郭》一本；

《说文解字》六本；

《段氏说文注》十六本；

《钮字说文》四本；

《祁氏说文》三种十六本；

《说文义证》三十二本；

《说文通训定声》二十四本；

《说文辨字正俗》四本；

《孙刻说文通检》十本；

《说文释例》八本；

《说文外编》五本；

《说文管见》一本；

《说文辨疑》一本；

《说文引经考》二本；

《说文校义》四本；

《说文提要》一本；

《说文易知》十本；

《说文解字韵谱》四本；

《说文韵表》一本；

《小学考》二十本；

《经字异同》六本；

《仓颉篇》六本；

《汉隶字源》六本；

《隶辨》八本；

《钟鼎字源》二本；

《集韵》十本；

《佩文诗韵释要》一本。

“右经类”四十四部共一千二百七十八本。

《史记》十六本；

《前汉书》十六本；

《后汉书》十六本；

《三国志》八本；

《魏书》二十本；

《晋书》二十本；

《南齐书》六本；

《北齐书》四本；

《南史》十二本；

《北史》二十本；

《宋书》十六本；

《梁书》六本；

《陈书》四本；

《周书》四本；

《隋书》十二本；

《旧唐书》四十本；

《新唐书》四十本；

《旧五代史》十六本；

《新五代史》八本；

《宋史》一百本；

《金史》二十本；

《辽史》十二本；

《元史》四十本；

《明史》八十本；

《二十一史约编》八本；

《十七史商榷》十六本；

《三国证闻》二本；

《唐书释音》一本；

《续资治通鉴长编》一百二十本；

《通鉴长编拾补》十六本；

《周季编略》四本；

《晋略》十本；

《明纪》二十本；

《东华录》十二本；

《绎史》三十二本；

《稽古录》四本；

《平浙纪略》四本；

《路史》十六本；

《尚友录》二十二本；

《历代名臣言行录》三十六本；

《文献征存录》十本；

《宋元学案》四十八本；

《国朝汉宋学师承记》五本；

《国朝先正事略》二十四本；

《孔子编年》一本；

《孟子编年》一本；

《金佗粹编》六本；

《金佗续编》六本；

《贰臣传》八本；

《月令粹编》八本；

《读史方舆纪要》六十本；

《方舆纪要简览》十六本；

《天下郡国利病书》六十本；

《皇朝中外一统全图》十本；

《浙江全省舆图》二十本；

《亚西东图》一轴；

《海国图志》二十四本；

《瀛寰志略》六本；

《环游地球新录》四本；

《藩部要略》八本；

《水经注释》二十本；

《水利备考》四本；

《长江图》五本；

《两浙防护录》二本；

《实政录》六本；

《图民录》二本；

《杜氏通典》四十八本；

《文庙祀典考》十本；

《文庙通考》二本；

《文庙丁祭》一本；

《皇朝谥法考》二本；

《大婚礼节》一本；

《贡举考略》四本；

《学政全书》二十四本；

《洗冤录》五本；

《四库全书提要》一百本；

《四库全书简明目录》十二本；

《书目答问》二本；

《金石粹编》六十四本；

《两汉金石记》八本；

《寰宇访碑录》四本；

《两浙金石志》十二本。

“右史类”八十一部共一千五百二十二本附图一轴。

《老子》一本；

《庄子》四本；

《管子》六本；

《列子》二本；

《墨子》四本；

《尸子》一本；

《孙子》十二本两部；

《孔子集语》四本；

《晏子春秋》四本；

《吕氏春秋》六本；

《贾谊新书》二本；

《春秋繁露》二本；

《扬子法言》一本；

《文子缵义》二本；

《黄帝内经》十本；

《竹书纪年》四本；

《商君书》一本；

《韩非子》六本；

《淮南子》六本；

《文中子》二本；

《山海经》三本；

《近思录集注》四本；

《大学衍义》十本；

《小学纂注》二本；

《小学韵语》一本；

《理学宗传》十二本；

《呻吟语》四本；

《绎志》八本；

《养新录》八本；

《澍受存愚》一本；

《武经》二本；

《纪效新书》六本；

《练兵实纪》六本；

《素问直解》八本；

《素问集注》六本；

《灵枢经》八本；

《瘟疫条辨》一本；

《当归草堂医学丛书》十二本；

《白芙堂算学丛书》三十二本；

《翠微山房数学丛书》二十四本；

《天文大成辑要》三十二本；

《梅氏丛书辑要》二十四本；

《四元玉鉴》十本；

《九章算术细草图说》八本；

《中西算学集要》六本；

《九数通考》五本；

《江氏数学翼梅》四本；

《高厚蒙求》四本；

《算学启蒙》三本；

《辑古算经》二本；

《五纬捷算》一本；

《太元经注》四本；

《困学纪闻集证合注》十二本；

《七修类稿》十六本；

《通俗编》十二本；

《癸巳存稿》六本；

《何义门读书记》十本；

《轩语》二本；

《玉海》一百二十本；

《太平广记》六十四本；

《广博物志》二十四本；

《道言五种》八本。

“右子类”六十三部共六百二十一本。

《汉魏六朝一百三家集》一百本；

《诸葛武侯全集》十二本；

《朱批陶渊明集》二本；

《庾子山集》十二本；

《徐孝穆集》六本；

《李太白集》三十六本；

《仇注杜诗全集》二十四本；

《陆宣公集》六本；

《五百家音注韩昌黎诗集》十六本；

《元遗山诗集》四本；

《白香山诗集》十二本；

《冯注李义山集》八本；

《温飞卿集》二本；

《林和靖集》二本；

《苏文忠公诗编注集成》二十四本；

《剑南诗钞》八本；

《岳武穆集》四本；

《王文成公全书》二十四本；

《归震川全集》十六本；

《张忠敏公遗集》六本；

《赵文敏公集》六本；

《沈端恪公遗书》二本；

《汪龙庄先生遗书》六本；

《张杨园先生全集》十六本；

《赵瓯北全集》四十八本；

《切问斋集》四本；

《大云山房文稿》八本；

《惜抱轩集》十六本；

《吴梅村集》十二本；

《小谟觞斋诗文集》六本；

《亭林前后》十二种十八本；

《鲒崎亭内外集》三十二本；

《三鱼堂集》八本；

《方望溪集》十二本；

《桐城二方时文》六本；

《樊榭山房全集》十二本；

《湖海文传》十六本；

《湖海诗传》十六本；

《焦氏遗书》四十八本；

《有正味斋骈体文笺》八本；

《随园》三十种八十本；

《柏枧山房文集》八本；

《李申耆文集》十本；

《文选》十二本；

《古文辞类纂》十二本；

《古诗源》四本；

《五朝诗别裁》四十本；

《唐文粹》十二本；

《唐骈体文钞》六本；

《唐诗别裁》十二本；

《宋文鉴》二十四本；

《宋四家诗》六本；

《南宋文范》十六本；

《南宋文录》六本；

《金文雅》四本；

《元文类》十本；

《明文在》十本；

《明诗综》二十二本；

《国朝骈体正宗》十本；

《李兆洛骈体文钞》八本；

《两浙辅轩录》二十六本；

《两浙辅轩录补遗》六本；

《两浙辅轩续录》二十四本；

《章氏遗书》五本；

《缉雅堂诗话》一本；

《曝书亭词》四本；

《词林正韵》二本；

《历代词选》十二本；

《续词选》二本；

《绝妙好词》四本；

《三朝词综》二十四本；

《词律》十本。

“右集类”七十四部共一千八十四本。

以上六类共三百十一部统计八千三百七十五本。

六、衢州博物馆藏善本书目

1.《前汉书》三十卷，汉荀悦撰，明嘉靖翻宋刻本，一册；

2.《春秋经传集解》三十卷，晋杜预注，明复刻宋淳熙三年阮氏种德堂本，九册；

3.《东都事略》一百三十卷，宋王偁撰，清重刻眉山程氏本，二十册；

4.《金石录》三十卷，宋赵明诚撰，清顺治七年谢世箕刻本，四册；

5.《大学衍义》三十六卷，宋真德秀汇辑，明崇祯五年刻本，十册；

6.《楚辞集注》八卷，宋朱熹集注，清乾隆五十三年听雨斋朱墨套印本，六册；

7.《易经旁训》三卷，元李恕撰，明崇祯二年刻本，一册；

8.《大明一统志》九十卷，明李贤等撰，明天顺五年内府刊本四册；

9.《地图综要》总卷一卷，内一卷，外一卷，明吴学俨等撰，明万历乙酉年刻本，二册；

10.《鹭言》十八卷，明徐日久撰，明末刻本，一册；

11.《大佛顶如来密因修证了义诸菩萨万行首楞严经合辙》十卷，明释通润述，明天启元年刻本，十册；

12.《太古遗音》，明杨伦撰修，明刻本，三册；

13.《新传理性元雅琴谱》四卷，明张廷玉撰，明刻本，二册；

14.《琴谱合璧大全》六卷，明杨表正撰，明万历六年金陵三山街书肆唐春刻本，四册；

15.《伯牙心法》，明杨伦撰，明万历三十七年刻本，一册；

16.《稗海》七十种四百三十八卷，明商濬辑，明万历中会稽商氏半埜堂刻本，四十八册；

17.《汉魏六朝百三家集》一百一十八卷，明张溥辑，明刻本，二十八册；

18.《牡丹亭》二卷，明汤显祖填词，清冯起凤谱，旧钞本；

19.《王阳明先生全集》二十二卷，明王守仁撰，清康熙刻本，二十册；

20.《袁中郎全集》四十卷，明袁宏道撰，明崇祯二年武林佩兰居刻本；

21.《太音希声》四卷，明陈太希辑，明末刻本，一册；

22.《碎金词谱》十四卷，清谢元淮辑，清道光二十八年朱墨套印刻本，十六册；

23.《碎金词谱》六卷，清谢元淮辑，清道光二十八年朱墨套印精刻本，八册；

24.《吟香堂曲谱长生殿》二卷，清冯起凤定，清乾隆五十四年刻本，二册；

25.《德音堂琴谱》十卷，清吴之振鉴定，清康熙三十年刻本，六册；

26.《琴学心声》二卷，清庄臻凤撰，清康熙六年刻本，一册；

27.《朱子四书语类》五十二卷，清周在延重校，清康熙十七年刻本，十册；

28. 康熙《西安县志》十二卷首一卷，清陈鹏年修，清康熙三十九年刻本，九册；

29. 乾隆《开化县志》十二卷首一卷，清范玉衡修，清乾隆六十年刻本，六册；

30.《澄鉴堂琴谱》，清徐常遇选，清康熙五十七年刻本，三册；

31.《四大奇书》第一种十九卷首一卷，清金圣叹外书，清顺治刻本，二十册；

32.《琴学正声》六卷，清沈琯辑，清乾隆三十五年精刻本，四册；

33.《古柏堂传奇》十六种二十卷，清唐英撰，清嘉庆古柏堂刻本，十六册；

34.《纳书楹曲谱全集》二十二卷，清叶堂撰，清乾隆五十七年刻本，二十一册；

35.《新编南词定律》十三卷首一卷，清吕士雄等编辑，清康熙五十九年朱墨套印本，二十册。

（资料来源：1994年《衢州市志》）

第三节 私藏书目

一、刘履芬《红梅阁书目》

此为江山刘履芬家藏书目，稿本。书目中偶见刘氏殁后所刊之书，如光绪《烂柯山志》等，疑整理者当为其命子刘毓盘者。今藏于北京国家图书馆。书目共收录图书三百五十五种，涵盖经、史、子、集四大部类。书目当按书架中陈列之书编排。每种书一般仅著录书名、本数或册数，偶有简单言及版本情况和书之品相，不言撰者、卷数等。

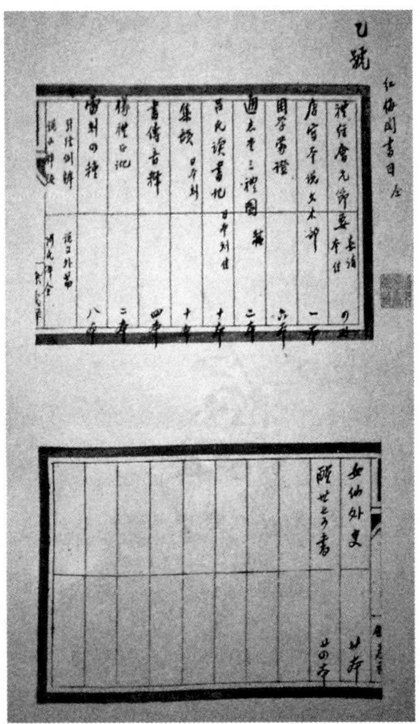

红梅阁书目

一号

1.《礼经会元节要》(嘉靖本,佳)四册

2.《唐写本说文木部》一本

3.《困学蒙证》六本

4.《吕氏读书记》(日本,刘佳)十本

5.《通志堂三礼图》(精)二本

6.《集韵》(日本刻)十本

7.《义礼正讹》二本

8.《雷刻四种》八本

9.《女仙外史》廿本

10.《醒世奇书》廿四本

11.《胡氏仪礼正纂》(佳)廿本

12.《经义述闻》十六本

13.《批校本纪事本末》五十四本

14.《四库未收书目》一本

二号

15.《徐临碣石颂》一本

16.《泖生手批左绣》十六本

17.《汲古左注疏》十四本

18.《手批局本诗经》四本

19.《春秋属辞辨例编》卅二本

20.《砚林集》一本

21.《礼记训纂》八本

22.《溧母祠志》二本

23.《群经评议》十二本

24.《尸子　淮南子》七本

25.《骈雅训纂》八本

26.《海虞文徵》十六本

27.《粘校词律》附《拾遗》二十六本

28.《芙蓉山馆诗文集》六本

29.《鄂州小集》二本

三号

30.《张天如百三名家集》八十本

31.《稽古录校勘记》(残稿)一本

32.《周礼摘要稿本》一本

33.《牧斋投笔集》(泖生手钞)一本

34.《寿松堂诗稿本》(未刻本)一本
35.《月季花谱稿本》(未刻本)一本
36.《梵麓山房笔记》六卷一本
37.《悔少集》(杭董浦序,厉太鸿作)一本
38.《精钞白石道人诗》(精批)一册
39.《长笑轩诗手稿》一本
40.《小韫女史诗稿本》一本
41.《长啸轩丛稿》(朱雨生批评)一本
42.《大清刑律图说》一本
43.《紫藤花馆词》(底稿)一本
44.《迂簃续草》(底本)一本
45.《口口诗钞》(底本)一本
46.《长啸轩诗稿本》一本
47.《杂钞》一本
48.《瘦鹤月坡诗》一本
49.《泖生手钞人海记》二本
50.《匏瓜录》(泖生手钞本)一本
51.《杂钞》一本
52.《手钞太生经》二本
53.《手钞南华经》五本
54.《兰墅诗存》二本
55.《才调集补注》二本
56.《挚太常遗书》一本
57.《日本刻方言》(有宽延已巳题记)一本
58.《奕理妙解》一本

59.《朱子诗义补正》二本
60.《毛诗传笺》四本
61.《仪礼经注一隅》一本
62.《论语广注》二本
63.《戴氏注论语》一本
64.《手批公穀传》一本
65.《春秋□□》四本
66.《赵注孟子》四本
67.《春秋传说汇集》廿本
68.《大字尔雅图》三本
四号
69.《心知堂诗稿》四本
70.《曾文正集》十本
71.《高子遗书》八本
72.《刻鹄斋丛书》廿八本
73.《明三十家诗选初二集》八本
74.《庾子山集笺注》十本
75.《市隐书屋诗文集》四本
76.《山海经笺疏》四本
77.《带经堂集》(初印精)廿四本
78.《顾诗笺注》六本
79.明本《杨升庵集》十二本
80.《汲古诗经》(精)四本
81.《汲古书经》(精)六本
82.《一切经音义》四本

83.《诗经传说汇集》十八本

五号

84.《慎其余斋文集》六本

85.《方学博全集》六本

86.《四书经注集证》十六本

87.《汲古左传》(精)八本

88.《周易折中》十二本

89.《张杨园全集》十六本

90.《雪鸿偶钞》二本

91.《陶堂志微录》四本

92.《小安乐窝文集》(张海珊)二本

93.《瓶水斋诗集》二本

94.《李翱文集》二本

95.《后山诗注》四本

96.《大云山房初二集》十本

97.《元史类编》十六本

98.《强汝珣求益斋诗》二本

99.《倦绣吟草》一本

100.《薇省同声集》一本

101.《玉兰山房诗》(少见)一本

102.《微尚斋诗集》(冯鲁川)二本

103.《仪卫轩诗集》(方东树)二本

104.《蓬莱阁诗录》(少见)一本

105.《创口堂诗存》(少见)一本

106.《花隐庵遗稿》一本

107.《留云借月庵诗》一本

108.《刘给谏文集》(刘安上)一本

109.《刘左史集》(刘安节)一本

110.《西楼遗稿》一本

111.《彝寿轩诗集》三本

112.《烂柯山志》四本

113.《格致镜原》卅二本

114.《书仪》二本

115.《小学集注》六本

116.《岁华纪丽》一本

117.《元包数总义》一本

118.《斯未信斋经录》一本

119.《真灵位业图》一本

120.《金源札记》一本

121.《柏枧山房诗文集》六本

六号

122.《明清贡举考略》五本

123.《桃花源志》六本

124.《明海楼丛书》廿四本

125.《广博物志》廿四本

126.《历算全书》廿四本

127.《张晓楼杂著》(钞本未刻)十本

128.《宜稼堂丛书》六十四本

129.《明史》(缺目录一本,拟补钞)十三本

130.《乐府补题》

131.《蜕岩词》一本

132.《渔洋精华录》十本

133.《许学丛书》

134.《围炉诗话》一本

135.《漱玉断肠》一本

136.《吟炉杂诗》八本

七号

137.《元史类编》十二本

138.《小石山房丛书》十六本

139.《汉书引经异文录证》二本

140.《陈氏礼书》(精)廿四本

141.《古今释疑》(精)八本

142.《癸巳类稿》十二本

143.《诗综补遗》二本

144.《先正遗规》二本

八号

145.《贾服注辑述》六本

146.《西魏书》(精)六本

147.《乾隆府厅志》(《东晋志》《十六国志》)十六本

148.《金石例补》一本

149.《毛诗说》四本

150.《说文订》(精,五砚楼本)一本

151.《隶释》(精)六本

152.《金石例》(套本)四本

153.《绥寇纪略》四本

154.《古今姓氏书辩证》六本

155.《徐霞客游记》(精)十二本

156.《曝书杂记》一本

157.《汉地志校本》二本

158.《精校元丰九域志》四本

159.《贞冬诗前后录》(甘煦作)四本

160.《惜抱轩全集》廿本

161.《东观汉记》四本

162.《东莱注唐鉴》(精)二本

163.《精校五代史》八本

164.《汉魏丛书》八十本

九号

165.《薛浪语集》六本

166.《吴清如仪宋堂诗文集》四本

167.《叶调生感逝集》四本

168.《曝书亭集外诗文》二本

169.《词选》二本

170.《绝妙好词笺》四本

171.《王象之舆地纪胜》廿二本

172.《泖生手钞船山诗稿》(精)四本

173.《船山诗草初印本》八本

174.《小仓山房诗集》八本

175.《复堂类稿》六本

176.《精校曝书亭诗》八本

177.《石林建康集》

178.《樊南文集补编》四本

179.《陋轩诗》八本

180.《灵芬馆词》二本

181.《苏邻遗诗校本》一本

182.《迟鸿轩诗文》二本

183.《续迟鸿轩诗文集》二本

184.《抱山草堂集》一本

185.《精钞流铅集》

186.《影宋钞校九域志》(精)一本

187.《辍耕录》六本

188.《嘉庆王临川集百卷》(佳)廿本

189.《国初十大家诗钞》(佳)十六本

190.《盱江全集》(佳)四本

191.《甘泉乡人稿》六本

192.《忠雅堂诗集》十本

193.《桴亭存诗》(钞本,精)一本

194.《侧趣集》(稿本,精)一本

十号

195.《湖海楼全集》廿四本

196.《正德本宋学士集》(残)八本

197.《翠岩室诗》一本

198.《一粟庵诗》一本

199.《□□斋遗稿》(精)一本

200.《佩秋阁遗稿》一本

201.《竹象斋象戏谱》一本

202.《陆宣公翰苑集》(精)四本

203.《罗昭谏集》二本

204.《味无味斋骈文》二本

205.《听香室遗稿》一本

206.《湖山类藁》(精,鲍刻)一本

207.《明诗别裁集》四本

208.《袁文笺注》六本

209.《袖海楼杂著》(精)二本

210.《八家四六文》四本

211.《精校道德经》二本

212.《纪元集成》五本

213.《朱梅崖集》六本

214.《湖海诗传》十二本

215.《湖海文传》十六本

216.《攀古小庐文》一本

217.《万善花室骈文》三本

218.《经籍纂诂》六十四本

十一号

219.《资治通鉴》(局刻初印)百本

220.《汤玉茗集》廿本

221.《震川大全集》(初印)十二本

十二号

222.《全唐诗录》廿四本

223.《大阪繁昌诗》(日本刻,有图,精)三本

224.《太素斋词》一本

225.《□山诗话续集》一本

226.《苏氏易解》(明万历本)四本

227.《桂留山房诗集》四本

228.《古经解汇函　小学汇函》六十六本

229.《唐宋八家公暇录》二本

230.《紫伯……》……

231.《瞿忠宣公文集》(少见)四本

232.《国朝诗综续编》八本

233.《艺芸诗》一本

234.《艾庐遗稿》二本

235.《昙云阁诗词集》(曹楙坚艮甫作)四本

236.《双白燕堂诗词集》四本

237.《苾刍馆词集》(少见)三本

238.《拙宧诗存》(少见)二本

239.《寄青斋诗稿》二本

240.《餐花室诗稿》二本

241.《介轩诗钞》(张罄庵作)五本

242.《双白燕堂外集》四本

243.《湘上诗缘集》四本

244.《苏邻遗诗续集》一本

245.《瘦碧词》一本

246.《精校南北史》(精撰)四十本

247.《古今韵略》五本

248.《江泠阁文集》四本

249.《唐人说荟》四十本

250.《唐宋八大家读本》十二本

十三号

251.《泖生手钞松斋忆存诗》(精,王诚作)一本

252.《竹书纪年集证》廿本

253.《西汉年纪》八本

254.《通鉴外纪并目录》十本

255.《通鉴目录》十二本

256.《史记索隐》(附《五代史补阙》)四本

257.《梵麓山房笔记》三本

258.《伏敔堂诗》四本

259.《玉淦词》一本

260.《金源纪事诗》四本

261.《奇晋斋丛书》(精)六本

262.《贷园丛书》十六本

263.《精批汉书》(精,残)八本

264.《大徐说文》(合通检)十本

265.《名法指掌》四本

266.《绝妙好词笺注》(初印本,佳)三本

267.《近思录集注》四本

268.《春在堂诗》二本

269.《甬上族望表》(少见)一本

270.《都穆寓意录》二本

271.《定香亭笔谈》四本

272.《东西汉会要》(少见,缺西汉首册)廿七本

273.《楚辞句解评林》四本

274.《书经传说汇要》十二本

十四号

275.《国朝先正事略》廿四本

276.《续资治通鉴》六十四本

277.《局本百子全书》五十本

278.《洗冤集证》(据元刻,在平津馆外)二本

279.《国朝画征录》二本

280.《南唐二主词》一本

281.《文心雕龙》四本

282.《汉南春柳词钞》(少见)一本

283.《吕氏童蒙训》一本

284.《唐人万首绝句选》二本

285.《文献征存录》(重编本,精极)八本

十五号

286.《十三经注疏本》(汲古)百廿本

287.《十国春秋》廿四本

288.《古今类书纂要》四本

289.《武经七书》四本

290.《彭元瑞五代史增注》四十本

291.《路史》廿本

292.《四库简明目录》十八本

十六号

293.《粤雅堂丛书集》百四十本

294.《诸子汇函》廿八本

295.《巢云轩诗集》

296.《尚志堂诗》一本

十七号(多残本)

297.《二申野录》四本

298.《燕兰小谱》(残)一本

299.《书目答问》(残)一本

300.《续板桥杂记》(残)二本

301.《国学丛书提要》一本

302.《古唐诗合解》六本

303.《何义门批校昌黎集》一本

304.《洪北江全集》(残)廿七本

305.《东游日记》一本

306.《何大复集》(缺首末二册)六本

307.《绿窗怨旧稿》(抄)二本

308.《通甫类稿》四十本

309.《华阳散稿》(少见)二本

310.《七经札记》(缺多本,附《张苍水墓志》)一本

311.《玉芝堂谈荟》(缺三本)卅六本

312.《益都金石记》(残本)一本

313.《遂昌山人杂录》(佳)一本

314.《冬青馆甲乙集》(缺一)三本

315.《青门旅稿　青门剩稿》(缺多)三本

316.《栾城集》(佳,缺一)九本

317.《汲古五代史》八本

318.《汲古梁书》八本

319.《汲古史记》廿本

320.《元诗选》(残本)十九本

321.《灵鹣阁丛书》(残)廿六本

322.《说文通训定声》廿八本

十八号(多残本)

323.《藤花榭杂著》(缺一)九本

324.《明鉴纪事本末》(缺一)十五本

325.《甲申纪事》(缺一)三本

326.《荆驼逸史》(残本)十本

327.《开化纸四书》(缺一)五本

328.《剑旗辑谱》一本

329.《开元占经》(缺)廿本

330.《荃畹补题》(精)一本

331.《示儿编》(精,缺一)五本

332.《年谱》三种五本

333.《晁具茨先生集》(佳)四本

334.《三余偶笔》(佳)四本

335.《周行备览》六本

336.《丹铅总录》(佳)八本

337.《宸垣识略》八本

338.《日本创办海军史》三本

339.《读史论略》四本

340.《文字源流》一本

341.《讲义》七本

二、寒柯堂藏书画目

1. 余绍宋《归砚楼娱亲图卷》

2. 余绍宋《临小米山水卷》
3. 余绍宋《梁各庄会葬图卷》
4. 余绍宋《临沈石田山水卷》
5. 余绍宋《墨竹图》
6. 余绍宋《醉竹图》
7. 余绍宋《墨笔山水轴》
8. 余绍宋《拟元人墨竹轴》
9. 余绍宋《南山松柏图轴》
10. 余绍宋《万玉垂芳墨梅图》
11. 余绍宋《棕榈图》
12. 余绍宋《赠弢庵山水轴》
13. 余绍宋《墨竹中堂轴》
14. 余绍宋《墨竹四条屏》
15. 余绍宋《寿母墨梅轴》
16. 余绍宋《仿清湘山水》
17. 余绍宋、都俞合作《红梅竹石图》
18. 余绍宋、吴南章合作《松柏长春图轴》
19. 余绍宋、阮性山合作《梅石图轴》
20. 余绍宋、都俞、武曾保、高时显合作《梅竹茶石图轴》
21. 余绍宋《临惠安西表册》
22. 余绍宋《临贺季真孝经册》
23. 余绍宋《临环翠楼诗碑册》
24. 余绍宋《黄晦闻墓志铭》(拓本)
25. 余绍宋《魁星阁碑记》(拓本)
26. 余绍宋《郑雪江纪念碑》(拓本)

27. 余绍宋《郑太夫人墓志》(拓本)
28. 余绍宋《孙伯兰墓志》(拓本)
29. 余绍宋《袁太夫人墓志》(拓本)
30. 余绍宋《鄞县大咸乡赡灾碑记》(拓本)
31. 余绍宋《临泰山残碑》
32. 余绍宋《临峄山碑》
33. 余绍宋《临碣石颂》
34. 余绍宋《临滑州新峄记》
35. 余绍宋《临王虚舟篆书豳风》
36. 余绍宋《临王虚舟篆书邠风》
37. 余绍宋《临王虚舟篆书谦卦家人卦》
38. 余绍宋《临释梦英篆书千字文》
39. 余绍宋《临宋拓西狭颂》
40. 余绍宋《临大李泰山碑碣、石门颂两种》
41. 余绍宋《临李少监滑台新驿记》
42. 余绍宋《临李少监庚公德政颂》
43. 余绍宋《临汉校官碑、韩仁铭》
44. 余绍宋《临汉衡方碑》
45. 余绍宋《临汉孔宙碑》
46. 余绍宋《临唐李北海云麾将军李思训碑》
47. 余绍宋《篆书千字文》(两册)
48. 余绍宋《画杨和甫先生集大小李篆谱》
49. 余绍宋《临王寿卿穆氏墓表》
50. 余绍宋《临唐褚河南圣教序记》
51. 明童珮尺牍

52. 清姜宸英楷书七言联
53. 清汤贻汾老松联景屏
54. 清竹禅墨竹横幅
55. 清杨义山墨竹图册
56. 梁鼎芬手札
57. 民国归砚楼图册
58. 民国高丰寒柯堂图轴
59. 民国高丰篆书千字文
60. 林志钧真书格言轴
61. 林志钧劫余书寮额
62. 浙江通志馆同仁梅庐题襟册
63. 香翰屏草书立轴
64. 余可大画鹰立轴
65. 余可大睡鹰立轴
66. 余可大山水轴
67. 余可大老子骑青牛图
68. 余恩镕正书联
69. 余恩镕画松双幅
70. 余恩镕山水轴
71. 余恩镕小楷直幅
72. 余恩镕楹联
73. 余恩镕真书扇面
74. 余恩镕草书屏
75. 余福溥行书屏
76. 余福溥竹间抚琴图

77. 余福溥遗墨册
78. 余庆椿书法直幅
79. 余庆椿行书轴
80. 余庆椿书联
81. 余庆椿画松
82. 余士恺花卉翎毛轴
83. 余撰(子春)行书屏
84. 余嵩草书轴
85. 余庆祥山水轴
86. 余绍宋正书寿母联
87. 张易吾正书余母寿言屏
88. 涂包九寿余母诗轴
89. 吴承仕(检斋)隶书寿诗
90. 林志钧(宰平)行书寿诗
91. 林志钧楷书寿诗
92. 黄节(晦闻)行书寿诗
93. 董康(授经)行书寿诗
94. 方炜(仲先)楷书寿诗
95. 张燕昌行书寿诗
96. 饶芯僧行书寿诗
97. 郁华(曼陀)行书寿诗
98. 江竞庵行书寿诗
99. 陆松琴篆书寿诗
100. 沙武曾楷书寿诗
101. 杨昀谷楷书寿诗

102. 吴印臣行书寿诗
103. 李汉珍楷书寿诗
104. 胡夔文行书寿诗
105. 黎潞苑楷书寿诗
106. 马叙伦（夷初）行书寿诗
107. 元襄楷书寿诗
108. 江庸（翊云）楷书寿诗
109. 伦哲夫行书寿诗
110. 贺履之楷书寿诗
111. 邓镕（守暇）篆书寿诗
112. 林子献楷书寿诗
113. 朱汝珍（聘三）楷书寿诗
114. 翁敬棠正书寿言屏
115. 东皋雅集同人寿余母序屏
116. 法政学校学生寿余母序屏
117. 宋芝田动静乐寿图
118. 陈怀封菊花寿余母轴
119. 江庸（翊云）七言诗
120. 吴剑华山水轴
121. 程云岑古泉拓片轴

三、不曜斋藏书目

不曜斋，为柯城都堂厅杜宝光、杜瑰生父子之书斋。藏书诗。据其《诗是吾家事》统计：有古籍154种730册画册碑帖12册拓片3件；拓本277页。“文革”中，多数书籍被抄走。部分今归藏衢州市博物馆。兹录《不曜斋现藏衢州博物馆书画目录》如下：

1.《唐诗别集》
2.《衢州乡土卮言》
3.《纲鉴》
4.《诗经》
5.《尔雅》
6.《韩昌黎全集》
7.《说文解字》
8.《史记》
9.《周官精义》
10.《禹贡指掌》
11.《老子本义》
12.《书目答问》
13.《诗毛氏传疏》
14.《元史纪事本末》
15.《广韵》
16.《古诗源》
17.《通鉴纪事本末》
18.《浙江新志》
19.《文心雕龙》
20.《诗品》
21.《浙江省通志馆馆刊》
22.《广韵》
23.《全图缀白裘十二集全传》
24.《廿四史约编》
25.《白香词谱》

26.《晚脆轩词韵》

27.《白香词谱笺》

28.《剑南诗钞》

29.《西安怀旧录》(郑渭川手抄稿本)

30.《白香山诗集》

31.《文心雕龙》

32.《度曲须知》

33.《定本墨子闲话》

34.《唐诗别裁》

35.《微积居小学金石论丛》

36.《刘宾客文集》

37.《嘉道六家绝句》

38.《马氏文通》

39.《花间集》

40.《星陨诗草》

41.《六书约言》

42.《寺桥寄庐什著》

43.《杜诗详注》

44.《阅微草堂笔记》

45.《东莱博议》

46.《冯注李义山诗集》

47.《和陶合笺》

48.《庄子》

49.《清道人遗集》

50.《春秋左传》

51.《墨子》

52.《文始》

53.《荀子集解》

54.《龙游县志》

55.《衢县志》

56.《世界大事年表》

57.《孟子辩义》

58.《尚书撰义》

59.《春秋通论》

60.《曝书亭集诗注》

61.《六书通》

62.《善卷堂四六》

63.《东莱先生古文关键》

64.《衢州府志》

65.《二程子遗书撰》

66.《钦定仪象考成》

67.《唐语林》

68.《桃花吟　四色石》

69.《汲古阁珍藏秘本书目》

70.《李长吉集》

71.《纲鉴易知录》

72.《六经图》

73.《春秋公羊传》

74.《春秋穀梁传》

75.《龚定庵全集》

76.《放翁题跋》

77.《诗法折衷 韵法直图》

78.《唐诗品汇》(明版)

79.《圣像像赞》

80.《学林》

81.《周礼精华》

82.《本草备要合编》

83.《蜀碑记补斋琐录》

84.《东莱博议》

85.《诗经》

86.《诗经精义》

87.《孔子集语》

88.《景岳妇人归》

89.《御纂周易折中》

90.《浩然离雅谈》

91.《猗然寮杂记》

92.《文苑英华辩论》

93.《云谷杂记》

94.《老子道德经考异》

95.《老子道德经》

96.《记载汇编》

97.《十三经注疏校勘记》

98.《意林》

99.《壴斋集古录》

100.《荆南萃古编》

101.《樊榭山房文集》
102.《樊榭山房诗集》
103.《温飞卿诗汇笺注》
104.《李习之先生文集》
105.《李长吉集》
106.《玉台新咏》
107.《词律》
108.《春秋说略》
109.《战国策》
110.《苏批孟子》
111.《徐孝穆集》
112.《子史精华》
113.《六言》
114.《春秋穀梁传》
115.《世说新语》
116.《僭伪参辑》
117.《世说新语》(明刊本)
118.《尔雅疏注》
119.《朱竹坨先生墓志年表》
120.《惜抱轩全集》
121.《风雅逸篇》
122.《巩溪诗话》
123.《杜诗评注》
124.《刘伯温先生百战奇略》
125.《说问经解》

126.《雨村诗话词话曲话》

127.《唐诗三百首注疏》

128.《唐诗三百首选读》

129.《蜀雅》

130.《史略》

131.《南陵徐氏积学斋丛书》

132.《中庸纂疏》

133.《论语纂疏》

134.《孟子纂疏》

135.《大学纂疏》

136.《周易精义》

137.《崖山集》

138.《华夷译语》

139.《国语集解》

140.《归潜志》

141.《春秋公羊传》

142.《曝书亭集词注》

143.《元朝名臣事略》

144.《诗学指南》

145.《杜诗附录》

146.《红隐盦手钞琴谱》

147.《集成曲谱》

148.《郑板桥全集》

149.《唐诗谐律》

150.《通俗编》

152.《易经》

153.《孔氏南宗考略》

（资料来源：杜宝光、杜瑰生撰《诗是吾家事》）

四、峥嵘山馆藏书目

1.《禹贡指南》(宋毛晃著,清乾隆武英殿刻本);

2.《尚书详解》(宋夏僎著,清刻本);

3.《六经正误》(宋毛居正著,清刻本);

4.《周秦刻石释音》(元吾丘衍撰,清刻本);

5.《衢州奇祸记》(台湾版);

6.《衢州乡土卮言》(光绪印本);

7.《衢州府志》(康熙杨廷望纂,光绪重刻本);

8.《衢县志》(民国郑永禧纂);

9.《龙游县志》[龙游余绍宋撰,民国十四年(1925年)铅印本];

10.《开化县志》[清徐名立等修,清潘树棠纂,光绪二十四年(1898年)刻本];

11.《烂柯山志》[清郑永禧纂,清光绪三十三年(1907年)刻本];

12.《天台山方外志》(释传灯纂,民国线装本);

13.《二铭草堂金石聚》[清张德容撰,清同治十二年(1873年)岳州刻本];

14.《袁氏世范》(宋袁采撰,清刻本);

15.《袁氏世范》(宋袁采撰,清钞本);

16.《双桥随笔》(清周召撰,民国线装本);

17.《逸仙医案》[清雷逸仙撰,民国十五年(1926年)铅印本];

18.《时病论》[清雷丰撰,清光绪十年(1884年)慎修堂刻本;养鹤山房刻本];

19.《方药玄机》(清雷丰撰,清刻本);

20.《医家四要》[清江诚、程曦、雷大震撰,清光绪十二年(1886年)养鹤山房刻本];

21.《丙丁龟鉴》(宋柴望撰,道光线装本);
22.《学古编》(元吾丘衍撰,明万历三十四年刻《宝颜堂秘笈》本);
23.《玉芝堂谈荟》(明徐应秋撰,清刻本);
24.《白孔六帖》(唐白居易、宋孔传撰,明刻本,存卷首);
25.《花柳深情传》(清詹熙撰,民国刊本);
26.《碧海珠》[清詹垲撰,清光绪三十三年(1907年)京师书业公司石印本];
27.《观经连环图》(明释传灯绘并摄颂,1955年上海大雄书局刊印本);
28.《金石书画》(民国余绍宋主编,1937年东南日报馆出版);
29.《屈骚心印》[清夏大霖撰,清乾隆三十九年(1774年)一本堂刻本];
30.《杨盈川集》(清刻线装本);
31.《南阳集》(宋赵湘撰,清武英殿聚珍本);
32.《赵清献公文集》(宋赵抃撰,民国衢县祠堂本);
33.《东堂词》(宋毛滂撰,明汲古阁本);
34.《北山小集》(宋程俱撰,民国印本);
35.《麟台故事》(宋程俱撰,清武英殿聚珍本);
36.《四隐集》(宋柴望等撰,道光线装本);
37.《戴简恪公遗集》(清戴敦元撰,同治线装本);
38.《香雪诗存》(清刘侃撰,清刻线装本);
39.《濯绛存稿》(清刘毓盘撰,清光绪刻本);
40.《针灸大成》(明杨继洲撰,清乾隆姑苏函三堂藏板);
41.《针灸大成》[明杨继洲撰,清乾隆甲寅(1794年)晋祁书业堂藏板];
42.《针灸大成》[明杨继洲撰,清乾隆甲寅(1794年)晋祁书业成藏板];
43.《针灸大成》[明杨继洲撰,清嘉庆丁巳(1797年)刻本];
44.《针灸大成》[清嘉庆辛酉(1801年)同文会板袖珍本];
45.《针灸大成》[清道光癸巳(1833年)崇德书院板];

46.《针灸大成》[明杨继洲撰,清同治丁卯(1867年)崇德堂板];
47.《针灸大成》[明杨继洲撰,清光绪庚辰(1880年)校经山房板];
48.《针灸大成》[明杨继洲撰,清光绪丁亥(1887年)同元堂袖珍本];
49.《针灸大成》(明杨继洲撰,清光绪存仁堂板袖珍本);
50.《针灸大成》(明杨继洲撰,清姑苏函三堂板);
51.《针灸大成》(明杨继洲撰,清刻大开本);
52.《针灸大成》(明杨继洲撰,民国十五年上海中原书局石印本);
53.《针灸大成》(明杨继洲撰,民国二十一年北京老二酉堂刻本);
54.《四书合讲》[清詹文焕撰,存五册;清乾隆五十八年(1793年)龙文堂板];
55.《四书合讲》[清詹文焕撰,清嘉庆十年(1805年)金阊书业堂板];
56.《四书合讲》[清詹文焕撰,清道光壬午(1822年)酌雅斋板];
57.《四书合讲》[清詹文焕撰,清道光己亥(1839年)袖珍板];
58.《四书合讲》[清詹文焕撰,清咸丰丁巳(1857年)会文堂版];
59.《四书合讲》[清詹文焕撰,清光绪十七年(1891年)三让堂板];
60.《四书合讲》[清詹文焕撰,民国己未(1919年)上海铸记书局石印];
61.《四书合讲》(清詹文焕撰,清立言堂板);
62.《四书合讲》(清詹文焕撰,清渔古山房板);
63.《四书合讲》(清詹文焕撰,清扫叶山房板);
64.《四书合讲》(清詹文焕撰,清文奎堂板);
65.《四书合讲》(清詹文焕撰,清光绪扫叶山房板);
66.《四书合讲》(清詹文焕撰,清务本堂板);
67.《四书合讲》(清詹文焕撰,清文渊堂板);
68.《玉芝堂谈荟》(明徐应秋著,清同治吴善述校印本);
69.《玉芝堂谈荟》(明徐应秋著,民国上海进步书局石印本);
70. 徐浩撰《唐衢州刺史李岘墓志铭》(整拓);

71. 徐浩撰《唐李岘妻独孤峻墓志》(整拓);
72. 宋慎东美撰《大宋龙游白革湖重修舍利塔》(整拓);
73. 宋慎东美撰《大宋龙游白革湖重修舍利塔》(经折装拓本);
74. 宋苏轼撰《表忠观碑》(经折装);
75. 明周文兴撰《明故前资政大夫南京刑部尚书樊公墓志铭》(整拓);
76. 明《皇明赐进士正奉大夫正治卿江西布政使司四泉余公墓》(整拓);
77. 清道光皇帝《戴敦元谕葬碑文》(整拓);
78. 清道光孔传曾撰《太学生文懋公元配先妣毛氏孺人墓志铭》(整拓);
79. 清光绪俞樾撰《龙游县知县高君实政记》(石印本);
80. 清光绪衢州总镇喻俊明碑记(整拓);
81. 民国衢县知事桂铸西书《天开一水》(整拓);
82. 民国余绍宋书《鄞叶君墓志铭》(整拓);
83. 民国郑永禧撰《定阳汪志南先生墓志铭》(整拓);
84.《赵清献公集》(宋赵抃著,民国湖南衡山赵氏印本);
85.《尚书详解》[宋夏僎撰,清光绪甲午(1894年)刻本];
86.《瀫水宝筏》(衢州天宁禅寺刊,民国线装本);
87.《金刚经讲义》(衢州天宁禅寺吉祥院依仁坛刊);
88.《避寇集》(余绍宋著,民国线装本);
89.《画法要录》(余绍宋著,民国线装本);
90.《重修龙游姜席堰征信录》(清光绪龙游知县高英序);
91.《债编分则》(民国常山徐恭典著,排印本);
92.《中国货币史》(民国戴铭礼著,排印本);
93.《刑法概论》(余绍宋撰,浙江法政学校讲义);
94. 民国二年浙江省第八中学校同学录;
95. 民国十二年浙江省第八中学校同学录;

96. 民国十四年浙江第八中学校中学部校友录；
97. 民国三十四年浙江省立衢州中学同学录；
98. 民国三十五年浙江省立衢州中学历届毕业同学录；
99. 民国三十八年浙江省立衢州师范学校同学录；
100. 一九五〇年浙江省立衢州师范学校同学录；
101. 民国十一年浙江第一师范学校同学录；
102.《清平文录》(徐映璞撰,1954年线装油印本)；
103.《清平诗录》(徐映璞撰,1954年线装油印本)；
104.《岁寒小集》(徐映璞等撰,1956年线装油印本)；
105.《浣纱酬唱集》(徐映璞等撰,1957年线装油印本)；
106.《重修张苍水先生祠墓纪念集》(徐映璞等撰,1960年线装油印本)；
107.《明湖今雨集》(徐映璞等撰,1961年线装油印本)；
108.《玲珑山志》(徐映璞撰,线装本)；
109. 清顺治衢州西安知县吴山涛书札；
110. 清雍正龙游姜廷举诗书法立轴；
111. 清乾隆江山毛鹤翀行书中堂；
112. 清乾隆龙游劳涵书法立轴；
113. 清嘉庆衢州知府朱理墨书匾式；
114. 清咸丰翰林衢州张德容书法册页；
115. 清咸丰龙游进士余撰书法楹联；
116. 清同治进士衢州叶如圭书法中堂；
117. 清光绪龙游余恩镕书法楹联；
118. 清光绪龙游余士恺花卉立轴；
119. 清道光衢州知府崇福书札；
120. 清同治衢州知府宗源瀚书札；

121. 清光绪衢州知府解煜书札；
122. 清光绪衢州知府刘宗标手迹；
123. 清同治福建提督罗大春书札；
124. 清同治常山知县潘纪恩书札；
125. 清光绪衢州镇总兵喻俊明书札；
126. 清光绪衢州罗道源书法扇面；
127. 清光绪龙游纸商傅元龙书法中堂；
128. 清光绪江山毛俊升设色山水大幛；
129. 清光绪寓衢叶开淇书法；
130. 清光绪衢州西安知县吴德潚行书楹联；
131. 清光绪龙游余福溥治家格言四条屏；
132. 清拔贡开化陈宝銮墨兰图轴；
133. 民国柯城汪张巘致弘一大师书札；
134. 民国释弘一致汪梦松明信片；
135. 民国龙游余绍宋书法册页；
136. 民国龙游余绍宋设色山水册页；
137. 民国杭州陈叔通为余绍宋母亲祝寿书法诗轴；
138. 民国龙游县知事孙智敏书法册页；
139. 民国寓衢汪慎生书法扇面；
140. 民国衢州王梦白虎啸图；
141. 民国寓衢画家徐天许花鸟轴；
142. 民国龙游方鉴庵设色花鸟立轴；
143. 民国龙游方鉴庵书法册页；
144. 民国龙游吴南章设色山水册页；
145. 民国龙游吴南章墨松中堂；

146. 民国龙游唐作沛花鸟册页；
147. 民国龙游劳泰来墨竹册页；
148. 民国龙游汪容伯一树珊瑚图轴；
149. 民国龙游汪容伯花卉图轴；
150. 民国衢州叶一舟赤壁怀古图；
151. 民国柯城叶师蕴书法册页；
152. 民国柯城方炜草书轴；
153. 民国柯城濮阳增兰花四条屏；
154. 民国江山毛常书法中堂；
155. 民国江山毛咸书札；
156. 民国国大代表江山毛彦文书札；
157. 民国衢州专员江山汪汉韬书法册页；
158. 民国衢州专员江山汪汉韬绘画册页；
159. 民国江山县长周心万书札；
160. 民国国会议员柯城汪展隶书楹联；
161. 民国柯城汪张钜指墨人物画；
162. 民国国大代表柯城戴铭礼书札；
163. 民国衢州徽商汪梦松墨书诗稿；
164. 民国柯城周纬伦花卉轴；
165. 民国衢州胡嘉友书法楹联；
166. 民国西泠寓衢孙秉之花鸟册页；
167. 民国衢州杜宝光手迹；
168. 现代衢州徐映璞书札；
169. 现代衢州徐映璞诗笺；
170. 现代陈立夫题衢州文献馆书轴；

171. 现代江山郑仁山书札；
172. 现代江山郑仁山指画；
173. 现代江山学者叶笑雪书札；
174. 现代江山黄鼎中设色山水；
175. 现代龙游杜如望设色山水；
176. 现代柯城周一云花鸟扇面；
177. 现代衢州柴汝梅书法中堂；
178. 现代学者衢州余胜椿书札；
179. 现代数学家衢州叶彦谦书札；
180. 现代柯城杜瑰生墨迹；
181. 现代柯城杜牧野墨竹图；
182. 现代开化姚廷华隶书；
183. 现代西泠社员衢州汪新士书札；
184. 现代西泠社员衢州汪新士隶书轴；
185. 现代西泠社员柯城徐润芝行书轴；
186. 现代西泠社员叶一苇书江郎山诗轴；
187. 衢州古琴家徐晓英词笺；
188.《衢县城厢图》(民国印)；
189. 日本昭和十三年陆军参谋本部绘制五万分之一军事地图:《衢县》；
190. 日本昭和十三年陆军参谋本部绘制五万分之一军事地图:《龙游县》；
191. 日本昭和十三年陆军参谋本部绘制五万分之一军事地图:《江山县》；
192. 日本昭和十三年陆军参谋本部绘制五万分之一军事地图:《常山县》；
193. 日本昭和十三年陆军参谋本部绘制五万分之一军事地图:《常山草坪镇》；
194. 日本昭和十三年陆军参谋本部绘制五万分之一军事地图:《开化杨林》；
195. 日本昭和十三年陆军参谋本部绘制五万分之一军事地图:《衢县洋口市》；

196. 日本昭和十三年陆军参谋本部绘制五万分之一军事地图:《衢县溪口街》;
197. 日本昭和十三年陆军参谋本部绘制五万分之一军事地图:《衢县大洲镇》;
198. 日本昭和十三年陆军参谋本部绘制五万分之一军事地图:《衢县杜泽镇》;
199. 日本昭和十三年陆军参谋本部绘制五万分之一军事地图:《衢县上方镇》;
200. 日本昭和十三年陆军参谋本部绘制五万分之一军事地图:《衢州双溪口》;
201. 日本昭和十三年陆军参谋本部绘制五万分之一军事地图:《江山石门市》;
202. 日本昭和十三年陆军参谋本部绘制五万分之一军事地图:《江山峡口》;
203. 日本昭和十三年陆军参谋本部绘制五万分之一军事地图:《江山广渡街》;
204.《衢县土壤图》(浙江农业大学1959年彩绘);
205.《衢县行政区划图》(衢县人委办公室1959年绘制,含常山);
206.《楚辞疏》(陆时雍著,明缉柳斋刻本);
207.《重订唐诗别裁》(清教忠堂板);
208.《明诗别裁》(清甲寅刻本);
209.《钦定国朝别裁集》(竹啸轩藏板);
210.《古诗源》(竹啸轩藏板);
211.《古事苑》(清兰雪堂定本);
212.《淮南子笺释》(清嘉庆甲子板);
213.《冲虚至德真经》(清嘉庆刻本);
214.《课子随笔节钞》(清刻本);
215.《南昌府志》(清刻本);
216.《余姚县志》(清刻本);
217.《临川县志》(清刻本);
218.《遂安县志》(民国刻本);
219.《沧县志》(民国刻本);
220.《婺源县志》(民国刻本);

221.《管子》(明花斋版);

222.《钦定学政全书》(清刻本);

223.《归有园尘谈》(清钞本);

224.《蜀碧》(嘉庆刊本);

225. 江山毛春翔《嘉业藏书楼总报告》;

226. 江山毛子水《论语今注今译》;

227. 江山毛子水《毛子水文存》;

228. 江山毛子水《子水文存》;

229. 江山毛子水《胡适之先生传》;

230. 江山毛子水《师友记》;

231. 江山毛子水《理想和现实》;

232. 江山毛子水《我参加了五四运动》;

233. 江山毛子水《中国科学思想》;

234. 江山毛子水《傅孟真先生传略》;

235. 江山毛子水《〈荀子〉训解补正》;

236. 江山毛子水《毛子水全集》;

237. 江山姜超岳《意难忘》;

238. 江山姜超岳《林下生涯》;

239. 江山姜超岳《我生一抹》;

240. 江山姜超岳《应用书简》;

241. 江山姜超岳《实用书简》;

242. 江山姜超岳《累庐声气集》;

243. 江山周念行《三民主义的中国史观》;

244. 江山周念行《中国近百年史略》;

245. 江山毛以亨《梁启超》;

246. 江山毛以亨《学制与学科的改革》;
247. 江山毛以亨《伦理问题》;
248. 江山毛以亨《俄蒙回忆录》;
249. 江山毛以亨《逻辑学刚要》
250. 江山姜文奎《中国历代政制考》;
251. 江山姜文奎《中国人事制度史》;
252. 江山姜文奎《中华民国史公职志》;
253. 江山姜文奎《国史要览》;
254. 江山姜文奎《西周年代考》;
255. 江山姜文奎《中国法制史要》;
256. 江山周宗盛《林大国语辞典》;
257. 江山周宗盛《词林探胜》;
258. 江山周宗盛《浅斟低唱——宋词名篇详释》;
259. 江山周宗盛《中国才女》;
260. 江山毛汉光《中国中古政治史论》;
261. 江山王蒲臣《一代奇人戴笠将军》;
262. 江山毛彦文《往事》(自印本);
263.《寒柯堂诗》(余绍宋撰,民国铅印线装本);
264.《二铭草堂近科墨选》(张德容评选,清木刻线装本);
265. 日本昭和印《衢州》等彩色地图;
266. 江山毛云鹏(西峰)《赵叔手札真迹》;
267. 民国江山凌独见《国语文学史》;
268. 民国龙游童蒙正《中国之币制与汇兑》;
269. 晚清衢州郑永禧科举闱墨;
270. 晚清衢州张德容科举闱墨;

271. 晚清衢州叶如圭科举闱墨；
272. 晚清衢州汪张黻科举闱墨；
273. 晚清衢州郑安允科举闱墨；
274. 晚清衢州叶师蕴科举闱墨；
275. 晚清衢州戈宝森科举闱墨；
276. 晚清衢州解元郑永禧讣告、哀启；
277. 民国江山朱君毅《中国历代人物之地理的分布》；
278. 民国衢州林科棠译著《算数——复名数》；
279. 民国衢州林科棠译著《杜威教育学说之研究》；
280. 民国衢州林科棠译著《中国算术之特色》；
281. 民国衢州林科棠著《宋儒与佛学》；
282. 民国衢州叶元龙《中国财政问题》；
283. 民国衢州叶元龙《现代经济思想》；
284. 民国《衢县地方银行丛刊》；
285. 清刻线装本《周宣灵王传》；
286. 1915年英文版《中国内地会传教士》（“衢州教案”）；
287.《百年殉道血》（“衢州教案”）；
288. 郑永禧《不其山馆诗钞》；
289. 沈杰《三衢孔氏家庙志》（线装本）；
290.《中国江南山间地域の民俗文化》（福田亚细男）；
291.《杨盈川集》（徐家汇天主堂藏）；
292.《衢州知府吴艾生（引之）行述》；
293.《山西儒学训导　举人温葆初行述》；
294. 民国衢州王国卿《趋庭录》；
295. 民国衢州王一仁主编《中医杂志》；

296. 民国衢州王一仁著《中药系统学》;
297. 民国衢州王一仁著《内经读本》;
298. 民国衢州王一仁著《难经读本》;
299. 民国衢州王一仁著《伤寒读本》;
300. 民国衢州王一仁著《金匮读本》;
301. 民国衢州王一仁著《饮片新参》;
302. 民国衢州王一仁著《本草经新注》;
303. 民国衢州王一仁著《分类方剂》;
304. 民国衢州王一仁著《中国医药问题》;
305. 民国衢州王一仁著《神农本草经》;
306. 俞樾《楹联录存》(清刻线装本);
307. 衢州《霓裳曲》(钞本);
308. 杨伯嵒《九经补韵》(清刻线装本);
309. 民国江山朱子爽《中国国民党土地政策》;
310. 民国江山朱子爽《中国国民党交通政策》;
311. 民国江山朱子爽《中国国民党教育政策》;
312. 民国衢州专员姜卿云编纂《浙江新志》;
313. 台湾版《戴笠将军与抗日战争》;
314. 江山姜绍谟印《金刚般若波罗密经》;
315. 华岗《中国民族解放运动史》(朝鲜文);
316. 余绍宋题跋《章草草诀歌》(民国线装);
317. 余绍宋《寒柯堂集宋楹联》;
318. 江山朱君毅译《心理与教育之统计法》;
319. 江山朱君毅译《教育测验与统计》;
320. 江山朱君毅译《统计与测验名词英汉对照表》;

321. 徐映璞《杭州西溪法华坞志》;
322.《徐(映璞)陈(瘦愚)唱和词》;
323. 宋方千里《和清真词》(清刻线装本);
324. 晚清程曦《心法歌诀》;
325. 晚清程曦《程正通医案》;
326. 晚清程正通医案《仙方遗迹》;
327. 日本1859年线装版《世范校本》;
328. 光绪《重修龙游姜席堰工徵信录》;
329. 光绪《龙游县知县高君实政记》;
330. 宋柴望《凉州鼓吹》(线装本);
331. 宋柴望《丙丁龟鉴》(台湾版);
332. 寓衢徽商仇广照《抛砖引玉诗钞续编》;
333. 寓衢徽商《江香岛先生哀挽录》;
334. 衢州方光焘《文学入门》;
335. 民国衢州郑次川《教育理想发展史》;
336. 民国衢州郑次川《欧美近代小说史》;
337. 民国衢州郑次川《古白话文选》;
338. 民国衢州郑次川《近人白话文选》;
339. 晚清衢州道台徐士霖《养源山房诗余》;
340. 晚清龙游杨渭恩贡卷;
341. 晚清开化叶绍璟贡卷;
342.《南阳集》,宋赵湘撰,清武英殿刻本;
343.《南阳集》,宋赵湘撰,民国邵阳赵启霖印本;
344.《东堂词》,宋毛滂撰,明汲古阁刻本;
345.《东堂词》,宋毛滂撰,清朱孝臧疆村丛书本;

346.《易数钩隐图》，宋刘牧撰，清通志堂精刻本；

347.《麟台故事》，宋程俱撰，武英殿聚珍版本；

348.《麟台故事》，宋程俱撰，清陆心源十万卷楼刻本；

349.《麟台故事》，残本，宋程俱撰，民国涵芬楼影印本；

350.《袁氏世范》，宋袁采撰，清知不足斋丛书本；

351.《袁氏世范》，宋袁采撰，清吴郡袁氏家乘本；

352.《袁氏世范》，宋袁采撰，清钞本，清乾隆吴县袁廷梼跋；

353.《袁氏世范》，宋袁采撰，清钞本，钤“足庐藏书画金石印”；

354.《吾竹小藁》，毛珝撰，清影印本；

355.《四隐集》，宋柴望等撰，清道光木活字本；

356.《丙丁龟鉴》，宋柴望撰，清道光木活字本；

357.《丙丁龟鉴》，宋柴望撰，清金长春辑，清木刻本；

358.《学斋占哔》，宋史绳祖撰，明刻本两种；

359.《北山小集》，宋程俱撰，民国涵芬楼影印本；

360.《北山小集钞》，宋程俱撰，清《宋诗钞初集》本；

361.《闲居录》，元吾丘衍撰，清照旷阁丛书本；

362.《周秦刻石释音》，元吾丘衍撰，清木刻本；

363.《周秦刻石释音》，元吾丘衍撰，清陆心源刻本；

364.《三十五举》，元吾丘衍撰，清咫进斋丛书本；

365.《革象新书》，元赵缘督撰，民国商务印书馆影印本；

366.《重刊革象新书》，元赵缘督撰，有宋濂序，旧影印本；

367.《杨盈川集》，明龙游童珮辑，民国涵芬楼影印本；

368.《杨炯集》，唐杨炯撰，清木刻本；

369.《屈骚心印笺注》，清夏大霖撰，清雍正木刻本；

370.《双桥随笔》，清周召撰，民国商务印书馆影印本；

371.《戴简恪公遗集》,清戴敦元撰,同治木刻本;

372.《香雪诗存》,清刘侃撰,光绪戊寅苏州重刊本;

373.《时病论》,清雷少逸撰,光绪养鹤山房版;

374.《医家四要》,清江诚撰,光绪养鹤山房版;

375.《濯绛宧词》,清刘毓盘撰,光绪二十七年木刻本;

376.《词史》,刘毓盘撰,民国北京大学铅印本;

377.《词史》,刘毓盘撰,民国上海群众图书公司刊本;

378.《刘毓盘词史讲义》,墨书写本;

379.《鸥梦词　紫藤花馆诗余》,清刘履芬、刘观藻撰;

380.《枫岭碧血图题辞》,朱昌炽辑,民国常熟朱氏铅印本;

381.《欧洲思想大观》,林科棠译著;

382.《文学入门》,方光焘、章克标著;

383.《语言和言语问题讨论集》,方光焘著;

384.《语法论稿》,方光焘著;

385.《姊姊的日记》,方光焘译著;

386.《一场热闹》,方光焘译著;

387.《正宗百鸟集》,方光焘译著;

388. 衢州徐邦毅书法中堂;

389. 衢州刘天汉书法中堂;

390. 常山樊玉明墨书诗轴;

391. 江山徐育才花鸟轴;

392. 衢州吴海松书法中堂;

393. 衢州谢高华书法中堂;

394. 衢州金家福书法立轴;

395. 衢州市委书记郭学焕书轴;

396. 衢州姜汉卿书札；
397. 江山王良德篆书轴；
398. 江山毛嘉仁书法长卷；
399. 衢州蓝兴龙书法斗方；
400. 开化邱红日书法斗方；
401. 衢州欧阳建华高士图；
402. 衢州欧阳建华品茗图；
403. 衢州市委书记蔡奇书轴；
404. 西泠曾密山水图轴；
405. 西泠曾密书法楹联；
406. 西泠姜宝林花卉；
407. 西泠吴永良人物轴；
408. 西泠王伯敏山水；
409. 西泠王伯敏书札；
410. 西泠刘江篆书轴；
411. 西泠朱关田书轴；
412. 西泠王京簠篆书轴；
413. 西泠戴以恒书札；
414. 西泠李震坚《鲁迅像》；
415. 西泠鲍贤伦书法轴；
416. 上海周慧君书法中堂；
417. 上海陈从周兰花册页；
418. 上海郑逸梅书札；
419. 上海顾廷龙题词；
420. 古琴家龚一书札；

421. 古琴家李祥霆书札；
422. 古琴家郑珉中书法；
423. 古琴家王迪书札；
424. 古琴家张子谦书札；
425. 古琴家谢孝苹书札；
426. 古琴家许健书札；
427. 古琴家陈琴趣书札；
428. 古琴家查阜西书札；
429. 古琴家徐元白诗札；
430. 古琴家徐元白书札；
431. 衢州梅谷民书法轴；
432. 衢州梅谷民花卉；
433. 衢州魏荷芳花卉；
434. 龙游包辰初花卉轴；
435. 龙游包辰初设色山水；
436. 寓衢徐铁铮设色山水；
437. 衢州徐长林墨竹图；
438. 寓衢季志耀设色山水；
439. 寓衢朱秉衡牧牛图；
440. 衢州孔祥楷神秀图；
441. 寓衢程少凡书法长卷；
442. 寓衢陈洵勇水墨山水；
443. 寓衢陈洵勇书法楹联；
444. 寓衢李恒设色山水轴；
445. 龙游朱传富设色山水轴；

446. 龙游唐家仁书法册页；
447. 龙游刘衍文书札；
448. 龙游刘永翔诗札；
449. 衢州叶开沅诗札；
450. 衢州刘天汉楷书轴；
451. 衢州刘天汉书《传法堂碑》；
452. 衢州杨昕书法轴；
453. 龙游徐谷庆书法中堂；
454. 衢州赖乐稼书法轴；
455. 常山王阳君书法轴；
456. 开化李建林书法轴；
457. 衢州吴泉棠花卉；
458. 常山莫晓卫花卉；
459. 龙游汪诚一油画《潮》；
460. [加拿大]衢州杜新建油画《人物》；
461. [加拿大]衢州杜新建油画《村落》；
462. 民国江山王国治书轴；
463. 衢州叶朗书札；
464. 叶廷芳书札；
465. 龙游王学珍书札；
466. 作家阿章书札；
467. 龙游余子安书画册页；
468. 浙江博物馆副馆长开化汪济英书轴；
469. 1953年南京大学师资专长调查表（方光焘、叶彦谦）；
470. 民国盛莘夫《浙江地质纪要》（砚瓦山系、千里岗）；

471. 民国重庆大学校长叶元龙《现代经济思想史》;
472. 龙游邱茂良主编《针灸杂志》;
473. 龙游邱茂良主编《针灸杂志》(复刊号);
474. 龙游余久一《峥嵘山馆读书图》;
475. 寓衢陈洵勇《峥嵘山馆读书图》;
476. 台州吴东洲《峥嵘山馆读书图》;
477. 章耀《峥嵘山馆读书图》;
478. 陈经《峥嵘山馆读书图》;
479. 南京博物院鲁力题《峥嵘山馆图》;
480. 衢州陈凌广《花卉》;
481. 衢州周保平版画;
482. 寓衢周国芳《衢江小景》;
483. 江山程逵鹏墨书《须江亭记》;
484. 江山程逵鹏红梅图轴;
485. 龙游张良生花卉图轴;
486. 龙游周庆云花鸟轴;
487. 衢州汪雪蓉花卉扇面;
488. 衢州周明明花卉长卷;
489. 衢州周明明花鸟轴;
490. 衢州陈森鹤山水扇面;
491. 寓衢吴顺珩花卉条屏;
492. 衢州祝富荣山水轴;
493. 衢州陈有声山水轴;
494. 衢州余良鉴花卉轴;
495. 寓衢洪瑞花鸟轴;

496. 寓衢盛自强书法轴；
497. 民国寓衢徐天许花鸟轴；
498. 民国衢州徐心盦水墨《与金石寿》图轴；
499. 民国衢州周纬伦花卉条屏；
500. 民国衢州濮阳增水墨兰花四条屏；
501. 晚清进士龙游余撰书法楹联；
502. 光绪龙游余士恺绢本花卉；
503. 光绪江山毛俊升山水中堂；
504. 乾隆江山毛鹤翀书法中堂；
505. 晚清寓衢叶开淇书法楹联。

五、万一书房藏书目（中国文学）

钱穆:《中国文学史》;
谭正璧:《中国文学大辞典》;
钱仲联等:《中国文学大辞典》;
阿英:《小说闲谈》;
戴不凡:《小说见闻录》;
刘毓盘:《词史》;
汪灏等:《广群芳谱》;
裴国昌:《中国名胜楹联大辞典》;
吴锡麟:《有正味斋骈文笺注合纂》;
江苏广陵古籍刻印社:《笔记小说大观古今游记丛钞》;
何文焕:《历代诗话》;
丁福保:《历代诗话续编》;
徐釚:《词苑丛谈》;
沈雄:《古今词话》;

吴世昌:《词林新话》;
钟振振:《词苑猎奇》;
钱锺书:《谈艺录》;
钟铭钧等:《古典诗词百科描写辞典》;
霍旭东:《历代辞赋鉴赏辞典》;
梁章钜等:《楹联丛话全编》;
龚联寿:《联话丛编》;
苏渊雷:《名联鉴赏辞典》;
广益书局:《诗经集注》;
闻一多:《神话与诗》;
叶舒宪:《诗经的文化阐释》;
陈中凡:《汉魏六朝散文选》;
万蔓:《唐集叙录》;
许总:《唐诗史》;
《全唐诗》;
王重民等:《全唐诗外编》;
计有功:《唐诗纪事》;
傅璇琮:《唐才子传校笺》;
陈耀东:《唐代诗文丛考》;
郭沫若:《李白与杜甫》;
上海中华书局据王注原刻本校刊:《李太白全集》;
金启华:《唐宋词集序跋汇编》;
王兆鹏:《唐宋词史论》;
《全宋诗》;
钱锺书:《宋诗选注》;

《全宋词》;
《瀛奎律髓》;
《石林避暑录话》;
唐圭璋:《宋词纪事》;
上海辞书出版社:《宋诗鉴赏辞典》;
上海辞书出版社:《唐宋词鉴赏辞典》;
李修生、查洪德:《辽金元文学研究》;
赵义山:《20世纪元散曲研究综论》;
李昌集:《中国古代散曲史》;
羊春秋:《散曲通论》;
赵义山:《元散曲通论》;
孙楷第:《元曲家考略》;
杨镰等:《元曲家薛昂夫》;
张月中:《元曲通融》;
中国戏曲研究院:《中国古典戏曲论著集成》;
存萃学社:《宋元明清剧曲研究论丛》;
《中国古典诗歌的晚晖——散曲》;
《首届元曲国际研讨会论文集》;
《门岿文集》;
李修生:《全元文》;
顾嗣立:《元诗选》;
顾嗣立、席世臣:《元诗选癸集》;
唐圭璋:《全金元词》;
隋树森:《全元散曲》;
浙江古籍出版社:《历代散曲汇纂》;

宁希元:《元杂剧三十种新校》;

虞集:《道园学古录》;

商务印书馆:《玉山纪游》;

陈衍:《元诗纪事》;

王文才:《元曲纪事》;

赵义山:《元曲鉴赏辞典》;

钱谦益:《列朝诗集小传》;

书目文献出版社:《诗渊》;

《汤显祖全集》;

《阮大铖戏曲四种》;

关贤柱:《杨文骢诗文三种校注》;

陈田:《明诗纪事》;

袁行云:《清人诗集叙录》;

咸丰八年刊板:慧霖《松云精舍诗录》;

同治二年浙西程氏辑稿皖南洪氏开雕:陆蒨《倩影楼诗稿》;

光绪戊申:龙令宪《五山草堂初编》;

《钱士青都转吴越纪事诗》;

陈文《抱经堂诗稿》;

光绪二年:鲍宗轼《谁园诗存》;

宣统三年扫叶山房:《濂亭文集》;

宣统辛亥年春月古吴藏书楼印行:王文治《梦楼吴越游草》;

丁巳孟夏上海集益书局:《张文襄公诗集》;

金和:《秋蟪吟馆诗钞》;

吴鸣钧:《盍簪书屋遗诗》;

《梅花园存稿》;

《珠楼遗稿》;

《哀兰绝句》;

民国元年玲碧书屋:《樊山诗钞》;

民国三年广益书局:《樊山集外》;

民国五年同文图书馆:《王梦楼诗集》;

民国七年碧萝书局:王瀛洲《呕心吟》;

民国九年扫叶山房:龚自珍《定庵全集》;

民国九年活版斠印:沈成章《陆湖遗集》;

民国十三年扫叶山房:王彦泓《疑雨集注》;

民国十三年上海进步书局:《汪尧峰文钞》;

民国十四年上海文明书局:严遂成《海珊诗钞》;

丁卯腊日印于上海:卓君庸《自青榭酬唱集》;

李媞《犹得住楼遗稿》;

吴式杉:《困斋学咏录》;

民国二十四年商务印书馆:《越缦堂诗初集》《越缦堂诗续集》;

扫叶山房:《道古堂集》;

商务印书馆万有文库本:《西河文集》;

袁枚:《小仓山房诗文集》;

白敦仁:《巢经巢诗钞笺注》;

王闿运:《湘绮楼诗文集》;

江湜:《伏敔堂诗录》;

邓之诚:《清诗纪事初编》;

上海辞书出版社:《元明清诗鉴赏辞典》;

南京大学出版社:《金元明清词鉴赏辞典》;

王夫之等:《清诗话》《清诗话续编》;

乙卯夏上海会文堂书局：梁章钜《楹联丛话》；
徐畹兰《鬘华室吟稿》；
民国二十二年神州国光社：王礼锡《市声草》；
民国二十四年上海中华书局：陈之锜《钩心集》；
民国九年国华书局：李定彝《当代骈文类纂》；
徐世昌:《晚晴簃诗话》；
陈衍:《石遗室诗话》；
刘师培:《中国中古文学史》《论文杂记》；
胡适:《白话文学史》；
郑振铎:《中国俗文学史》；
钱穆:《中国文学史》；
文学研究所:《中国文学史》；
周扬等:《中国文学史通览》；
刘德重:《中国文学编年录》；
北京大学中文系:《中国小说史》；
宁宗一、鲁德才:《论中国古典小说的艺术》；
阿英:《小说闲谈》；
戴不凡:《小说见闻录》；
萧华荣:《中国诗学思想史》；
蔡镇楚:《中国诗话史》；
张晖:《中国“诗史”传统》；
刘成纪:《青山道场》；
赵沛霖:《兴的源起》；
《声律启蒙》；
《笠翁对韵》；

万树:《词律》(第一册);

王力:《诗词格律》;

王力:《诗词格律概要》;

启功:《诗文声律论稿》;

刘坡公:《学诗百法》《学词百法》;

刘毓盘:《词史》;

王易:《词曲史》;

曹明纲:《赋学概论》;

任国瑞、傅小松:《中国楹联史》;

常江:《中国对联谭概》;

《中国文学名著快读》;

沈德潜:《古诗源》;

王相:《千家诗》;

凌翩:《千家诗今译新注》;

蒲积中:《古今岁时杂咏》;

汪灏等:《广群芳谱》;

羊春秋等:《历代论诗绝句选》;

羊春秋、何严:《历代论史绝句选》;

陈邦彦:《历代题画诗》;

洪丕谟:《历代题画诗选注》;

沈培方、洪丕谟:《历代论书诗选注》;

牛济普:《花鸟诗选》;

徐振维、吴春荣:《松竹梅诗词选读》;

北京师范大学出版社:《历代四季风景诗300首》;

姜葆夫等:《年节诗选》;

宋红:《宴饮诗》;
鲜于煌:《中国历代少数民族汉文诗选》;
夏承焘:《域外词选》;
裴国昌:《中国名胜楹联大辞典》;
吴锡麟:《有正味斋骈文笺注合纂》;
俞樾:《楹联新编》;
王符曾:《古今小品咀华》;
《笔记小说大观》;
《古今游记丛钞》;
《古今笔记精华录》;
《古今小品精华》;
夏咸淳:《中国古代文苑精品》;
徐培均:《中国古代诗苑精品》;
王水照:《中国历代古文精选》;
中国青年出版社:《中国古典文学名著题解》;
周振甫:《文心雕龙今译》;
杜黎均:《二十四诗品译注评析》;
王英志:《续诗品注评》;
何文焕:《历代诗话》;
丁福保:《历代诗话续编》;
王大鹏等:《中国历代诗话选》;
常振国、绛云:《历代诗话论作家》;
沈雄:《古今词话》;
俞平伯:《读词偶得》;
梁启超:《饮冰室诗话》;

丁敬涵:《马一浮诗话》;

陈声聪:《荷堂诗话》;

钱锺书:《谈艺录》;

《莫砺锋诗话》;

曹正文:《咏鸟诗话》;

钟铭钧等:《古典诗词百科描写辞典》;

张秉戍、张国臣:《花鸟诗歌鉴赏辞典》;

葛煦存:《诗词趣话》;

黄元尧、王晓:《诗海拾趣》;

吴茂梁:《怪体诗趣谈》;

春峰、紫云:《滑稽诗文》;

陈如江:《古诗指瑕》;

聂振邦:《名花诗趣》;

徐轨:《词苑丛谈》;

吴世昌:《词林新话》;

钟振振:《词苑猎奇》;

浦铣:《历代赋话校证》;

霍旭东:《历代辞赋鉴赏辞典》;

刘磊:《名赋赏析》;

梁章钜等:《楹联丛话全编》;

龚联寿:《联话丛编》;

苏渊雷:《名联鉴赏辞典》;

民国二十九年广益书局:《诗经集注》;

闻一多:《神话与诗》;

叶舒宪:《诗经的文化阐释》;

李家欣:《诗经与民族文化传统》;
安意如:《思无邪》;
陈节:《诗经开讲》;
苏禾:《掩卷诗经聆听爱情》;
刘蟾:《诗经密码》;
沐言非:《诗经详解》;
辽宁第一师范学院中文系:《汉魏六朝文学作品选》;
陈中凡:《汉魏六朝散文选》;
王瑶:《陶渊明集》;
王嘉:《拾遗记》;
万蔓:《唐集叙录》;
许总:《唐诗史》;
《全唐诗》;
王重民等:《全唐诗外编》;
《唐诗别裁集》;
《唐诗三百首》;
李水祥:《唐人万首绝句选校注》;
刘永济:《唐人绝句精华》;
刘逸生:《唐人咏物诗评注》;
计有功:《唐诗纪事》;
傅璇琮:《唐才子传校笺》;
傅璇琮:《唐代诗人丛考》;
吴企明:《唐音质疑录》;
王达津:《唐诗丛考》;
陈耀东:《唐代文史考辨录》;

陈耀东:《唐代诗文丛考》;

谭优学:《唐诗人行年考续编》;

陈熙晋:《骆临海集笺注》;

张清华:《诗佛王摩诘传》;

郭沫若:《李白与杜甫》;

金圣叹:《杜诗解》;

上海中华书局:《何水部集》;

上海涵芬楼四部丛刊本:《孟浩然集》;

上海中华书局:《刘随州集》;

上海中华书局据王注原刻本校刊:《李太白全集》;

《白居易集》;

陈友琴:《白居易资料汇编》;

刘剑锋:《白居易风雨之旅》;

高志忠:《刘禹锡诗文系年》;

韩泉欣:《孟郊集校注》;

冯集梧:《樊川诗集注》;

严寿澂等:《郑谷诗集笺注》;

上海涵芬楼四部丛刊本:《司空表圣诗集》;

徐定祥:《李峤诗注》《苏味道诗注》;

聂安福:《韦庄集笺注》;

萧涤非、郑庆笃:《皮子文薮》;

潘慧惠:《罗隐集校注》;

王秀林:《晚唐五代诗僧群体研究》;

汪国垣:《唐人小说》;

张友鹤:《唐宋传奇选》;

张毅:《宋代文学研究》;
程千帆、吴新雷:《两宋文学史》;
胡云翼:《宋诗研究》;
许总:《宋诗史》;
金启华:《唐宋词集序跋汇编》;
龙榆生:《唐宋词格律》;
薛砺若:《宋词通论》;
叶嘉莹:《唐宋词十七讲》;
吴熊和:《唐宋词通论》;
《詹安泰词学论稿》;
杨海明:《唐宋词论稿》;
杨海明:《唐宋词风格论》;
杨海明:《唐宋词史》;
王兆鹏:《唐宋词史论》;
王兆鹏等:《两宋词人丛考》;
王兆鹏:《宋南渡词人群体研究》;
徐文明:《十一世纪的王安石》;
李德身:《王安石诗文系年》;
林语堂:《苏东坡传》;
洪亮:《放逐与回归》;
金国永:《苏辙》;
周梦江:《叶适年谱》;
邓广铭:《辛稼轩年谱》;
白敦仁:《陈与义年谱》;
褚斌杰等:《李清照资料汇编》;

于北山:《陆游年谱》;

萧东海:《杨万里年谱》;

于北山:《范成大年谱》;

湛之:《杨万里范成大资料汇编》;

杜海军:《吕祖谦年谱》;

徐儒宗:《婺学之宗》;

吴晶:《永嘉四灵传》;

《全宋诗》;

《宋诗别裁集》;

钱锺书:《宋诗选注》;

岳希仁:《宋诗绝句精华》;

《全宋词》;

《全宋词简编》;

俞平伯:《唐宋词选释》;

胡云翼:《宋词选》;

陈耳东、陈笑呐:《情词》;

《林和靖诗集》;

吕本中:《东莱诗词集》;

辛更儒:《辛稼轩诗文笺注》;

徐北文:《李清照全集评注》;

张孝祥:《于湖居士文集》;

朱东润:《陆游选集》;

《戴复古诗集》;

陈增杰:《永嘉四灵诗集》;

《陈亮集》;

方回:《瀛奎律髓》;

姚宽:《西溪丛话》;

陆游:《家世旧闻》;

洪迈:《容斋随笔》;

周密:《齐东野语》;

郭绍虞:《宋诗话考》;

阮阅:《诗话总龟》;

郭绍虞:《沧浪诗话校释》;

胡仔:《苕溪渔隐丛话》;

唐圭璋:《宋词纪事》;

上海辞书出版社:《宋诗鉴赏辞典》;

上海辞书出版社:《唐宋词鉴赏辞典》;

刘铁龙:《辛弃疾》;

唐敏:《红瘦》;

李修生、查洪德:《辽金元文学研究》;

赵义山:《20世纪元散曲研究综论》;

邓绍基:《元代文学史》;

杨镰:《元代文学编年史》;

查洪德、李军:《元代文学文献学》;

杨镰:《元诗史》;

李昌集:《中国古代散曲史》;

羊春秋:《散曲通论》;

赵义山:《元散曲通论》;

王国维:《宋元戏曲史》;

邓绍基、杨镰:《中国文学家大辞典(辽金元卷)》;

王钢:《录鬼簿三种校订》;

张迎胜:《元代回族文学家》;

孙楷第:《元曲家考略》;

杨镰:《贯云石评传》;

杨镰等:《元曲家薛昂夫》;

周双利:《萨都刺》;

张月中:《元曲通融》;

中国戏曲研究院:《中国古典戏曲论著集成》;

存萃学社:《宋元明清剧曲研究论丛》;

谢伯阳:《散曲研究与教学》;

《中国古典诗歌的晚晖——散曲》;

严兰绅等:《元曲论集》;

《首届元曲国际研讨会论文集》;

门岿:《元曲管窥》;

门岿:《元曲百家纵论》;

《门岿文集》;

李修生:《全元文》;

顾嗣立:《元诗选》(二三);

顾嗣立、席世臣:《元诗选癸集》;

《元诗别裁集》;

唐圭璋:《全金元词》;

隋树森:《全元散曲》;

浙江古籍出版社:《历代散曲汇纂》;

春风文艺出版社:《阳春白雪》;

宁希元:《元杂剧三十种新校》;

胥惠民等:《贯云石作品辑注》;
虞集:《道园学古录》;
《薛昂夫赵善庆散曲集》;
吕薇芬、杨镰:《张可久集校注》;
萨都剌:《雁门集》;
陈增杰:《李孝光集校注》;
朱仲岳:《倪瓒作品编年》;
商务印书馆:《玉山纪游》;
1990年江苏广陵古籍刻印社:《琵琶记》;
《高则成集》;
陶宗仪:《南村辍耕录》;
《湖湘古今散曲选》;
《常箴吾散曲选》;
陈衍:《元诗纪事》;
钟陵:《金元词纪事会评》;
王文才:《元曲纪事》;
贺新辉:《元曲鉴赏辞典》;
赵义山:《元曲鉴赏辞典》;
上官紫薇:《最是元曲销魂》;
钱谦益:《列朝诗集小传》;
张仲谋:《明词史》;
孙一珍:《明代小说的艺术流变》;
姚品文:《朱权研究》;
徐永明:《文臣之首——宋濂传》;
江兴祐:《畸人怪才——徐渭》;

苏兴:《吴承恩小传》;

徐朔方:《汤显祖年谱》;

毛效同:《汤显祖研究资料汇编》;

覃贤茂:《金圣叹评传》;

邓长风:《明清戏曲家考略》;

邓长风:《明清戏曲家考略续编》;

潘承玉:《南明文学研究》;

《全明文》;

《全明诗》;

《明诗别裁集》;

宋濂:《宋学士全集》;

郎瑛:《七修类稿》;

田汝成:《西湖游览志》;

田汝成:《西湖游览志余》;

上海古籍出版社:《徐霞客游记》;

张岱:《陶庵梦忆》;

何良俊:《四友斋丛说》;

《历代小说笔记选》(明·第一册);

《汤显祖全集》;

《汤显祖戏曲集》;

《徐渭集》;

唐寅:《六如居士集》;

《唐伯虎全集》;

钟惺:《隐秀轩集》;

李贽:《初潭集》;

民国九年上海会文堂:《李习之先生文集》;

《阮大铖戏曲四种》;

关贤柱:《杨文骢诗文三种校注》;

蔡东藩:《明史通俗演义》;

陈田:《明诗纪事》;

尤振中、尤以丁:《明词纪事会评》;

田守真:《明散曲纪事》;

孙高亮:《于谦全传》;

宋词:《南国烟柳》。

六、青鹿哲学类藏书目

序号	书　名	著　者	译　者	出版社
1	尼采(上下)	海德格尔	孙周兴	商务印书馆
2	希腊悲剧时代的哲学	尼采	周国平	译林出版社
3	悲剧的诞生	尼采	周国平	译林出版社
4	查拉图斯特拉如是说	尼采	孙周兴	上海人民出版社
5	重估一切价值(上下)	尼采	林　笳	华东师范大学出版社
6	尼采的教诲——《扎拉图斯特拉如是说》解释一种	朗佩特	娄　林	华东师范大学出版社
7	曙光	尼采	田立年	漓江出版社
8	论道德的谱系、善恶之彼岸	尼采	谢地坤等	漓江出版社
9	尼采注疏集:快乐的科学	尼采	黄明嘉	华东师范大学出版社
10	尼采注疏集:朝霞	尼采	田立年	华东师范大学出版社

续表

序号	书　　名	著　　者	译　者	出版社
11	尼采与基督教——尼采的《敌基督》论集	尼采	田立年 吴增定	华东师范大学出版社
12	人性的，太人性的——一本献给自由精灵的书（上下）	尼采	魏育青 李晶浩 高天忻	华东师范大学出版社
13	不合时宜的沉思	尼采	李秋零	华东师范大学出版社
14	权力意志（上下）	尼采	孙周兴	商务印书馆
15	尼采注疏集：瓦格纳事件/尼采反瓦格纳	尼采	卫茂平	华东师范大学出版社
16	康德著作全集第1卷：前批判时期著作1（1747—1756）	康德	李秋零主编	中国人民大学出版社
17	第2卷：前批判时期著作2（1747—1756）	康德	李秋零主编	中国人民大学出版社
18	第3卷：纳粹理性批判（第2版）	康德	李秋零主编	中国人民大学出版社
19	第4卷：纳粹理性批判（第1版）未来形而上学导论、道德形而上学的奠基、自然科学的形而上学的初始基础	康德	李秋零主编	中国人民大学出版社
20	第5卷：实践理性批判、判断力批判	康德	李秋零主编	中国人民大学出版社
21	第6卷：纯然理性界限内的宗教、道德形而上学	康德	李秋零主编	中国人民大学出版社
22	第7卷：学科之争、实用人类学	康德	李秋零主编	中国人民大学出版社
23	第8卷：1781年之后的论文	康德	李秋零主编	中国人民大学出版社

续表

序号	书　　名	著　　者	译　者	出 版 社
24	第9卷：逻辑学、自然地理学、教育学	康德	李秋零主编	中国人民大学出版社
25	神话与政治之间	让-皮埃尔·韦尔南	余中先	生活·读书·新知三联书店
26	尼采的使命——《善恶的彼岸》绎读	朗佩特	李致远、李小均	华东师范大学出版社
27	探究哲学与信仰	郝岚	罗晓颖、张文涛	华夏出版社
28	自我认识	别尔嘉耶夫	汪剑钊	上海人民出版社
29	论人的使命、神与人的生存辩证法	别尔嘉耶夫	张百春	上海人民出版社
30	精神与实在	别尔嘉耶夫	张源等	中国城市出版社
31	哲学船事件	别尔嘉耶夫	伍宇星	花城出版社
32	开放的社会和敌人(一二)	卡尔·波普尔	郑一明	中国社会科学出版社
33	现代社会冲突	拉尔夫·达仁道夫	林荣远	中国社会科学出版社
34	和谐经济论	弗雷德里克·巴斯夏	王家宝等	中国社会科学出版社
35	通往奴役之路	弗里德里希·哈耶克	王明毅	中国社会科学出版社
36	致命的自负	F.A.哈耶克	冯克利	中国社会科学出版社
37	自由秩序原理(上下)	弗里德里希·冯·哈耶克	邓正来	生活·读书·新知三联书店
38	变化社会中的政治秩序	塞缪尔·P.亨廷顿	王冠华、刘　为	上海人民出版社

续表

序号	书　名	著　者	译　者	出版社
39	后现代道德	让-弗朗索瓦・利奥塔	莫伟民	学林出版社
40	民族与民族主义	埃里克・霍布斯鲍姆	李金梅	上海人民出版社
41	资本主义文化矛盾	丹尼尔・贝尔	严蓓雯	江苏人民出版社
42	论自由	约翰・密尔	程崇华	商务印书馆
43	人生五大问题	莫罗阿	傅　雷	生活・读书・新知三联书店
44	论集体记忆	莫里斯・哈布瓦赫	毕　然、郭金华	上海人民出版社
45	新人生哲学要义	鲁道夫・奥伊肯	张　源	中国城市出版社
46	福柯的生存美学	高宣扬		中国人民大学出版社
47	萨摩亚人的成年——为西方文明所作的原始人类的青年心理研究	玛格丽特・米德	周晓虹等	商务印书馆
48	笛卡尔沉思与巴黎讲演	埃德蒙德・胡塞尔	张　宪	人民出版社
49	欧洲精神	亚历山德拉・莱涅尔-拉瓦斯汀	范炜炜等	吉林出版集团
50	西方现代派文学问题论争集（上下）	何望贤编选		人民文学出版社
51	马克思和世界文学	柏拉威尔	梅绍武等	生活・读书・新知三联书店
52	规训与惩罚	米歇尔・福柯	刘北成	生活・读书・新知三联书店
53	自卑与超越	阿尔弗雷德・阿德勒	曹晚虹、魏雪萍	汕头大学出版
54	观念史论文集	A.O.洛夫乔伊	吴　相	江苏教育出版社

续表

序号	书　　名	著　　者	译　者	出 版 社
55	健全的社会	埃利希·弗洛姆	欧阳谦	中国文联出版社迪尔凯姆
56	自杀论	埃米尔·迪尔凯姆	冯韵文	商务印书馆
57	逃避自由	E.弗洛姆		北方文艺出版社
58	告别理性	保罗·费耶阿本德	陈　健	江苏人民出版社
59	异端的权利	茨威格	赵台安、赵振尧	文化生活译丛
60	犬儒主义与后现代性	提摩太·贝维斯	胡继华	上海人民出版社
61	日常生活中的自我呈现	欧文·戈夫曼	冯　钢	北京大学出版社
62	疯癫与文明	米歇尔·福柯	刘北成	生活·读书·新知三联书店
63	旧制度与大革命	托克维尔	王千石	九州出版社
64	中国生命之书——金花的秘密	荣格	邓小松	黄山书社
65	为自己的人	弗洛姆	孙依依	生活·读书·新知三联书店
66	占有还是生存	弗洛姆	关　山	生活·读书·新知三联书店
67	分裂的自我——对健全与疯狂的生存论研究	R.D.莱恩	林和生	贵州人民出版社
68	未发现的自我	荣格	张敦福	国际文化出版公司
69	人的问题	杜威	傅统先、邱　椿	上海人民出版社
70	人论	恩斯特·卡西尔	甘　阳	上海译文出版社

续表

序号	书　名	著　者	译　者	出版社
71	理念人——一项社会学的考察	刘易斯·科塞	郭　方	中央编译出版社
72	孤独的人群	大卫·理斯曼	王　昆、朱　虹	南京大学出版社
73	我们内心的冲突	卡伦·霍尼	王作虹	译林出版社
74	经过省察的人生——哲学沉思录	罗伯特·诺齐克	严忠志等	商务印书馆
75	有人说过集权主义吗?	斯拉沃热·齐泽克	宋文伟	江苏人民出版社
76	幻想的瘟疫	斯拉沃热·齐泽克	胡雨谭等	江苏人民出版社
77	政治自由主义	约翰·罗尔斯	万俊人	译林出版社
78	通向公民社会	亚当·米奇尼克	崔卫平	中央文献出版社
79	不确定的时代	约翰·肯尼思·加尔布雷恩	刘　颖、胡　莹	江苏人民出版
80	施米特与政治的现代性	刘小枫选编	魏朝勇等	华东师范大学出版社
81	利维坦	霍布斯	黎思复等	商务印书馆
82	霍布斯国家学说中的利维坦	施米特	应　星	华东师范大学
83	论美国的民主(上下)	托克维尔	董果良	商务印书馆
84	圣西门选集(1、2、3)	圣西门		商务印书馆
85	西方哲学史(上下)	罗素	马元德	商务印书馆
86	哲学研究	维特根斯坦	李步娄	商务印书馆
87	伦理学的两个基本问题	叔本华	任　立、孟庆时	商务印书馆
88	论 学者的使命、人的使命	费希特	梁志学、沈　真	商务印书馆

续表

序号	书　　名	著　　者	译　者	出 版 社
89	科学中华而不实的作风	赫尔岑	李　原	商务印书馆
90	文化和价值	维特根斯坦	黄正东等	清华大学出版社
91	谈谈方法	笛卡尔	王太庆	商务印书馆
92	唯一者及其所有物	麦克斯·施蒂纳	金海民	商务印书馆
93	波斯人信札	孟德斯鸠	梁守锵	商务印书馆
94	民族主义	泰戈尔	谭仁侠	商务印书馆
95	布朗基文选	布朗基	皇甫庆莲等	商务印书馆
96	意大利文艺复兴时期的文化	雅各布·布克哈特	何　新	商务印书馆
97	物种起源	达尔文	周建人	商务印书馆
98	人类的由来（上下）	达尔文	潘光旦	商务印书馆
99	伦理学知性改进论	斯宾诺莎	贺　麟	上海人民出版社
100	在通向语言的途中	海德格尔	孙周兴	商务印书馆
101	先验唯心论体系	谢林	梁志学	商务印书馆
102	神学政治论	斯宾诺莎	温锡增	商务印书馆
103	西方的没落（上下）	斯宾格勒	吴　琼	上海三联书店
104	善的脆弱性———古希腊悲剧和哲学中运气与伦理	玛莎·纳斯鲍姆	徐向东	译林出版社
105	史华兹与中国	许纪霖编		吉林出版集团
106	群众与权力	埃利亚斯·卡内提	冯文光等	中央编译出版社
107	象征理论	茨维坦·托多罗夫	王国卿	商务印书馆
108	巴赫金、对话理论及其他	托多罗夫	蒋子华等	百花文艺出版社
109	政治与友谊：托克维尔书信集	托克维尔	黄艳红	上海三联书店

续表

序号	书　名	著　者	译　者	出版社
110	道德情操论	亚当・斯密	谢宗林	中央编译出版
111	夜颂中的革命与宗教	诺瓦利斯	林　克	华夏出版社
112	果戈理与鬼	梅列日科夫斯基	耿海英	华夏出版社
113	反纯粹理性——论宗教、语言和历史文选	赫尔德	张晓梅	商务印书馆
114	极权主义的起源	汉娜・阿伦特	林骧华	生活・读书・新知三联书店
115	政治期望	保罗・蒂利希	徐钧尧	四川人民出版社
116	为何知识分子不热衷自由主义	雷蒙・布东	周　晖	生活・读书・新知三联书店
117	国家制度和无政府状态	巴枯宁	马骧聪	商务印书馆
118	想象的共同体，民族主义的起源与散布	本尼迪克特・安德森	吴叡人	上海人民出版社
119	经济分析、道德哲学与公共政策	丹尼尔・豪斯曼，迈克尔・麦克弗森	纪如曼等	上海译文出版社
120	无政府、国家与乌托邦	罗伯特・诺齐克	何怀宏	中国社会科学出版社
121	合法化危机	哈贝马斯	刘北成、曹卫平	上海人民出版社
122	存在与时间	海德格尔	陈嘉映	三联书店
123	路标	海德格尔	孙周兴	商务印书馆
124	房间里的大象	伊维塔・泽鲁巴维尔	胡　缠	重庆大学出版社
125	爱欲与文明	马尔库塞	黄勇等	上海译文出版社
126	功利主义	约翰・穆勒	徐大建	上海人民出版社

续表

序号	书　　名	著　　者	译　者	出版社
127	单向度的人	马尔库塞	刘　继	上海译文出版社
128	生活在碎片之中——论后现代道德	齐格蒙·鲍曼	郁建兴	学林出版社
129	卢卡奇文选	李鹏程编		人民出版社
130	保守主义——从休谟到当前的社会政治思想文集	杰里·马勒	刘曙辉等	译林出版社
131	历史决定论的贫困	卡尔·波普尔	杜汝楫等	上海人民出版社
132	马克斯·韦伯社会学文集	马克斯·韦伯	阎克文	人民出版社
133	经济与社会(上下)	马克斯·韦伯	林荣远	商务印书馆
134	古代人的自由与现代人的自由	邦雅曼·贡斯当	阎克文	商务印书馆
135	学术与政治	马克斯·韦伯	冯克利	生活·读书·新知三联书店
136	印度的宗教——印度教与佛教	马克斯·韦伯	康乐等	广西师范大学出版社
137	新教伦理与资本主义精神	马克斯·韦伯	康乐等	广西师范大学出版社
138	民主新论	乔万尼·萨托利	冯克利、阎克文	上海人民出版社
139	回忆苏格拉底	色诺芬	吴永泉	商务印书馆
140	善的研究	西田几多郎	何　倩	商务印书馆
141	斯宾诺莎书信集	斯宾诺莎	洪汉鼎	商务印书馆
142	第一哲学沉思集	笛卡尔	庞景仁	商务印书馆
143	人性论(上下)	休谟	关文运	商务印书馆

续表

序号	书 名	著 者	译 者	出 版 社
144	哲学科学全书纲要	黑格尔	薛 华	上海人民出版社
145	历史哲学	黑格尔	王造时	上海人民出版社
146	法哲学原理	黑格尔	张企泰等	商务印书馆
147	逻辑学(上下)	黑格尔	杨一之	商务印书馆
148	人类理智新论(上下)	莱布尼茨	陈修斋	商务印书馆
149	精神现象学(上下)	黑格尔	贺 麟	商务印书馆
150	美学(1、2、3、4)	黑格尔	朱光潜	商务印书馆
151	哲学史讲演录(1、2、3、4)	黑格尔	贺麟等	商务印书馆
152	第一哲学(上下)	胡塞尔	王炳文	商务印书馆
153	十八训导书	克尔凯郭尔	吴 琼	中国工人出版社
154	致死的疾病	克尔凯郭尔	张祥龙等	中国工人出版社
155	克尔凯郭尔日记选	彼得・P. 罗德编	姚蓓琴等	商务印书馆
156	非此即彼(上下)	克尔凯郭尔	京不特	中国社会科学出版社
157	论反讽概念	克尔凯郭尔	汤晨溪	中国社会科学出版社
158	钥匙的统治	列夫・舍斯托夫	张 冰	上海人民出版社
159	思辨与启示	列夫・舍斯托夫	方 曼	上海人民出版社
160	自我评论	克罗齐	田时纲	中国社会科学出版社
161	雾	乌纳穆尔	朱景冬	黑龙江人民出版社
162	舍勒的心灵	曼弗雷德・S. 弗林斯	张志平 张任之	上海三联书店

续表

序号	书　　名	著　　者	译　者	出版社
163	旷野呼告——克尔凯郭尔与存在哲学	列夫·舍斯托夫	方珊等	华夏出版社
164	在约伯的天平上	列夫·舍斯托夫	董　友	生活·读书·新知三联书店
165	后现代主义与文化理论	杰姆逊	唐小兵	陕西师范大学出版社
166	论无边的现实主义	罗杰·加洛蒂	吴岳添	上海文艺出版社
167	启蒙哲学	E.卡西尔	顾伟铭	山东人民出版社
168	新科学(上下)	福柯	朱光潜	安徽出版社
169	文化的哲学	别尔嘉耶夫	于培才	上海人民出版社
170	恋爱与牺牲	莫罗阿	傅　雷	安徽文艺出版社
171	思想的跨度与张力——中国思想史论集	本杰明·史华兹	王中江编	中州古籍出版社
172	法兰克福学派:历史,理论及政治影响(上下)	罗尔夫·魏格豪斯	孟登迎等	上海人民出版社
173	理解的界限——利奥塔和哈贝马斯的精神对话	弗拉克	先　刚	华夏出版社
174	道德的人与不道德的社会	R.尼布尔	蔡庆等	贵州人民出版社
175	自由主义的两张面孔	约翰·格雷	顾爱彬等	江苏人民出版社
176	正义论	罗尔斯	何怀宏	中国社会科学出版社
177	人文主义与民主批评	萨义德	朱志坚	新星出版社
178	自由论	以赛亚·伯林	胡传胜	译林出版社
179	未完的对话	以赛亚·伯林,贝阿塔·波兰诺夫斯卡-塞古尔斯卡	杨德友	译林出版社

续表

序号	书　　名	著　　者	译　者	出版社
180	个人印象	以赛亚·伯林	林振义等	译林出版社
181	现实感观念及其历史研究	以赛亚·伯林	潘荣荣等	译林出版社
182	扭曲的人性之材	以赛亚·伯林	岳秀坤	译林出版社
183	反潮流观念史论文集	以赛亚·伯林	冯克利	译林出版社
184	启蒙的时代：十八世纪哲学家	以赛亚·伯林	孙尚扬等	译林出版社
185	苏联的心灵	以赛亚·伯林	潘永强等	译林出版社
186	浪漫主义的根源	以赛亚·伯林	吕梁等	译林出版社
187	自由及其背叛	以赛亚·伯林	赵国新	译林出版社
188	俄国思想家	以赛亚·伯林	彭淮栋	译林出版社
189	伯林谈话录	以赛亚·伯林	杨桢钦	译林出版社
190	浪漫主义时代的政治观念	以赛亚·伯林	王岽兴等	新星出版社
191	以赛亚·伯林书信集(卷1,2)	以赛亚·伯林	陈小慰等	译林出版社
192	莫斯科日记	以赛亚·伯林		商务印书馆
193	启蒙的三个批评者	以赛亚·伯林	马寅卯等	译林出版社
194	现代性的后果	安东尼·吉登斯	田　禾	译林出版社
195	怀旧的未来	斯维特兰那·博伊姆	杨德友	译林出版社
196	塞瓦兰人的历史	德尼·维拉斯	黄建华等	译林出版社
197	材料与记忆	柏格森	肖　聿	译林出版社
198	创造进化论	柏格森	姜志辉	商务印书馆
199	反思欧洲	埃德加·莫兰	康征等	生活·读书·新知三联书店

续表

序号	书　　名	著　　者	译　者	出 版 社
200	东方学	萨义德	王宇根	生活·读书·新知三联书店
201	乌托邦	托马斯·莫尔	黄镏龄	商务印书馆
202	政治中的人性	格雷厄姆·沃拉斯	朱曾汶	商务印书馆
203	爱因斯坦文集(1,2,3)	爱因斯坦	许良英	商务印书馆
204	柏拉图全集(1,2,3,4)	柏拉图	王晓朝	人民出版社
205	亚里士多德全集(九册)	亚里士多德	苗力田主编	中国人民大学出版社
206	马克思恩格斯选集(四册)	中共中央马克思恩格斯列宁斯大林著作编译局编		人民出版社

参考文献

《二十五史》(上海古籍出版社1986年版)

明弘治《衢州府志》(《衢州文献集成》影印本)

明嘉靖《衢州府志》(《衢州文献集成》影印本)

明天启《衢州府志》(《衢州文献集成》影印本)

明万历《龙游县志》(《衢州文献集成》影印本)

清嘉庆《西安县志》(《衢州文献集成》影印本)

清光绪《常山县志》(《衢州文献集成》影印本)

清光绪《开化县志》(《衢州文献集成》影印本)

民国《龙游县志》(《衢州文献集成》影印本)

民国《衢县志》(《衢州文献集成》影印本)

《衢州市志》(浙江大学出版社2003年版)

《龙游县志》(中华书局1991年版)

《衢县林业志》(中国林业出版社1994年版)

《开化林业志》(浙江人民出版社1988年版)

《菽园杂记》(陆容著)

《中国实业志——全国实业调查报告之二:浙江》(国民政府实业部国际贸易局编纂,1933年版)

《浙江省农村调查》(国民政府行政院农村复兴委员会编,1933年版)

《浙江经济年鉴》(浙江省银行经济研究室编,1948年印)

《浙江省农村调查》(华东军政委员会土地改革委员会编,1950年版)

《中国近代手工业史资料》(彭泽益编,生活·读书·新知三联书店1957年版)

《分省地志:浙江》(葛绥成编,中华书局1939年版)

《浙江省手工造纸业》(袁代绪著,科学出版社1959年版)

《纸史研究》(中国造纸学会纸史委员会编印)

《浙江出版史研究——唐宋时期》(顾志兴撰著,浙江古籍出版社1993年版)

《浙江出版史研究——元明清时期》(顾志兴撰著,浙江古籍出版社1993年版)

《宋元经济史》(王志瑞著,商务印书馆1931年版)

《宋元明经济史稿》(李剑农著,生活·读书·新知三联书店1957年版)

《两宋经济重心的南移》(张家驹著,湖北人民出版社1957年版)

《衢州文献集成提要》(魏俊杰著,国家图书馆出版社2015年版)

《芸香楮影:浙江书籍文化研究》(沈珉著)

《衢州书画人物录》(刘国庆著)

《鹿鸣弦歌:衢州古琴文化》(刘国庆著,商务印书馆2015年版)

《一代名人话衢州》(刘国庆编著,浙江人民出版社2013年版)

《诗是吾家事》(杜宝光、杜瑰生著)

《衢州文史资料》(1987年第四期)

《龙游历史文化村落古村故事》(龙游县农办)

《龙游人文村庄》(龙游县政协文史资料委员会)

《龙游造纸厂生产技术发展史稿》(1987年油印本)

《龙纸志1958—1993》(于杏生主编)

《燕明笔记》(政协衢州市学习和文史资料委员会)

《金衢地区经济史研究:960—1949》(王一胜博士论文)

《清代棚民法律问题研究》(袁辉博士论文)

《中国私家藏书史》(范凤书著,大象出版社2001年版)

《古书版本常谈》(毛春翔著,中华书局1962年版)

《浙江藏书史》(顾志兴著,杭州出版社2006年版)

《中国古代藏书与近代图书馆史料》(李希泌等著,中华书局1996年版)

《浙江藏书史》(顾志兴著,杭州出版社2006年版)

《浙江省图书馆馆刊》(浙江省立图书馆1933年编辑)

《芸香楮影——浙江书籍文化研究》(沈珉著)

后 记

衢州乃国家历史文化名城。自古钟灵毓秀，人杰地灵。缘其独特之地理位置，得天独厚之自然资源，素以造纸版刻而闻名遐迩。民国《浙江经济年鉴》称：衢州乃浙江“纸业之中心”。余以为，衢州堪为江南之“纸都”，恰如其分。

在历史长河之中，衢州周边地区若安徽宣城盛产之“宣纸”；江西铅山盛产之“连史纸”；福建宁化盛产之“玉扣纸”，皆纸中名品。而衢州不仅造纸历史悠久，且以盛产“开化纸”而声名远播。

两宋以降，程朱理学、阳明心学，涵润三衢。科名鼎盛，儒风浩荡，堪为东南“邹鲁”，人文渊薮。衢州先哲撰述、刊刻、庋藏活动风生水起，绵延不绝。其于承载华夏文化，传播中华文明，功垂竹帛，万世不朽。

迨至今日，社会昌明，科技发达。机制纸业发展迅猛，而传统手工纸法，则渐行渐远矣。有鉴于此，故不揣量力，寻访遗踪，蒐罗旧籍，梳理源流，勉为是编。旨在为衢州纸韵文化之辉煌立此存照，鉴古知今，以告来者。倘有谬误之处，祈请教正。

吾友衢州日报社陈君定謇、衢州学院魏君俊杰，淡水之交，拨冗为序，若醍醐灌顶，获益良多；徐晓琴女史提供樟潭古镇纸业史料，徐敬亲老棣提供衢北及其家族造纸史料，古道人情，无任感佩；黎豪杰、陈玄二君以及内子陆飞特为审稿，明察秋毫，以避鲁鱼亥豕之误，藉此一并谢忱！

丙申小雪日刘国庆撰于峥嵘山麓衢州文献馆